农业农村部农民教育培训规划教材

肉牛标准化生产技术

马金翠 张会敏 主编

中国农业出版社
北 京

编审委员会

主　　任　吴更雨
副 主 任　张　宇　张韶斌　马金翠　傅　强　郭　恒
委　　员　郑福禄　赵立红　王卉清　郜欢欢　李建勇　马　云
　　　　　　张会敏　王彩文　张瑞奇　李洪波

编写人员名单

主　　编　　马金翠　　张会敏
执行主编　　李树静　　曹玉凤
副 主 编　　王　昆　　李秋凤　　史秋梅　　赵博伟　　谢　鹏　　赵慧峰
　　　　　　　岳春旺　　姜国均　　吕彦英　　张秀江　　范京惠　　徐　华
　　　　　　　刘志勇　　李素霞　　薄玉琨　　赵增元　　苏硕青
编　　者　（按姓氏笔画排序）
　　　　　　　马　云　　马长海　　马梁华　　王　苗　　王文霞　　王利丽
　　　　　　　王秀芳　　王思伟　　王秋悦　　王素芳　　王彩文　　王逸涵
　　　　　　　王婧文　　车瑞香　　毛娅楠　　付　祥　　白和平　　冯　曼
　　　　　　　吕培立　　朱今舜　　刘　畅　　刘　璞　　刘青玉　　刘勃兴
　　　　　　　刘晓畅　　闫金玲　　闫婧姣　　关　琛　　孙庄建　　孙茂红
　　　　　　　孙金波　　芦雅丽　　苏晓美　　杜晨光　　李　林　　李　佳
　　　　　　　李　浩　　李洪波　　李铠良　　李瑞影　　吴同垒　　张　培
　　　　　　　张伟涛　　张会敏　　张志强　　张松山　　张诣贤　　张建峰
　　　　　　　张艳舫　　张瑞奇　　武二斌　　庞学良　　房金武　　赵　超
　　　　　　　赵安奇　　郝振江　　胡　洋　　郧　祺　　侯路钊　　秦东辉
　　　　　　　袁晓雷　　高　彦　　高光平　　郭伟婷　　郭宝珠　　剧　勍
　　　　　　　曹　杰　　崔　婼　　崔明江　　阎志刚　　梁有志　　逯春香
　　　　　　　游秋丽　　雷元华　　蔺惠良　　冀梦瑶

PREFACE 前言

中共十九大提出了实施乡村振兴战略的重大举措。加快农业现代化进程，实施乡村振兴，短板在农民，核心在农民素质，关键在教育，急切需要大力培育"爱农业、懂技术、善经营、会管理"的高素质农民，大幅度提高农民科学种养水平。实践证明，教育培训是提高农民素质最直接、最有效的途径，也是高素质农民培育的基础性工作和关键性环节。同时，要想做好高素质农民培育工作，提高教育培训质量，需要有一系列规范性、实用性和针对性强的教材作支撑。为此，河北省农业农村厅依托河北省农业广播电视学校，利用河北省农业产业体系专家学者的技术优势、人才优势，组编本套农民教育培训专用教材，供各相关机构开展培训使用。

本套教材定位准确，技术先进，具有科学性、引领性、简易性的特点；侧重应用性，弱化理论性，尽量避免专业性太强的术语，图文并茂，力求内容通俗易懂，达到"一看就懂，一学就会，一用就成"的效果。

《肉牛标准化生产技术》是系列规划教材之一，适用于从事现代肉牛产业生产者、农技推广人员。本教材共分七章，全面介绍肉牛优良品种、生产与经营过程，包括肉牛品种与繁育技术、饲料加工技术、肉牛饲养管理技术、肉牛疫病绿色防控技术、肉牛场建设与环境控制技术、肉牛屠宰与产品加工技术、肉牛场经营管理技术等，并配有小知识、思考与练习题。同时，用二维码链接实物图片及部分相关标准，使读者更好地理解教材内容。

因编者水平有限，本教材难免有疏漏之处，敬请广大读者批评指正。

编 者

2022 年 10 月

前言

第一章 肉牛品种与繁育技术

第一节 肉牛品种 ………………………………………………………… 1
一、引进国外品种 …………………………………………………… 1
二、国内培育品种 …………………………………………………… 6
三、地方优良品种 …………………………………………………… 9

第二节 肉牛杂交改良 …………………………………………………… 14
一、肉牛杂交的意义 ………………………………………………… 14
二、杂交改良方式 …………………………………………………… 14

第三节 肉牛繁殖技术 …………………………………………………… 15
一、母牛生殖器官和生理功能 ……………………………………… 15
二、母牛的生殖生理 ………………………………………………… 19
三、公牛的生殖器官和生理功能 …………………………………… 24
四、发情鉴定 ………………………………………………………… 27
五、人工授精 ………………………………………………………… 29
六、妊娠诊断 ………………………………………………………… 31
七、同期发情 ………………………………………………………… 33
八、胚胎移植 ………………………………………………………… 34
九、提高繁殖力的措施 ……………………………………………… 36

思考与练习题 …………………………………………………………… 38

第二章 饲料加工技术

第一节 肉牛的营养需要 ………………………………………………… 39

一、能量需要量 ………………………………………… 39
二、蛋白质需要 ………………………………………… 42
三、矿物质需要 ………………………………………… 43
四、维生素需要 ………………………………………… 47
第二节 饲料加工及利用 ……………………………………… 49
一、精饲料的加工调制 ………………………………… 49
二、粗饲料的加工调制 ………………………………… 51
第三节 肉牛日粮配制 ………………………………………… 62
一、肉牛配合饲料的一般原则 ………………………… 62
二、肉牛日粮配方的制订方法和步骤 ………………… 63
思考与练习题 …………………………………………………… 66

第三章 肉牛饲养管理技术

第一节 母牛饲养管理 ………………………………………… 67
一、分阶段做好肉用母牛的饲养管理 ………………… 67
二、肉用母牛夏季的饲养管理 ………………………… 69
三、肉用母牛冬季的饲养管理 ………………………… 71
第二节 犊牛饲养管理 ………………………………………… 76
一、繁殖母牛的选配和保胎 …………………………… 76
二、肉犊牛的正确接产 ………………………………… 77
三、犊牛的科学饲喂 …………………………………… 78
四、犊牛腹泻防控 ……………………………………… 78
五、肉用犊牛科学断奶 ………………………………… 79
第三节 肥育牛饲养管理 ……………………………………… 81
一、牛的消化特点和采食习性 ………………………… 81
二、肉牛育肥条件及育肥方式 ………………………… 84
三、肥育牛的选购及新购牛的饲养管理 ……………… 86
四、肉牛育肥程序管理 ………………………………… 88
第四节 高档牛肉生产技术 …………………………………… 91
一、生产高档牛肉的要求 ……………………………… 91
二、生产"雪花牛肉"技术要点 ……………………… 92

三、生产"小白牛肉"技术要点 ……………………………………… 94

思考与练习题 ………………………………………………………………… 97

第四章　肉牛疫病绿色防控技术

第一节　牛场消毒与防疫
一、牛场消毒 …………………………………………………………… 98
二、牛传染病防控基础知识 …………………………………………… 104

第二节　犊牛典型病绿色防控技术
一、牛大肠杆菌病 ……………………………………………………… 106
二、牛沙门氏菌病 ……………………………………………………… 108
三、牛轮状病毒感染 …………………………………………………… 109
四、牛传染性鼻气管炎 ………………………………………………… 110
五、牛梨形虫病 ………………………………………………………… 113
六、牛球虫病 …………………………………………………………… 114
七、牛肝片吸虫病 ……………………………………………………… 116
八、牛螨虫病 …………………………………………………………… 118
九、关节炎 ……………………………………………………………… 119
十、佝偻病 ……………………………………………………………… 121
十一、皱胃阻塞 ………………………………………………………… 122

第三节　运输应激综合征绿色防控
一、临床症状 …………………………………………………………… 124
二、病理变化 …………………………………………………………… 124
三、发病机理 …………………………………………………………… 125
四、防控措施 …………………………………………………………… 125

第四节　其他常见病绿色防控
一、牛口蹄疫 …………………………………………………………… 128
二、牛结核病 …………………………………………………………… 130
三、牛副结核病 ………………………………………………………… 131
四、牛巴氏杆菌病 ……………………………………………………… 132
五、牛传染性胸膜肺炎 ………………………………………………… 134
六、牛传染性角膜结膜炎 ……………………………………………… 136

七、牛布鲁氏菌病 ………………………………………………… 137
八、骨折 …………………………………………………………… 138
九、软骨症 ………………………………………………………… 139
十、肠炎 …………………………………………………………… 139
十一、腐蹄病 ……………………………………………………… 140
十二、瘤胃积食 …………………………………………………… 141
十三、皱胃变位 …………………………………………………… 143
十四、肺炎 ………………………………………………………… 144
思考与练习题 ……………………………………………………… 145

第五章　肉牛场建设与环境控制技术

第一节　肉牛场设计与建造 ……………………………………… 146
　一、肉牛场选址 …………………………………………………… 146
　二、肉牛场规划与布局 …………………………………………… 147
　三、肉牛舍建设 …………………………………………………… 148
第二节　牛舍环境控制 …………………………………………… 152
　一、肉牛的环境要求 ……………………………………………… 152
　二、牛舍环境控制 ………………………………………………… 152
　三、养殖废弃物源头减量 ………………………………………… 153
第三节　肉牛场粪污无害化处理与利用 ………………………… 155
　一、肉牛场粪污的特点 …………………………………………… 155
　二、肉牛场粪便处理技术 ………………………………………… 155
　三、肉牛场粪污资源化利用模式 ………………………………… 161
思考与练习题 ……………………………………………………… 171

第六章　肉牛屠宰与产品加工技术

第一节　肉牛屠宰与牛肉分割 …………………………………… 172
　一、肉牛屠宰 ……………………………………………………… 172
　二、牛肉分割 ……………………………………………………… 178
第二节　牛肉与副产品加工 ……………………………………… 184
　一、牛肉加工概述 ………………………………………………… 184

二、牛副产品加工 189
　第三节　牛肉质量安全与品牌创建 193
　　一、牛肉质量安全 193
　　二、品牌创建 202
　思考与练习题 205

第七章　肉牛场经营管理技术

　第一节　肉牛场生产管理 206
　　一、制度制订 206
　　二、记录管理 207
　　三、定额管理 211
　　四、销售管理 213
　第二节　肉牛场经营管理 215
　　一、经营预测和决策 215
　　二、肉牛场的计划管理 220
　　三、经济核算 226
　思考与练习题 231

附录 232
参考文献 233

第一章 肉牛品种与繁育技术

第一节 肉牛品种

一、引进国外品种

20世纪70年代以来，我国先后从国外引进了很多优良肉用和乳肉兼用牛品种，目前在国内较为广泛利用的有夏洛来牛、利木赞牛、安格斯牛、西门塔尔牛（乳肉兼用）、日本和牛、比利时蓝白花牛等，这些品种的引进使我国的牛肉产量和质量得以快速提高，并在新品种的自主培育中发挥了重要作用。

（一）西门塔尔牛

西门塔尔牛原产于瑞士，是世界上分布较广、数量较多的大型乳肉兼用品种之一。

1. 外貌特征 毛色多为黄白花或淡红白花，额与颈部被毛密集且多卷曲。成年公牛体高142～150厘米，体重1 000～1 200千克；成年母牛体高134～142厘米，体重550～800千克。体格粗壮结实，胸深，腰宽，体长，尻部长宽平直，体躯呈圆筒状，肌肉丰满，后躯较前躯发达，四肢结实，乳房发育中等（图1-1）。

2. 生产性能 适应性强，耐粗饲，寿命长，繁殖力强，肉乳性能均佳。生长速度较快，平均日增重可达1.0千克以上，年均日增重可达470千克，胴体肉多，脂肪少而分布均匀，较好条件下屠宰率为55%～60%，公牛育肥后屠宰率可达65%。成年母牛难产率低，平均产奶量4 000千克，乳脂率3.9%。

图 1-1 西门塔尔牛

(二) 夏洛来牛

夏洛来牛原产于法国,属于大型肉牛品种。

1. 外貌特征 夏洛来牛毛色为乳白色或白色,皮肤常有色斑。头部大小适中而稍短,角呈蜡黄色,圆而较长,向两侧或前方伸展。体格大,胸极深,背直,腰宽,臀部大,四肢强壮。骨骼粗壮。全身肌肉发达,背、腰、臀部肌肉块明显,使身躯呈圆筒形,后腿部肌肉尤其丰厚,常形成"双肌"特征。四肢粗壮结实、长短适中、站立良好。成年公牛活重为1 100~1 200千克,平均体高为142厘米;成年母牛平均活重为700~800千克,平均体高为132厘米。公犊牛和母犊牛的平均初生重分别为45千克和42千克(图1-2)。

图 1-2 夏洛来牛

2. 生产性能 夏洛来牛有两大特点，一是早期生长发育快；二是瘦肉产量高，可以在较短时期内以最低的成本生产出最多的肉。根据法国的测定，在良好的饲养管理条件下，12月龄公犊牛平均体重达525千克，母犊牛平均体重达360千克。屠宰率为65%～70%，胴体产肉率为80%～85%。肉质好，脂肪少而瘦肉多。母牛一个泌乳期平均产奶量达2000千克，从而保证了犊牛生长发育的需要。夏洛来牛对环境适应性极强，耐寒暑、耐粗饲，放牧、舍饲均可，基本能够适应我国的饲料类型和管理方式，但其日增重水平低于原产地水平。该品种的缺点是难产率高（13.7%），肉质嫩度和大理石花纹等级较差。

（三）利木赞牛

利木赞牛原产于法国，属于中等体型肉牛品种。

1. 外貌特征 被毛为黄红色，腹下、四肢、尾部、口、鼻和眼四周毛色稍浅。头较短小，额宽，公牛角短且向两侧伸展，母牛角细且向前弯曲。体格比夏洛来牛小，骨骼较夏洛来牛细致，体躯长而宽，全身肌肉丰满，前后躯肌肉尤其发达。成年公牛平均体高为140厘米，平均体重为1100千克；成年母牛平均体高为131厘米，体重为600千克（图1-3）。

图1-3 利木赞牛

2. 生产性能 利木赞牛肉用性能好，生长快、日增重大，8月龄小牛就可生产出具有大理石花纹的牛肉，前期对饲养水平要求较高；在良好饲养管理条件下，公牛12月龄能长到480千克。屠宰率63%～71%，牛肉品质好，瘦肉多，脂肪少，肉质嫩度高，味道好。泌乳能力较好，成年母牛平均泌乳量1200千克，平均乳脂率5%。

（四）安格斯牛

安格斯牛原产于英国，是世界上最古老的小型早熟肉牛品种。

1. 外貌特征 全身毛色纯黑色或全红色，被毛光泽而均匀，少数牛腹下、脐部和乳房部有白斑。无角，头小而方，额宽，颈中等长且较厚。体格低矮，体躯紧凑，背线笔直，腰荐丰满，体躯宽而深，四肢短而直，全身肌肉丰满。成年公牛平均体高为130.8厘米，体重为700～750千克；成年母牛平均体高为118.9厘米，平均体重为500千克（图1-4）。

图1-4 安格斯牛

2. 生产性能 安格斯牛具有良好的增重性能，早熟易肥，胴体品质和产肉性能均高。育肥牛屠宰率一般为60%～65%。产犊间隔短，一般为12个月左右，连产性好，初生重小，极少难产。对环境适应性好，耐粗饲、耐寒，抗病能力强，性情温驯，易于管理。在国际肉牛杂交体系中被认为是较好的母系。

（五）日本和牛

原产于日本，属于小型肉牛品种，是世界上公认的优秀肉牛品种。

毛色多为黑色和褐色，以黑色为主，乳房和腹壁有白斑。体躯紧凑，腿细，前躯发育良好，后躯稍差。成年公牛平均体高为137厘米，平均体重为700千克，成年母牛的平均体高和体重分别为124厘米和400千克。体型小，成熟晚。育肥好的日本和牛其肉大理石花纹明显，俗称雪花肉。日本和牛肉用价值极高，在日本被视为"国宝"（图1-5）。

图1-5 日本和牛

（六）比利时蓝白花牛

比利时蓝白花牛是原产于比利时中北部短角型蓝花牛与弗里生牛混血的后裔。

毛色为白身躯中带有蓝色或黑色斑点，斑点大小变化较大。鼻镜、耳缘、尾巴多为黑色。个体高大，头部轻，尻微斜，体躯长筒状，体表肌肉醒目，后臀尤其明显。成年公牛平均体高为148厘米，平均体重为1 200千克，成年母牛平均身高和体重分别为134厘米和700千克。犊牛早期生长速度快，最高日增重可达1.4千克，屠宰率一般为65%。适用于肉牛配套系的父系品种（图1-6）。

图1-6 比利时蓝白花牛

二、国内培育品种

我国自主培育的肉牛和乳肉兼用品种主要有中国西门塔尔牛、夏南牛、延黄牛、辽育白牛、新疆褐牛等。

（一）中国西门塔尔牛

主产于内蒙古、辽宁、山西、四川等地，是西门塔尔牛与我国地方黄牛杂交选育的大型乳肉兼用品种。

1. 外貌特征　中国西门塔尔牛外貌与国外西门塔尔牛基本一致，毛色多为黄白色，身躯常带有白色，胸带和胁部、腹部、四肢下部、尾帚为白色。体格粗壮结实，前躯较后躯发育好，胸深，腰宽，体长，肌肉丰满，四肢结实，乳房发育中等，胸部宽深，后躯肌肉发达。成年公牛平均体高为145厘米，体重为850～1 000千克；成年母牛平均体高为130厘米，体重为550～650千克（图1-7）。

图1-7　中国西门塔尔牛

2. 生产性能　短期育肥后，1.5岁以上的公牛或去势牛屠宰率可达54%～56%，净肉率达44%～46%，适应范围广，耐粗饲，抗病力强。西门塔尔牛母牛常年发情。在中等饲养水平条件下，母牛初情期为13～15月龄，体重为230～330千克，发情周期（19.5±2.3）天，妊娠期（285±5.69）天。

（二）夏南牛

夏南牛属于专门化肉牛培育品种。主产区为河南南阳，是夏洛来牛与南阳牛杂交选育的肉用品种。

1. 外貌特征　毛色为黄色，以浅黄色、米黄色居多。公牛头方正，额平直；母牛头清秀，额平，肩峰不明显。成年牛结构匀称，体躯呈长方形。胸深肋圆，背腰平直，尻部宽长，肉用特征明显；四肢粗壮，蹄质坚实。母牛乳房发育良好。成年公牛平均体高为142.5厘米，平均体重为850千克；成年母牛平均体高为135.5厘米，平均体重为600千克（图1-8）。

2. 生产性能 1.5岁未育肥公牛屠宰率60.13%，净肉率48.84%。夏南牛繁育能力好。母牛初情期一般为432日龄，初配时间一般为490日龄，发情周期一般为20天，妊娠期一般为285天，一般产后60天发情，难产率一般为1.05%。性情温驯，适应性强，抗逆能力强，耐寒冷，耐粗饲，耐热性较差。

图1-8 夏南牛

（三）延黄牛

主产区为吉林延边，是利木赞牛与延边黄牛杂交选育的肉用品种。

1. 外貌特征 体型外貌与延边牛相似，毛色为黄色。公牛头方正，额平直；母牛头清秀，额平、嘴端短粗。公牛角呈锥状，水平向两侧延伸；母牛角细圆，致密光滑，外向，尖稍向前弯。耳中等大小。颈部粗壮，平直，肩峰不明显。成年牛结构匀称，体躯呈长方形，胸深肋圆，背腰平直，尻部宽长，四肢较粗壮，蹄质坚实，尾细长，肉用特征明显。母牛乳房发育良好。成年公牛平均体高为156.2厘米，体重为900～1 100千克；成年母牛平均体高为136.3厘米，体重为490～630千克（图1-9）。

2. 生产性能 具有体质健壮、性情温驯、耐粗饲、适应性强、生长速度快、肉质细嫩等特点。舍饲短期育肥至30月龄公牛屠宰率59.8%，净肉率49.3%。延黄牛母牛初情期8～9月龄；性成熟期，母牛13月龄，公牛14月龄。母牛发情周期20～21天，发情期延续12～36小时，发情征状消失后3～16小时开始排卵。

图1-9 延黄牛

(四) 辽育白牛

主产区为辽宁,是夏洛来牛与辽宁本地黄牛高代杂交选育的肉用品种。

1. 外貌特征 全身被毛为白色或草白色,鼻镜为肉色,蹄角多为蜡黄色,大多有角。体型大,体躯呈长方形。公牛头方正,额宽、平直、头顶部有长毛,角呈锥状、向外侧延伸;母牛头清秀,角细圆、向两侧并向前伸展。颈部粗短,母牛颈平直,公牛颈部隆起。无肩峰。母牛颈部和胸部多有垂皮,公牛垂皮发达。胸深宽,肋圆,背腰宽厚、平直,尻部宽长,臀部宽齐,后腿肌肉丰满。四肢粗壮、长短适中,蹄质结实。尾中等长。母牛乳房发育良好。成年公牛平均体重为910.5千克,成年母牛平均体重为451.2千克(图1-10)。

图1-10 辽育白牛

2. 生产性能 6月龄断奶后持续育肥至18月龄,平均宰前重、平均屠宰率、平均净肉率分别为561.8千克、58.6%和49.5%;持续育肥至22月龄,平均宰前重、平均屠宰率、平均净肉率分别为664.8千克、59.6%和50.9%。

辽育白牛的繁殖无季节性,母牛初情期10~12月龄,性成熟12~14月龄,发情周期18~22天,妊娠期平均为281.7天,人工授精率高,极少发生难产。性情温驯,耐粗饲,抗寒能力强,适应性强,能够适应广大北方地区的气候,舍饲、半舍饲、半放牧、放牧饲养均可。

(五) 新疆褐牛

主产区为新疆,是我国自主选育的第1个乳肉兼用品种,也是新疆最主要的牛肉和牛乳来源。

1. 外貌特征 新疆褐牛毛色为褐色,深浅不一,头顶、角基部呈灰白色或黄白色。多数有灰白色的口轮和背线,皮肤、角尖、眼睑、鼻镜、尾帚、蹄均呈褐色,被毛短、贴身,有的局部有卷毛。成年公牛平均体重为490千克,成年母牛平均体重为430千克。体型外貌与瑞士褐牛相似(图1-11)。

2. 生产性能 泌乳和产肉性能都较好。生长发育快,在自然放牧条件下,2岁以上屠宰率为50%以上,净肉率为39%,育肥后净肉率可达40%以上。肉质好,具大理石花纹,肉质细嫩,风味极佳。成年母牛产奶量2 100~3 500千克。适应性强,耐粗饲,耐严寒和高温,抗病力强。

图1-11 新疆褐牛

三、地方优良品种

我国有地方黄牛品种50多个,是世界上牛品种最多的国家。我国黄牛品种根据产地、体型大小和品种特征分为3大类:中原黄牛、北方黄牛和南方黄牛。中原黄牛主要有陕西秦川牛、山西晋南牛、河南南阳牛、山东鲁西牛、山东滨州渤海黑牛等;北方黄牛主要有吉林延边牛、蒙古高原蒙古牛、辽宁复州牛、新疆哈萨克牛等;南方黄牛主要有浙江温岭高峰牛、安徽皖南牛、湖北大别山牛等。其中，秦川牛、晋南牛、南阳牛、鲁西牛、延边牛被誉为我国五大良种黄牛品种。

（一）秦川牛

中国牛体格高大品种之一，因产于陕西省关中地区的"八百里秦川"而得名，属役肉兼用型黄牛地方品种。以渭南、临潼、蒲城、富平、大荔、咸阳、兴平、陇县、礼泉、泾阳、三原、高陵、武功、扶风、岐山等15个县、市为主要产地。

1. 外貌特征 毛色有紫红色、红色、黄色3种，以紫红色和红色为主。鼻镜多呈肉红色，也有黑色、灰色和黑斑点等色。蹄壳有粉红色、黑色、红黑相间3色，以红色居多。体质结实，骨骼粗壮，体格高大，结构均匀，肌肉丰满。角短而钝，多向外下方或后方伸展。肩长而斜，前躯发育好，胸部深宽，肋长而开张，背腰平直宽广，长短适中，荐骨稍微隆起，一般多是斜尻。成年公牛平均体重594千克，平均体高141厘米；成年母牛平均体重381千克，平均体高124厘米（图1-12）。

2. 生产性能 具有肥育快、瘦肉率高、肉质细嫩、大理石花纹好等特点。在中等饲养水平下，18月龄时的屠宰率可达58.3%，净肉率50.5%。秦川牛不仅是优秀的地方品种，而且还是作为杂交配套的理想品种之一。多年来的生产实践表明，以秦川牛作为父本改良杂交山地小型牛或作为母本与国外引进的大型品种牛杂交，效果普遍良好。

图1-12 秦川牛

（二）晋南牛

产于山西省晋南盆地。

1. 外貌特征 晋南牛体躯高大结实,毛色以枣红色为主,鼻镜呈粉红色。蹄壁多呈粉红色,质地致密。公牛头短额宽,眼大有神,顺风角,颈部短而粗,垂皮发达,前胸宽阔,肩峰不发达,背腰平直,长宽中等,尻部长度合适,两腰角凸出而宽,臀端较窄,前肢端正,后肢弯度大,后裆窄,两后肢靠得较近,蹄大而圆。母牛头部清秀,乳房发育较差,乳头较细小。犍牛头长而稍重。晋南牛中有一类型的牛臀部、股部发育比较丰满,附着肉较多,偏于肉役兼用。毛色以枣红色为主。成年公牛平均体高139厘米,平均体重为700千克以上;成年母牛平均体高117厘米,平均体重400千克以上(图1-13)。

2. 生产性能 晋南牛肌肉丰满、肉质细嫩。24月龄公牛屠宰率可达55%~60%,净肉率45%~50%。晋南牛最大挽力为体重的65%~70%,一般挽力为体重的35%~40%。晋南牛公牛平均初生重26千克,9月龄性成熟,24月龄可开始采精配种。母牛平均初生重24千克,一般7~10月龄开始发情,2岁左右可配种利用。

图1-13 晋南牛

(三)南阳牛

产于河南南阳地区。

1. 外貌特征 南阳牛体躯高大,肌肉发达,结构紧凑,皮薄毛细,体质结实,役用、产肉性能较好。有黄色、红色、草白色3种毛色,以深浅不等的黄色最多。毛短而贴身,部分公牛前额有卷毛。鼻镜宽,多呈肉红色,部分带有黑点。公牛头部雄壮方正、多微凹,颈部短厚,稍呈弓形;母牛头清秀而狭长,多凸起,颈部薄而平,长短适中。耳壳较薄,耳端钝。角形有萝卜形、扁担形、丸角、平角和大角等,角的生长方向有迎风、顺风、直叉、扒头和下垂等（图1-14）。

2. 生产性能 具有肉质好、耐粗饲、适应性强等特点。成年公牛平均体高为145厘米，平均体重为647千克；成年母牛平均体高为126厘米，平均体重为412千克。1.5岁公牛育肥屠宰率平均为55.6%，3～5岁去势牛强度育肥后，屠宰率平均可达64.5%，净肉率平均达56.8%。南阳牛役用性能强，最大挽力为体重的57%～77%，一般挽力为体重的18%～25%。一般1.5岁开始役用，随商品经济的发展，南阳牛目前由役用为主转变为肉用为主。南阳牛繁殖性能好，性早熟。母牛常年发情，初配年龄为2岁，妊娠期289.8天，产后第1次发情期平均77天，一般3年2胎。公牛1.5～2岁开始配种，3～6岁配种能力最强，利用年限5～7年。

图1-14 南阳牛

（四）鲁西牛

主要产于山东西南部。

1. 外貌特征 毛色从浅黄色到棕红色都有，以黄色最多；多数牛有眼圈、口轮、腹下和四肢内侧毛色浅淡的"三粉特征"。个体高大，成年公牛平均体高为146厘米，平均体重为644千克；成年母牛平均体高为123厘米，平均体重为366千克。体躯结构匀称，细致紧凑，肌肉发育好，具有较好的役肉兼用体型。公牛多平角或龙门角；母牛角形多样，以龙门角居多。公牛头短而宽，角较粗，颈部短而细，前躯发育好，鬐甲高，垂皮发达。母牛头稍窄而长，颈部细长，垂皮小，鬐甲平，后躯宽阔。一般背、腰和尻部平直，四肢较细。蹄质致密但硬度较差（图1-15）。

图1-15 鲁西牛

2. 生产性能 1.5岁牛屠宰率为53%～55%，净肉率为47%。牛肉肌纤维细、脂肪白且分布均匀，大理石花纹明显。鲁西牛母牛发情期为250～310日龄，发情周期为22天，发情期持续2～3天，初配年龄一般为1.5～2岁，妊娠期平均为285天，产后发情期为35天，终生产犊7～8头，多者十几头。

（五）延边牛

主产于吉林省延边朝鲜族自治州。役肉兼用，耐粗饲，抗病力强。

1. 外貌特征 体型中等，鬐甲低平，肩峰不明显。被毛较长而密，毛色以正黄色为主，少量为深黄色或浅黄色。乳房发育良好，乳头整齐，母牛腹大而不下垂。四肢健壮结实，肢势良好，蹄中等大，体质结实致密，皮肤厚，有弹性。成年公牛平均体高为131厘米，平均体重为465千克；成年母牛平均体高为122厘米，平均体重为365千克（图1-16）。

图1-16 延边牛

2. 生产性能　1.5岁牛屠宰率平均为57.7%，净肉率平均为47.2%。母牛泌乳期一般为6个月，年泌乳量（750±71）千克。乳脂率为5.8%±0.76%，肉质好，牛皮质量优良。耐力强、速度快、使役用途广泛。性成熟年龄，公牛平均为14月龄，母牛平均为13月龄；初配年龄平均为22月龄。母牛全年均有发情期，多集中在7—8月。

第二节　肉牛杂交改良

一、肉牛杂交的意义

在肉牛生产中，采用2个或多个品种杂交生产商品肉牛。这样既能利用远缘杂交优势，又能互补单一品种的某些不足，可以提高生产效率和经济效益。以本地黄牛为母本，引进优良肉用品种为父本进行杂交，所培育的后代既保留了本地牛耐粗放、适应性强的特点，又有外来优良品种生长快、产肉多、肉质好、饲料转化率高的优点，使本地黄牛在体型、生长速度、产肉性能等方面得到提高。

引进优良牛品种杂交改良黄牛有3个要求：一是引进牛品种要与黄牛相近；二是制订合理的技术方案和杂交路线；三是选择较好个体进行下一代杂交。同时，在选择与我国现阶段情况相适应的肉牛杂交体系时，应该注意以下3点：一是在引入品种改良本地黄牛的基础上，继续组织杂交优势，改良差的地区改良方向应是向配套系的母系发展；二是选择具有互补性的、具有理想长势和胴体特征的公牛作父系，保持杂交优势的持续利用；三是组织2个或2个以上品种的优势开展肉牛配套系生产，在可能的情况下形成新的地方类群。一般在级进杂交有困难的地方组织这种配套系。

二、杂交改良方式

肉牛生产中的杂交模式主要有经济杂交、轮回杂交。国外肉牛业广泛利用经济杂交开展两品种杂交或三品种杂交，纯种肉牛杂交后代产肉能力可提高15%～20%。

（一）经济杂交

经济杂交也称生产杂交，使用外来优良品种公牛与本地黄牛杂交，以获得具有经济价值的杂种后代，增加产品数量和降低生产成本。经济杂交又分为二元杂交和三元杂交。

1. 二元杂交 二元杂交是指 2 个品种之间的杂交,所获杂交一代公牛全部育肥肉用,母牛作为繁殖母牛群。

2. 三元杂交 三元杂交是指 3 个品种之间的杂交,甲品种与乙品种牛杂交后产生杂交一代,杂交一代母牛再与丙品种公牛杂交,所产生的杂交二代全部用作商品牛。

(二) 轮回杂交

轮回杂交是指用 2 个或 2 个以上品种的公牛,先用一个品种的公牛与本地母牛杂交,其杂交后代母牛再与另一品种公牛交配,以后继续用没有亲缘关系的 2 个品种的公牛轮回杂交。轮回杂交的优点是可有效减少种公牛饲养数量,避免单一品种过度杂交和近亲杂交带来的杂交优势衰退。

> **小知识**
>
> 在选择公牛冷冻精液时,应针对母牛自身特点,选择生产性能高于以往使用的公牛进行配种。为小型母牛选配时,公牛品种的平均成年活重不宜太大,以防发生难产;避免同一头牛的冷冻精液在一个地区使用 4 年以上,防止盲目自交。

第三节 肉牛繁殖技术

一、母牛生殖器官和生理功能

母牛生殖器官包括 3 个部分:生殖腺——卵巢;生殖管道——输卵管、子宫、阴道;外生殖器官——尿生殖前庭、阴门、阴蒂(图 1-17)。

(一) 卵巢

1. 组织结构 牛的卵巢为扁椭圆形,中等大的母牛卵巢平均长 3.0~4.0 厘米,宽 1.5~2.0 厘米,厚 2.0~3.0 厘米,一般位于子宫角尖端外侧,初产及经产胎次少的母牛,卵巢均在耻骨前缘之后,经产母牛子宫角因胎次增多而逐渐垂入腹腔,卵巢也随之前移至耻骨前缘的前下方(图 1-18)。

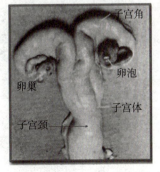

图 1-17 母牛的生殖器官(子宫和卵巢)

 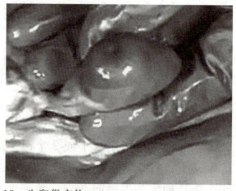

图 1-18　牛卵巢实物

2. 生理功能

（1）卵巢皮质部分布着许多原始卵泡，它经过次级卵泡、生长卵泡和成熟卵泡阶段，最终排出卵子。排卵后，在原卵泡处形成黄体。

（2）分泌雌激素和孕酮。卵泡内膜分泌雌激素，一定量的雌激素是导致母牛发情的直接因素。排卵后，在原排卵处的黏膜形成皱襞，增生的颗粒细胞形成索状，从卵泡腔周围辐射状延伸到腔的中央形成黄体。黄体能分泌孕酮，它是维持妊娠所必需的激素之一。

（二）输卵管

1. 组织结构　输卵管是卵子进入子宫的必经通道。输卵管的前 1/3 段较粗，称为壶腹，是卵子受精的地方。其余部分较细，称为峡部。壶腹和峡部连接处称为壶峡连接部。靠近卵巢端扩大呈漏斗状，称为漏斗。漏斗的边缘形成许多皱襞，称为伞部（图 1-19、图 1-20）。

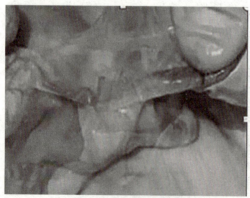 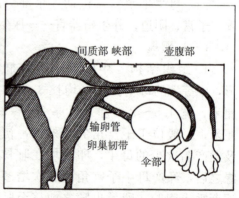

图 1-19　牛输卵管实物　　　　　　图 1-20　牛输卵管解剖示意

2. 生理功能

（1）承受并运送卵子。

（2）精子获能、受精以及卵裂的场所。

（3）分泌氨基酸、葡萄糖、乳酸、黏蛋白及多糖，这些分泌物是精子、卵子及早期胚胎的培养液。

（三）子宫

子宫分为子宫角、子宫体和子宫颈3部分。牛的子宫为对分子宫，即子宫角基部之间有一纵隔将两角分开（图1-21）。

1. 组织结构

（1）子宫角及子宫体。牛的子宫角长30～40厘米，角的基部粗1.5～3.0厘米，子宫体长2.0～4.0厘米。青年母牛及胎次较少的母牛，子宫角弯曲如绵羊角，位于骨盆腔内。胎次多的牛子宫垂入腹腔。

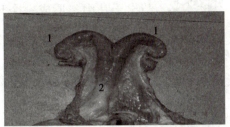

图1-21　牛子宫
1. 子宫角　2. 子宫颈

（2）子宫颈。牛的子宫颈长5.0～10.0厘米，粗3.0～4.0厘米，壁厚而硬，不发情时管腔处于封闭状态，发情时稍微开放。子宫颈阴道部粗大，凸入阴道2.0～3.0厘米，黏膜有放射状皱襞，经产母牛的皱襞有时肥大如菜花状，子宫颈肌的环状层很厚，分为两层，内层和黏膜的固有层，构成4（2～5）个横的新月形皱襞，彼此嵌合，使子宫颈成为螺旋状。

2. 生理功能

（1）发情时，子宫借其肌纤维有节律的、强而有力的收缩运送精液，使精子可能以超越其本身的运动速度通过输卵管的子宫口进入输卵管；分娩时，子宫以其强有力的阵缩排出胎儿。

（2）子宫是胎儿发育的场所。

（3）对卵巢机能的影响。在发情季节，如果母牛未孕，在发情周期的一定时期，一侧子宫角内膜所分泌的前列腺素对同侧卵巢的发情周期黄体有溶解作用，以致黄体机能减退，垂体又大量分泌促卵泡激素，引起卵泡发育生长，导致发情。

（4）子宫颈是子宫的门户。在平时，子宫颈处于关闭状态，以防异物侵入子宫颈；发情时稍开张，以利于精子进入，同时子宫颈大量分泌黏液，该黏液是交配的润滑剂；妊娠时，子宫颈分泌黏液堵住子宫颈管，防止感染物侵入；

临近分娩时，子宫颈管扩张，以便胎儿排出。

（5）子宫颈可滤剔缺损和不活动的精子，是防止过多精子进入受精部位的栅栏。

（四）阴道

位于骨盆腔，背侧为直肠，腹侧为膀胱，前接子宫，子宫颈凸出于其中，形成一个环形隐窝，为阴道穹窿，后接尿生殖前庭。阴道既是交配器官，又是产道。牛阴道长 22～28 厘米（图1-22、图1-23）。

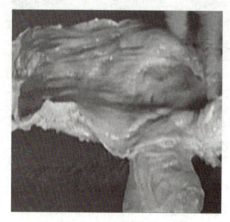

图1-22 牛阴道解剖图

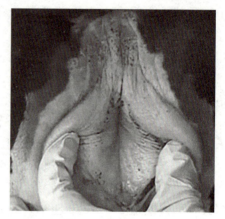

图1-23 牛外生殖器

（五）尿生殖前庭

尿生殖前庭是交配器官和产道，也是尿排出的径路。位于骨盆腔内，直肠的腹侧，其前接阴道，在前端腹侧壁上有一条横行黏膜褶，称为阴瓣，可作为阴道与前庭的分界；后端以阴门与外界相通（图1-24）。

（六）阴门、阴蒂

阴门位于肛门腹侧，由左右两阴唇构成，两阴唇之间的缝隙称为阴门裂。阴唇上、下两端的联合，分别称为阴唇背侧联合和阴唇腹侧联合。在阴唇腹侧联合前方有一阴蒂窝，内有阴蒂。

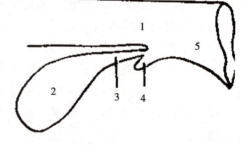

图1-24 母牛尿生殖前庭位置示意
1. 阴道 2. 膀胱 3. 尿道 4. 尿道下憩室
5. 尿生殖前庭

二、母牛的生殖生理

(一) 母牛性机能的发育

1. 初情期 母牛开始发情并具有繁殖机能的时期。肉牛达到初情期时体重为其成年体重的45%~50%。实际上影响母牛初情期的因素很多,包括遗传与环境。

2. 性成熟期 性成熟期是指母牛生殖器官已发育完全,具有协调的生殖内分泌,表现完全的发情征状,排出能受精的卵子,具有繁殖机能的时期。但是,母牛处于性成熟阶段时不宜配种,因为这一时期卵巢上的卵泡发育和母牛的内分泌还不是很有规律,也不稳定,所产卵子发育不健全,质量一般。

3. 体成熟期 体成熟期是指母牛的生殖器官发育成熟,并开始产生生殖细胞,具备正常繁殖功能的时期。母牛生长发育到这一时期后,出现发情征状即可以配种,配种受胎后奶牛就进入繁殖阶段。体成熟期又称适配年龄或初配年龄。母牛初配适龄以体重为根据,体重达到成年母牛的70%时可以开始配种,不会影响母牛及胎儿的生长与发育。

育成母牛一般在12月龄前出现初次发情,12~14月龄达性成熟;15~16月龄达体成熟。

(二) 发情周期

1. 发情概念 性成熟后,在生殖激素的调节下,伴随着卵巢上卵泡的发育,母牛所出现的一系列生理和行为上的变化。

2. 发情表现 发情有3个方面的变化。

(1) 母牛精神兴奋、鸣叫不安、食欲减退、泌乳量下降、频频做排尿状、尾根举起或摇动。

(2) 各种母牛在发情高潮到来时,有强烈的交配欲望,主动接近公牛,静立接受交配,后腿撑开,举尾,嗅闻公牛等。

(3) 生殖系统发生一系列变化。卵巢上有许多卵泡发育并成熟排卵;外阴部、阴蒂和阴道上皮充血,子宫颈和前庭分泌黏液增多,流至阴门;子宫颈松弛。

3. 发情周期概念 牛初情期后,卵巢出现周期性的卵泡发育和排卵,并伴随着生殖器官及整个机体发生一系列周期性变化,这种变化周而复始,直到性机能停止活动的年龄为止,这种周期性活动就称为发情周期,也称性周期。发情周期的计算:一般指从这次发情开始到下次发情开始的间隔时间(发情当天记作 0 天），也是 2 次发情间隔的时间。

4. 发情周期分类　　发情周期主要有 2 种分类方法，即四期法和二期法。四期法根据母牛性欲表现及生殖器官变化，将发情周期分为发情前期、发情期、发情后期和间情期；二期法以卵巢上组织学变化及有无卵泡发育和黄体存在为依据，将发情周期分为卵泡期和黄体期。

（1）四期法。

①发情前期。也是发情的准备期。上一个发情周期所形成的黄体进一步退化萎缩，新的卵泡开始生长发育；雌激素开始分泌，整个生殖道血液供应量开始增加，引起毛细血管扩张伸展，渗透性逐渐增强，阴道和阴门黏膜有轻度充血、肿胀；子宫颈略为松弛，发情母牛常追爬其他母牛，从阴道流出稀薄白色透明黏液，阴户开始发红肿胀，但此刻不让其他牛爬跨。

②发情期。是牛性欲达到高潮的时期，也是发情征状表现明显的阶段。此期卵巢上的卵泡发育迅速，雌激素分泌增多，强烈刺激生殖道，使阴道及阴门黏膜充血肿胀明显，子宫颈口开张，排出大量透明稀薄的黏液。被其他母牛爬跨时，稳站不动；有时还弓腰，举尾，频频排尿，愿意接受交配。

③发情后期。是发情后的恢复期，也是排卵后黄体开始形成的时期。此期由性欲旺盛逐渐转入安静状态，卵泡破裂后雌激素分泌量显著减少，黄体开始形成并分泌孕酮作用于生殖道，使充血肿胀逐渐消退；子宫肌层蠕动减少，腺体分泌减少，少量黏液排出，子宫颈管逐渐关闭，子宫内膜逐渐增厚，阴道黏膜增生的上皮细胞脱落。

④间情期。又称休情期，是黄体活动时期。母牛已完全没有性欲，精神状态恢复正常。

（2）二期法。

①卵泡期。指黄体进一步退化，卵泡开始发育直到排卵为止。卵泡期包括发情前期和发情期。

②黄体期。指从卵泡破裂排卵后形成黄体，直到黄体开始退化为止。黄体期实际包括发情后期和间情期。

5. 发情周期的特点

（1）发情周期。发情周期平均为 21 天，青年母牛较短，平均为 20 天左右。

（2）产后发情。牛产后第 1 次发情时间很不一致，受气候、饲养管理、产后疾病及挤乳次数的影响，奶牛在正常情况下，第 1 次发情多在产后 35~50 天，天气炎热或严寒季节可延长产后发情时间，如挤乳次数多且有产后疾病的则产后发情更为延迟。饲养粗放的黄牛,由于营养差且带犊,产后发情均较迟,一般在产后 100 天,甚至更长些。

(3) 发情期。牛的发情期平均 18 小时(10~24 小时),即表现有性欲和性兴奋,但发情或因季节不同而略有差异,营养差或寒冷季节时发情期也稍短。排卵一般在发情开始 28~32 小时,或发情结束 10~15 小时,在一次发情中通常只有一个卵泡发育成熟,排双卵者仅为 0.5%~2%。

(三) 卵泡发育和排卵

1. 卵泡发育 母牛初情期前,卵泡虽能发育但不能成熟排卵,当发育到一定程度时便闭锁和退化。初情期后,卵巢上的原始卵泡才通过一系列发育阶段而达到成熟排卵。卵泡发育从形态上分为几个阶段,依次为原始卵泡、初级卵泡、次级卵泡和成熟卵泡。有的把初级卵泡开始生长至三级卵泡阶段,统称为生长卵泡。在发情时,母牛能够发育成熟的卵泡数一般只有 1 个(图 1-25)。

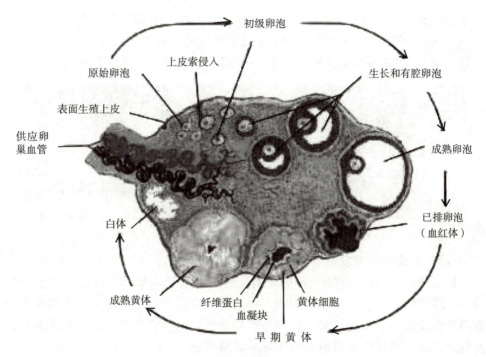

图 1-25 卵泡发育过程

2. 卵子形态与结构 正常的卵子为圆球形,主要结构包括放射冠、卵膜、透明带及卵黄等部分。

(1) 放射冠。紧贴卵母细胞透明带的一层卵丘细胞呈放射状排列，称为放射冠。

(2) 卵膜。卵子有2层明显的被膜，即卵黄膜和透明带。卵黄膜是卵母细胞的皮质分化物。

(3) 透明带。透明带是一均质而明显的半透明膜，一般认为它是由卵泡细胞和卵母细胞形成的细胞间质。透明带和卵黄膜具有保护卵子完成正常的受精过程，使卵子有选择性地吸收无机离子和代谢产物，对精子具有选择作用。

(4) 卵黄。卵黄占据透明带内的大部分容积，内含有核，是重要的遗传物质。

3. 排卵和黄体的形成

(1) 排卵。成熟的卵泡凸出卵巢表面，凸出的部分卵泡破裂形成红体，卵母细胞和卵泡液及部分卵丘细胞一起排出，称为排卵。母牛排卵类型为自发性排卵，即卵泡发育成熟后自行破裂排卵并自动形成黄体。

(2) 黄体的形成与退化。成熟卵泡排卵后形成黄体，黄体分泌孕酮作用于生殖道，使之向妊娠的方向变化；如未受精，一段时间后黄体退化形成白体，开始下一次的卵泡发育与排卵（图1-26）。

图1-26 红体、黄体、白体

（四）乏情和异常发情

1. 乏情 乏情是指母牛卵巢周期性的功能活动降低，而使母牛发情次数减少的现象，它受多方面因素影响。据统计，牛的产后乏情、屡配不孕等繁殖障碍比例呈逐年上升的趋势。特别是产后乏情，已经成为高产奶牛群普遍存在的繁殖问题，直接影响繁殖率和牛场的经济效益。

(1) 季节性乏情。母牛的发情属非季节性发情，但在炎热的夏季或寒冷的冬季应激条件下也有乏情现象。

(2) 泌乳性乏情。母牛产后一般在40～50天就可出现第1次发情，但由于犊牛吃乳的刺激促使催乳素分泌处于优势，抑制体内促性腺激素分泌，而使哺乳母牛在一段时间内呈现乏情。哺乳母牛产后第1次发情需要90～100天，甚至更长。

(3) 营养性乏情。母牛日粮中营养不全，缺乏某种物质，就会影响母牛的正常发情。青年母牛比成年母牛更为严重。如缺乏矿物质磷、维生素A、维生素E等，易引起母牛发情无规律或不发情。

(4) 应激性乏情。不同环境引起的应激，如气候恶劣、牛群密集、圈舍卫生不良、长途运输等应激因素都可抑制母牛发情、排卵及黄体功能。

(5) 衰老性乏情。母牛因衰老使下丘脑垂体卵巢轴的机能减退，导致垂体促性腺激素分泌量减少、卵巢对激素反应敏感性降低，不能激发卵巢机能活动而表现不发情。

(6) 不发情。卵巢疾病、子宫疾病乃至严重的全身疾病都能使母牛不发情。

2. 异常发情

(1) 安静发情。也称静默发情、安静排卵或暗发情。母牛发情时，缺少性欲表现。多见于产后母牛和体质瘦弱的母牛。另外，冬季母牛舍饲时间长，易发生隐性发情，一般因促卵泡激素或雌激素分泌量不足、营养不良、产奶量高等因素所致。

(2) 短促发情。即母牛的发情期非常短。如不注意观察，容易漏配。这种现象与炎热天气有关，多发生在夏季，可能是卵泡发育停止或发育受阻。

(3) 假发情。一般指妊娠5个月左右的母牛，突然有性欲表现。但阴道检查时，外口收缩或半收缩，无黏液，直检时能触摸到胎儿。另一种是母牛虽然具备各种发情的外部表现，但卵巢内无发育的卵泡，也不能排卵，常见于患卵巢机能不全的育成母牛和患子宫内膜炎的奶牛。

(4) 持续发情。正常母牛发情持续期较短，但有的母牛连续2～3天发情，主要有以下2种原因：一种是卵泡囊肿。由不排卵的卵泡继续增生肿大而成，卵泡不断发育，则分泌过多的雌激素，所以母牛发情时间延长。另一种是卵泡交替发育，开始一侧卵巢有卵泡发育产生雌激素，使母牛发情，但不久另一侧卵巢也有卵泡开始发育，一侧卵泡发育中断，另一侧卵泡继续发育，这样它们交替产生雌激素而使母牛发情时间延长。

(5) 慕雄狂。母牛表现持续而强烈的发情行为，发情期长短不一，周期不正常，经常见母牛阴部流出透明黏液，阴部浮肿，尾根高举，但配种不能受胎。与卵巢囊肿有关。

三、公牛的生殖器官和生理功能

公牛生殖器官包括睾丸、附睾、阴囊、输精管、副性腺、尿生殖道、阴茎和包皮（图1-27）。

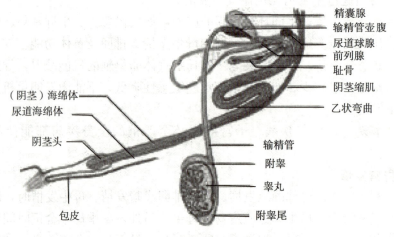

图1-27　公牛生殖器官位置示意

（一）睾丸

1. 组织结构　正常情况下公牛睾丸成对存在，2个睾丸分居于阴囊的2个腔内，呈长卵圆形，长轴与地面垂直。成年公牛2个睾丸的重量为550～650克（约占体重的0.09%）。睾丸由浆膜（固有鞘膜）、白膜和睾丸实质组成。白膜由睾丸一端形成结缔组织索伸向睾丸实质，形成睾丸纵隔。纵隔向四周发出许多放射冠状结缔组织小梁伸向白膜，形成中隔。中隔将睾丸实质分成许多椎体形小叶，每个小叶内有1条或数条直径为0.1～0.3毫米盘曲的精曲小管。由精曲小管汇合形成较直的细管，为精直小管，是精子的通道。精直小管在睾丸纵隔形成睾丸网，从其中分出的输出管有10～30条，形成附睾头。

2. 生理功能

（1）精子生成器官。睾丸的主要功能是产生精子。精曲小管的生精细胞经过多次分裂后形成精子，并运送储存于附睾。公牛每克睾丸组织每天平均可产生1 300万～1 900万个精子。

（2）雄激素合成和分泌器官。精曲小管间质细胞可以合成和分泌雄激素，而雄激素是维持精子发生、成熟和存活，刺激并维持公牛雄性第二特征和性欲的主要生殖激素。

（3）睾丸液分泌器官。精曲小管和睾丸网可产生大量睾丸液，富含钙、镁等矿物质离子和少量蛋白质等，对维持精子存活和精子向附睾头运动具有重要作用。

（二）附睾

1. 组织结构 附睾位于睾丸的后外缘，分为附睾头、附睾体和附睾尾。附睾头朝上，尾朝下。附睾头由睾丸网分出的睾丸输出管组成，这些睾丸输出管呈螺旋状，被结缔组织分成若干附睾小叶。附睾小叶的管子汇集形成附睾管、附睾体和附睾尾，最后逐渐过渡形成输精管，经腹股沟进入腹腔。

附睾管壁由环形肌纤维、单层或部分复层柱状纤毛上皮组成，附睾管起始部管腔狭窄，精子较少，中部和末端逐渐变宽，精子储存量越来越多。公牛附睾管极度弯曲，总长度可达35～50厘米。

2. 生理功能

（1）精子成熟场所。附睾是精子最后成熟的场所。由睾丸精曲小管产生的精子刚进入附睾头时并未成熟，精子颈部含有大量原生质滴，在精子在附睾运行过程中，这些原生质滴向后移动，从而使精子获得运动能力和受精能力。

（2）吸收和分泌功能。附睾头部可吸收大部分睾丸液，使精子得到极大的浓缩（约50倍浓缩）。同时，附睾也分泌一些物质和液体，对维持渗透压、提供营养物质和抵御外界不良因素的影响等起到重要作用。

（3）精子储存场所。附睾是储存精子的器官。正常情况下，公牛的2个附睾可储存700亿个精子，相当于公牛睾丸3～4天的精子产生量，其中附睾尾储存精子数量占54%左右。

（4）精子运输功能。精子在附睾内缺乏自主运动能力，主要依靠附睾管（小叶）纤毛细胞和附睾管壁平滑肌收缩将精子由附睾头运送到附睾尾。

（三）阴囊

1. 组织结构 阴囊是包被睾丸、附睾及部分输精管的袋状皮肤组织，由皮层和内层组成。皮层为皮肤上皮细胞，被毛稀疏；内层为平滑肌纤维组成的肉膜，具有较强的收缩能力。

2. 生理功能 阴囊的主要功能是保护睾丸和附睾，维持睾丸温度，适宜的温度对于维持生精机能至关重要。

（四）输精管

1. 组织结构 附睾尾末端延续形成输精管。输精管起端还有些弯曲，但很快变直，并与血管、淋巴管、神经等共同包裹在睾丸系膜内形成精索，经腹股沟进入腹腔，向后进入盆腔，最终开口于膀胱颈附近的尿道壁上。输精管由内向外分为黏膜层、肌层和浆膜层。

2. 生理功能

（1）运输精子。输精管的主要生理功能是运送附睾中成熟的精子至尿生殖道内，从而后续可以在催产素和神经系统的支配下完成精子排入尿生殖道的过程。

（2）分泌功能。输精管也能够分泌一些精液的组成成分，如果糖等物质。

（3）分解吸收作用。在运送精子的过程中，输精管还能够分解、吸收死亡和老化的精子，从而保证后续受精率。

（五）副性腺

1. 组织结构　公牛副性腺包括精囊腺、前列腺和尿道球腺，其分泌物是精清的主要来源。

（1）精囊腺。为致密的分叶状腺体，成对存在，与输精管共同开口于尿道起始端顶壁上的精阜，形成射精口。牛精囊腺分泌偏酸性的白色或黄色黏稠液体，富含果糖和柠檬酸，占精清量的40%~50%。

（2）前列腺。为复合管状的泡状腺体，可分为体部和扩大部，排泄管成行开口于精阜两侧。前列腺分泌无色透明液体，偏酸性，具有营养精子和清洗尿道的作用。

（3）尿道球腺。是1对位于尿生殖道骨盆部外侧附近的球状腺体，每侧腺体有1个排泄管开口于尿生殖道背侧顶壁中线两侧。牛尿道球腺分泌的液体量较少。

2. 生理功能　公牛副性腺不像公猪和公马那样发达，因而其分泌物的量也较少（每次射精其总量为3~10毫升），但是自然状态下，公牛副性腺分泌物具有重要生理功能。

（1）尿生殖道的天然清洗液。射精前，尿生殖道会事先排出由副性腺分泌的液体，以便于清洗尿道，有助于精子正常排出。同时，也可以避免精子受残留尿液的侵害。

（2）精子的天然稀释液。附睾运出的精子高度浓缩，副性腺分泌的液体刚好充当稀释剂，稀释后的精液中副性腺分泌的精清占比高达85%。

（3）营养精子。副性腺可以分泌一些营养物质，如果糖，为精子提供能量物质。

（4）为精子提供适宜环境。副性腺分泌物中的柠檬酸盐和磷酸盐为精子存活和维持受精能力提供了良好的缓冲环境。

（六）尿生殖道

尿生殖道由圆柱形的骨盆部和包有海绵体的阴茎部组成，起于膀胱颈末端，止于阴茎的龟头，是精液和尿液排出共用管道。

（七）阴茎和包皮

阴茎是公牛的交配器官，由勃起组织及尿生殖道阴茎部组成，自坐骨弓沿中线先向下，再向前延伸，达于脐部。牛阴茎较细，在阴囊之后折成"S"形弯曲，阴茎的后端称阴茎根，前端称阴茎头（龟头）。包皮是一种皮肤被囊，由游离皮肤凹陷后发育而成，其生理功能是保护和滋润阴茎。

四、发情鉴定

发情鉴定是母牛繁育工作中必备且重要的技术之一。准确高效的发情鉴定技术能够缩短胎间距，提高受胎率，是改善母牛繁殖力的重要手段。发情鉴定的方法很多，主要有外部观察法、阴道检查法和直肠检查法等。

（一）外部观察法

主要通过观察母牛的外部行为表现、精神状态来判断其是否发情，是母牛发情鉴定的主要方法。母牛发情时通常表现为兴奋不安、站立不卧、反应敏感、哞叫，两眼发红，排尿频繁，食欲减退，减少或停止反刍，尾跟举起，追逐和爬跨其他母牛或站立接受其他牛爬跨（图1-28）。外阴部肿胀，阴道黏膜充血潮红，阴门流出像鸡蛋清的透明黏液，俗称"吊线"。如果母牛被毛杂乱、潮湿，尾部有泥污或黏液、血迹，可能就是因发情接受其他牛爬跨的痕迹，可据此判断其是否发情，以便确定最佳输精时机。此法简便实用，易于掌握，是目前养牛场应用较为广泛的方法。

图1-28　母牛发情爬跨

（二）阴道检查法

利用阴道开膣器打开母牛阴道，观察阴道黏膜颜色、润滑度、分泌物和子宫颈口变化来判断母牛是否发情的方法（图1-29）。先将母牛保定好，用1%～2%来苏儿溶液消毒外阴部，再用温开水冲洗并用灭菌纱布擦干。然后将开膣器消毒并涂上润滑剂，检查人员手持开膣器侧着轻轻插入阴道，至适当深度后，向下旋转打开阴道，借助光亮观察阴道变化。母牛发情时外阴红肿，阴道黏膜充血、光滑湿润，子宫颈外口充血、松弛，有大量透明黏液流出。发情初期，黏液稀薄量少，呈水样，可流动；发情盛期，黏液透明量多，有黏性，可吊线；发情后期，黏液减少，不透明，呈白色，有时含淡黄色细胞碎屑或微量血液，此时阴道黏

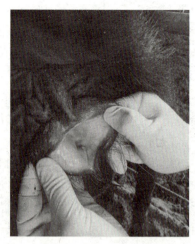

图1-29 发情母牛阴道表现

膜和外阴部红肿逐渐消失，皱褶增多，子宫颈口闭合。不发情的母牛阴道苍白干燥，子宫颈口紧闭，无黏液流出。此法简单，易操作，要求严格消毒器械或手臂。

（三）直肠检查法

将手臂伸进母牛直肠内，隔着直肠壁用手指触摸卵巢上的卵泡，根据其发育成熟程度和子宫变化来判断发情的方法。实施直肠检查时，保定好母牛，检查人员把指甲剪短磨平，手臂涂上润滑剂，先用手抚摸肛门，然后将手指并拢成锥形，缓慢旋转着伸入肛门，掏出粪，再将手伸入肛门，手掌展平，掌心向下，按压抚摸。当手触到骨盆底部时可以摸到子宫颈，子宫颈呈长圆形棒状，质地较硬，如软骨样，前后排列，易与其他部位区别。找到子宫颈后手指不要移开，再向前移动便可触摸到子宫角间沟，当手指伸到子宫角交叉处时，将手移到右侧子宫角，向前向下在子宫弯曲处即可触摸到卵巢，用食指和中指固定，然后用大拇指轻轻地触摸卵巢大小、形状、质地和卵泡发育情况。检查完右侧卵巢后，不要放下子宫角，将手向相反方向移至子宫角交叉处，以同样顺序触摸左侧子宫角和左侧卵巢。如果转移的时候，子宫角从手中滑脱，最好重新从子宫颈和角间沟开始检查。检查要耐心细致，只可用指肚触摸，不能乱扒乱抓，以免损伤直肠黏膜。检查完后，手臂用温水和肥皂洗净擦干，用70%～75%的酒精棉球消毒，涂抹润滑剂。母牛发情时，子宫颈变软、稍大，子宫角体积增大，子宫收缩反应比较明显，子宫角坚实，卵巢表面上有凸出的卵泡，

光滑，轻轻触摸时有一定弹性。部分成熟的卵泡埋在卵巢中，如摸到卵泡变薄，表明要排卵。排卵后卵巢表面不光滑，有凹陷，几小时后在凹陷处生成黄体，黄体柔软但无弹性。

直肠检查时，一定要注意卵泡与黄体的区别。卵泡光滑、较硬，与卵巢连接处光滑，无界限，呈半球状凸出于卵巢表面，且卵泡发育是进行性的，由小到大，由硬到软，由无波动到有波动，由无弹性到有弹性。而未退化的黄体在卵巢上一般呈扁圆形条状突起，发育时较大、较软，退化时越来越小，越来越硬。

直肠检查法鉴定母牛发情准确、可靠，但是要求鉴定人员必须具有非常丰富的实践经验，只有熟练掌握，才能准确判断，确定适宜的输精时间，提高母牛受胎率。

> **小知识**
>
> 母牛发情观察：主要观察母牛的行为表现，如兴奋、追逐爬跨其他母牛、接受其他母牛爬跨等，以母牛站立接受爬跨为判定发情的标准。生产实践中，应每天早、中、晚3次观察发情情况。

五、人工授精

（一）人工授精的概念

人工授精是指用器械以人工的方法采集雄性动物的精液，经特定处理后，再输入发情的雌性动物生殖道的特定部位，使其妊娠的一种动物繁殖技术。

（二）人工授精的意义

自20世纪40—60年代以来，人工授精技术进入全面推广应用阶段，已成为现代化畜牧业生产的科学繁殖技术，对提高养牛业的遗传繁殖速度和生产效率有重大的促进作用。

1. 最大限度地提高了种公牛的利用率 在自然交配的情况下，种公牛一次射精只能使一头母牛受孕。而通过选择优秀种公牛实行人工授精配种，可使200~300头母牛受孕。特别是在现代技术条件下，一头优良种公牛每年配种母牛甚至可达上万头。

2. 加速肉牛品种改良 由于人工授精选用的精液来自优良的种公牛，随配种母牛头数的增加，尤其是冷冻精液的应用，极大地提高了优良种公牛的配种潜力，扩大了良种遗传基因的影响，显著促进了肉牛的改良及育种工作的进程。

3. 减少种公牛饲养费用 人工授精技术大大提高了种公牛的利用率，每头种公牛可配的母牛数增多，减少了种公牛的饲养头数，从而降低了饲养管理费用，提高了经济效益。

4. 控制疾病的传播 人工授精配种的种公牛、母牛不直接接触，可杜绝生殖道传染病的传播。而且人工授精用种公牛经过严格检查，确认无遗传性、传染性等疾病后才允许用于生产精液，并且人工授精有严格的技术操作规程，可防止种公牛、母牛之间发生疾病传播。

（三）牛冷冻精液的生产与保存

1. 牛冷冻精液的生产 牛冷冻精液是通过将采集的公牛精液进行稀释、添加抗冻剂等一系列专业处理制作成一定剂型的牛精液产品。目前，牛精液主要由专业的公司（企业）生产，提供的精液产品主要为冷冻精液，保存在液氮中。通过特定的解冻程序，精子可复苏，并具备受精能力。

2. 牛冷冻精液的保存 牛冷冻精液保存最有效的方法是牛精液超低温冷冻保存法，牛精液超低温冷冻保存法是指以液氮（－196℃）和干冰（－79℃）为冷源冷冻和保存牛精液的方法。牛冷冻精液生产后主要保存在液氮罐中。冷冻精液必须浸没于液氮中，根据液氮罐的性能要求，定期添加液氮。罐内的冻精提筒不能露于液氮外。取放冻精时，提筒只允许提到液氮罐瓶颈段以下，脱离液氮的时间不得超过 10 秒。转移冻精时，脱离液氮的时间不得超过 5 秒。取放冻精之后，应及时盖上罐盖。不同品种冻精应编号清楚，难以辨别的应予以销毁。长期储存冻精的液氮罐应定期清理和洗刷。

> **小知识**
>
> **冻精液氮量检测方法**
>
> 液氮罐中液氮量剩 1/3 时就应及时补充。液氮量的检测方法有 2 种：一是将木尺插到罐底，经 5～10 秒取出，看结霜部位的长度；二是把整个液氮罐（包括液氮）称重，减去罐本身的重量，两者之差即为所剩液氮的重量，再除以 0.808 千克/升，即可知所剩液氮的量（升）。

（四）母牛的输精

1. 输精时间的确定 母牛的发情持续期较短，大约 20 小时，排卵一般发生在发情结束后 10～12 小时。因此，准确的发情鉴定、适时输精是提高受胎率的有力保证。母牛发情后不同时间段发情征状和最佳配种时间见表 1-1。

表 1-1　母牛发情后不同时间段发情征状和最佳配种时间

发情时间（小时）	发情征状	是否输精
0～5	母牛表现兴奋不安、食欲减退	太早
5～10	母牛主动靠近公牛，做弯腰、弓背姿势，有的流泪	过早
10～15	母牛爬跨其他牛，外阴肿胀，分泌透明黏液，哞叫	可以输精
15～20	阴道黏膜充血、潮红、表面光亮湿润，黏液开始较稀，不透明	最佳时间
20～25	已不再爬跨其他牛，黏液量增多，变稠	过晚
25～30	阴道逐渐恢复正常，不再肿胀	太晚

2. 输精步骤　正确的人工授精操作主要包括冻精解冻、装枪和输精 3 个步骤。

（1）*冻精解冻*。细管冻精用 38～39℃温水直接浸泡解冻，时间为 10～15 秒。解冻后的细管精液应避免温度剧烈变化、避免阳光照射以及与有毒有害物品、气体接触。解冻后的精液存放时间不宜过长，应在 1 小时内输精。如果同时配种的牛多，最好随用随解冻。

（2）*装枪*。金属输精枪应提前消毒。消毒步骤：先用生理盐水棉球擦洗，再用 75％酒精棉球擦洗，接着用蒸馏水冲洗 3～4 次后煮沸 30 分钟，烘干后用消毒纱布包好备用。将解冻后的精液细管按程序装入输精枪内，拧下输精枪管嘴，将精液细管剪口的一端朝向管嘴前端放入管嘴内，两手分别握住精液细管和管嘴，同时稍用力将精液细管管嘴向内旋转 1 周，使精液细管剪口端与管嘴前段内壁充分吻合，然后将精液细管有栓塞的一端套在推杆上，拧紧管嘴即可输精。

（3）*输精*。输精前用清水洗净母牛外阴部，然后用 0.1％高锰酸钾溶液消毒。采用直肠把握子宫颈输精法，输精者左手戴长臂手套，涂以润滑剂，手指并拢成锥形，缓缓插入母牛肛门并深入直肠，抓住子宫颈，右手插入输精枪时要轻、稳、慢，使输精枪尽量通过子宫颈口进行深部输精，输精完毕后缓慢抽出输精枪，让母牛安静站立 5～10 分钟，以防精液倒流。冻精解冻后最好在 15 分钟内输精完毕。

六、妊娠诊断

在母牛的繁殖管理中，妊娠诊断有重要的经济意义，尤其是早期诊断可以减少空怀，提高繁殖率，确保胎儿健康发育，避免流产。妊娠诊断方法主要有以下几种。

（一）外部观察法

外部观察法就是通过观察母牛的外部表现来判断其是否妊娠。输精后的母牛如果20天、40天2个情期不返情，就可以初步认为已妊娠。另外，母牛妊娠后最明显的表现是性情变得温驯，食欲增加，被毛变得光亮，行动谨慎。妊娠5个月后腹围明显增大，出现不对称，右侧腹壁凸出，乳房逐渐发育。但这些表现都在妊娠中后期，不能做到早期妊娠诊断。外部观察法通常只作为一种辅助的诊断方法。

（二）直肠检查法

直肠检查法是生产实际中最常用也是最可靠的妊娠检查方法。直肠检查指手深入直肠，用手隔着直肠壁触摸配种母牛卵巢上是否存在妊娠黄体、胎儿（胎泡）大小、子宫角的大小和质地变化、子叶大小变化、子宫颈和子宫位置与形态变化、有无妊娠动脉等情况来判断母牛是否妊娠，以及妊娠大概时间（胎牛月份大小）。配种20天左右即可初诊，在配种后40~60天诊断，准确率达95%。检查的顺序依次为子宫颈、子宫体、子宫角、卵巢、子宫中的动脉。

1. 母牛配种19~22天 胎泡不易感觉到，子宫变化也不明显，若卵巢上有成熟的黄体存在，则是妊娠的明显表现。

2. 母牛妊娠1个月 两侧子宫角大小不一，孕侧子宫角稍增粗、质地松软、稍有波动，用手握住孕侧子宫角，轻轻滑动时可感到有胎囊。未孕侧子宫角收缩反应明显、有弹性。孕侧卵巢有较大的黄体凸出于表面，卵巢体积增加。

3. 母牛妊娠2个月 孕侧子宫角大小为空角的1~2倍，犹如长茄状，触诊时感到波动明显，角间沟变得宽平，子宫向腹腔下垂，但可摸到整个子宫。

4. 母牛妊娠3个月 孕侧卵巢较大，有黄体；孕侧子宫角明显增粗（周径10~12厘米），波动明显，角间沟消失，子宫开始沉向腹腔，有时可摸到胎儿。

（三）阴道检查法

1. 阴道黏膜检查 根据阴道黏膜的色泽、黏液分泌及子宫颈状态等判断母牛是否妊娠。输精20天后，阴道黏膜苍白，向阴道插入开膣器时感到有阻力则是妊娠的迹象。

2. 阴道黏液检查 妊娠后阴道黏液量少而稠、混浊、不透明，呈灰白色。

3. 子宫颈外口检查 用开膣器打开母牛阴道，妊娠后可以看到子宫颈外口紧缩，并有糊状黏块堵塞颈口，称为子宫栓。

（四）B超检查法

B超检查法是把超声波的物理特点和不同组织结构的声学特点密切结合的一种物理学诊断法，具有时间早、速度快、准确率高等优点。

B超检查一般是在母牛配种后 27～30 天进行。其操作过程主要是将配种后的母牛保定于牛舍内，清除牛直肠内的粪便后，将 B 超探头放入直肠要探测的一侧子宫角小弯或大弯处，对卵巢、黄体、子宫、胎儿及胎膜等进行扫描得出图像并判定结果。

七、同期发情

（一）同期发情的概念

同期发情就是利用外源生殖激素及其类似物处理母牛，人为地控制并调整一群母牛的发情周期，使一群母牛在相对集中的时间内表现发情并排卵的方法。同期发情是近年来现代化畜牧业生产发展起来的新的繁殖调控技术。

（二）同期发情的意义

便于肉牛组织生产和管理、提高母牛的繁殖率，为人工授精和胚胎移植创造条件。

（三）同期发情的原理

母牛发情周期平均为 21 天，可分为卵泡期和黄体期，卵泡期时间相对较短，为 5～6 天，黄体期为 15～16 天。正常情况下，奶牛的发情周期受生殖激素的调控。卵泡期，GnRH（促性腺激素释放激素）促进垂体分泌卵泡刺激素（FSH）和促黄体素（LH），FSH 促进母牛卵巢卵泡发育并形成优势卵泡（排卵卵泡），促进雌激素的合成与分泌。促黄体素促进优势卵泡排卵，促进黄体细胞形成并分泌孕酮。如果奶牛未配种或者配种未妊娠，则母牛子宫分泌前列腺素溶解卵巢黄体，开始下一个发情周期。同期发情就是通过外源激素处理，缩短母牛的黄体期（如前列腺素处理）或者延长黄体期（如孕酮处理），从而使一群母牛在相对集中的时间内发情。

（四）同期发情的方法

母牛的同期发情常用的方法有以下几种：

（1）在母牛发情周期的任意一天（发情当天除外），于母牛阴道内放置 CIDR（兽用孕酮阴道栓），记为零天。同时，肌内注射 E_2（雌二醇）2 毫克和 P_4（孕酮）50 毫克，在放置阴道栓的第 8 天上午肌内注射 $PGF_{2\alpha}$（例如，氯前列腺烯醇）5毫克，下午撤出阴道栓。发情后直肠探查卵泡发育情况，如有优势卵泡则进行输精。该方法处理后母牛同期发情率高达95%，但处理成本较高，每头牛大约100元。

（2）在母牛发情周期的任意一天（发情当天除外）肌内注射$PGF_{2\alpha}$ 5毫克，间隔11天再次注射$PGF_{2\alpha}$ 5毫克。发情后直肠探查卵泡发育情况，如有优势卵泡则进行输精。该方法同期发情率约60%，但处理成本低，每头牛大约20元。

（3）在母牛发情周期的任意一天（发情当天除外）肌内注射GnRH 100微克，7天后再肌内注射$PGF_{2\alpha}$ 5毫克，2天后再次肌内注射GnRH 100微克。发情后直肠探查卵泡发育情况，如有优势卵泡则进行输精。该方法母牛同期发情率在50%以上，优点是成本也较低，每头牛大约30元。

八、胚胎移植

（一）胚胎移植的概念

胚胎移植（ET）又称为"借腹怀胎"或"人工授胎"，是指将良种母牛发育正常的早期胚胎取出，移植到与之生理状态相同的受体母牛体内，使之发育成为新个体的一种繁殖技术。

（二）胚胎移植的意义

胚胎移植为提高良种母畜的繁殖力提供了新的技术途径。胚胎移植和人工授精是分别从母畜和公畜2个方面提高家畜繁殖力的有效方法，同时也是进行育种工作的有效手段。

1. 充分发挥优良母畜的繁殖潜力，提高繁殖效率 作为供体的优良母畜，通过超数排卵处理，一次即可获得多枚胚胎，所以不论在一次配种后或从一生来看，都能产生更多后代，比在自然情况下增加若干倍。

2. 缩短世代间隔，加快遗传进展 通过超数排卵和胚胎移植技术（MOET），可使供体繁殖的后代增加7～10倍。在育种工作中应用胚胎移植技术，可以加大选择强度和提高选择准确性并缩短世代间隔，对于加快遗传进展尤为重要。

3. 代替种畜的引进 胚胎的冷冻保存，可以使胚胎移植不受时间和地点限制，通过胚胎的运输代替种畜的进出口，节约购买和运输种畜的费用。

4. 保存遗传资源 胚胎的长期保存是保存某些特有品种遗传资源的理想方式，把优良品种的胚胎储存起来，还可以避免某地区的良种因遭受自然灾害或其他意外打击而绝种，而且比保存活体的费用低得多，容易实行。

5. 使不孕母畜获得生殖能力 有些优良母畜容易发生习惯性流产或难产，或是由于其他原因不宜负担妊娠过程的情况下（如年老体弱），可让其专作供体，使之正常繁殖后代。对有些母畜由于输卵管堵塞或有炎症不能受胎时，也可让其作受体，正常妊娠产仔。

（三）胚胎移植的技术程序

胚胎移植的主要技术程序包括供体牛和受体牛的选择，供体牛超数排卵与输精、胚胎采集、胚胎质量鉴定、胚胎保存与解冻和胚胎的移植。

1. 供体牛和受体牛的选择 供体牛选择品种优良、生产性能好、遗传稳定、系谱清楚、身体健康、繁殖机能正常、无遗传疾病，对超排有良好反应的母牛。受体母牛要求体型不宜太小，繁殖性能正常，体况良好，无难产史，并与供体牛发情周期尽量同步。

2. 供体牛超数排卵与输精 在供体牛发情后的第9～13天，注射适量的促性腺激素，诱发卵巢排出多个卵子。注射后2～3天，供体牛发情后，实施人工输精2～3次，每次隔8～12小时。

3. 胚胎采集 胚胎采集是利用冲卵液将胚胎由供体牛的生殖道中冲出，并收集在器皿中。目前，通常采用非手术方法采集胚胎，一般在人工授精后的第6～7天进行，利用双通式或三通式导管冲卵器向子宫角注入冲卵液，反复冲洗并回收胚胎（图1-30、图1-31）。

图1-30 带胚胎的冲卵液

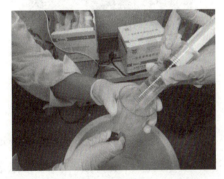
图1-31 胚胎回收到集卵杯

4. 胚胎质量鉴定 用形态学方法进行胚胎质量鉴定。正常发育的胚胎一般形态整齐，卵裂球清晰，外膜完整，分布均匀，发育阶段与胚胎一致（图1-32、图1-33）。

5. 胚胎保存与解冻 胚胎应冷冻保存，冷冻时需在培养液中添加防冻保

▶ 肉牛标准化生产技术

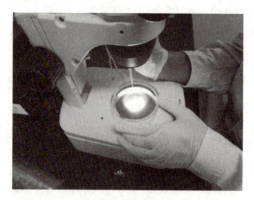

图1-32 检胚

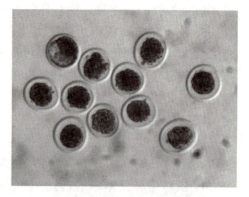

图1-33 肉牛胚胎

护剂。冷冻前经4～6次培养，防冻液浓度依次由低到高，解冻时相反，最后依次在无防冻液的磷酸缓冲液中停留10分钟或冲洗后用于移植（图1-34、图1-35）。

图1-34 胚胎装细管冷冻

图1-35 冷冻结束胚胎于液氮罐中保存

6. 胚胎的移植 牛的胚胎移植现多采用非手术法。移植前，首先将胚胎用0.25毫升塑料细管按一步细管法装管，然后将细管装入移植器中移植，最后用直肠把握输精类似的方法将胚胎移植到有黄体的一侧子宫角。

九、提高繁殖力的措施

（一）影响母牛受胎率的因素

影响母牛受胎率的因素很多，主要有以下6种。

1. 母牛的发情周期 发情周期为 18～25 天的情期受胎率为 61%,发情周期为 18 天以下和 25 天以上的情期受胎率为 46%。

2. 发情后排卵时间 发情后 12～36 小时排卵的情期受胎率为 62%,发情后 12 小时以内和 36 小时以上排卵的情期受胎率为 43%,前者比后者高 19%。

3. 母牛子宫健康状况 子宫正常与异常的母牛情期受胎率分别为 62% 和 46%,前者比后者高 16%。

4. 发情配种季节 夏秋季与冬春季发情配种母牛的情期受胎率分别为 57% 和 61%,前者比后者低 4%。

5. 输精次数和时间 母牛情期内输精 1 次的情期受胎率为 60%,母牛情期内输精 2 次的情期受胎率为 58%,二者差异不显著。

6. 输精部位 最好输到子宫体或子宫角基部,输精到子宫角深部的受胎率反而比输精到子宫角基部的受胎率要低。

（二）提高母牛繁殖力的主要措施

（1）改进饲养管理,实现科学养牛,确保营养全面。加强肉牛的营养供给,提供均衡、全面、适量的各种营养成分,以满足肉牛本身维持和胎儿生长发育的需要。对初情期的牛,应注重蛋白质、维生素和矿物质营养的供应。

（2）做好发情鉴定,每天至少早、晚进行 2 次定期检查,适时而准确地配种。运用人工授精技术进行配种时,应严格执行人工授精技术操作规程。

（3）通过早期妊娠诊断,及早确定妊娠母牛,加强保胎；对已确诊但仍发情的母牛,防止误配而造成流产；对未孕母牛及时补配,减少空怀时间。

（4）积极控制生殖器官疾病。如子宫内膜炎、卵泡囊肿、卵巢静止、胎衣不下等,应根据发病原因,主要通过加强饲养管理,给母牛提供均衡、全面的营养,同时积极配合药物、激素等方法,做到以防为主,防治结合。

（5）建立卫生防疫制度。经常检查公牛繁殖性能疾病,每年进行 2 次血清学诊断,确保无布鲁氏菌病、结核病、弧菌病和滴虫病。

小知识

年繁殖率的计算方法

年繁殖率＝本年度内出生的犊牛数÷应繁母牛数×100%

1. 实际繁殖母牛数是指自然年内分娩的母牛数,年内分娩 2 次的,计 2

头，产双胎的计1头，妊娠7个月以上早产的计入繁殖头数，而妊娠7个月以内流产的不计入。

2. 应繁母牛数是指年初在14个月龄以上的母牛数与年初未满14月龄而在年内繁殖的母牛数。

3. 产犊后淘汰出群的母牛应计算入内，未产犊而淘汰出群的不计算入内。

4. 新入群的母牛中，产犊的母牛和所产犊牛都计算入内，而未产犊的不计算。

思考与练习题

1. 肉牛的主要品种有哪些？
2. 母牛的发情检查主要有哪些方法？
3. 人工授精的操作步骤是什么？
4. 提高母牛繁殖力的主要措施有哪些？

第二章

饲料加工技术

第一节 肉牛的营养需要

一、能量需要量

1. 能量的营养作用 肉牛所需的能量来源于糖类、脂肪和蛋白质三大类营养物质。糖类主要包括单糖、寡糖、淀粉、粗纤维等;脂肪和脂肪酸提供的能量约为糖类的 2.25 倍,但不是肉牛的主要能量来源;蛋白质和氨基酸也可以提供能量,但利用率较低,不宜作能源物。能量参与肉牛生命的全过程,如维持体温、消化吸收、营养物质的代谢,以及生长、育肥、繁殖、泌乳等。

2. 能量互相转换 饲料能量并不能全部被肉牛所利用,在体内转化过程中有相当一部分被损失掉(图 2-1)。

3. 饲料能值的计算 我国采用综合净能,在《肉牛饲养标准》中采用了肉牛能量单位(RND)。

饲料总能(GE)为单位千克饲料在测热仪中完全氧化燃烧后所产生的热量,又称燃烧热,单位为千焦/千克。具体测算如式(2-1):

$$GE = 239.3 \times CP + 397.5 \times EE + 200.4 \times CF + 168.6 \times NFE$$

(2-1)

式中,GE 为饲料总能(千焦/千克);CP 为饲料中粗蛋白质含量(%);EE 为饲料中粗脂肪含量(%);CF 为饲料中粗纤维含量(%);NFE 为饲料中无氮浸出物含量(%)。

消化能(DE)为饲料总能(GE)扣除粪能量损失(FE)后的差值,单位为千焦/千克。测算按式(2-2)计算,式(2-2)中能量消化率按式(2-3)或式(2-4)计算:

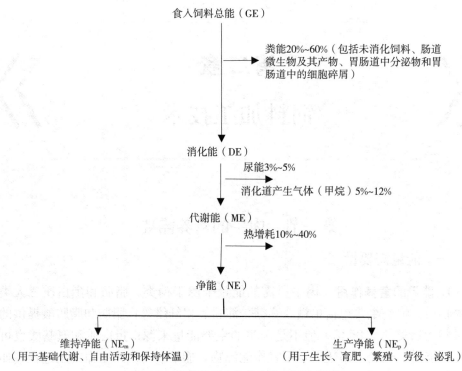

图 2-1 饲料能量在牛体内的利用与消耗

$$DE = GE \times 能量消化率 \quad (2-2)$$
$$能量消化率 = 91.669\,4 - 91.335\,9 \times (ADF\_OM) \quad (2-3)$$
$$能量消化率 = 94.280\,8 - 61.537\,0 \times (NDF\_OM) \quad (2-4)$$

式（2-2）、式（2-3）、式（2-4）中，DE 为消化能（千焦/千克）；GE 为饲料总能（千焦/千克）；ADF_OM 为饲料有机物中酸性洗涤纤维含量（%）；NDF_OM 为饲料有机物中中性洗涤纤维含量（%）。

饲料维持净能的评定是根据饲料消化能乘以饲料消化能转化为维持净能的效率（K_m）计算得到的，测算公式为式（2-5），式（2-5）中 K_m 测算公式为式（2-6）：

$$NE_m = DE \times K_m \quad (2-5)$$
$$K_m = 0.187\,5 \times (DE/GE) + 0.457\,9 \quad (2-6)$$

式（2-5）和式（2-6）中，NE_m 为维持净能（千焦/千克）；DE 为饲料消化能（千焦/千克）；K_m 为消化能转化为维持净能的效率；GE 为饲料总能（千焦/千克）。

饲料增重净能的评定是根据饲料消化能乘以饲料消化能转化为增重净能的效率（K_f）计算得到的，具体测算公式为式（2-7）和式（2-8）：

$$NE_g = DE \times K_f \quad (2\text{-}7)$$

$$K_f = 0.523 \times (DE/GE) + 0.00589, n=15, r=0.999 \quad (2\text{-}8)$$

式（2-7）和式（2-8）中，NE_g 为增重净能（千焦/千克）；DE 为饲料消化能（千焦/千克）；K_f 为消化能转化为增重净能的效率；GE 为饲料总能（千焦/千克）。

饲料综合净能（NE_{mf}）的评定是根据饲料消化能乘以饲料消化能转化为净能的综合效率（K_{mf}）计算得到的，测算公式为式（2-9）和式（2-10）：

$$NE_{mf} = DE \times K_{mf} \quad (2\text{-}9)$$

$$K_{mf} = K_m \times K_f \times 1.5 / (K_f + 0.5 \times K_m) \quad (2\text{-}10)$$

式（2-9）和式（2-10）中，K_{mf} 为消化能转化为净能的效率；DE 为饲料消化能（千焦/千克）。

肉牛能量单位（RND）是以 1 千克中等玉米（二级饲料玉米，干物质 88.4%，粗蛋白质 8.6%，粗纤维 2.0%，粗灰分 1.4%，消化能 16.40 兆焦/千克，$K_m=0.6214$，$K_f=0.4619$，$K_{mf}=0.5573$，$NE_{mf}=9.13$ 兆焦/千克）所含的综合净能值 8.08 MJ 为一个肉牛能量单位。

4. 肉牛能量需要

（1）维持净能（NE_m）需要。维持净能需要受性别、品种、年龄、环境等因素的影响。我国《肉牛饲养标准》推荐，当气温低于12℃时，每降低1℃，维持能量需要增加1%。维持能量需要是维持生命活动，包括基础代谢、自由运动、保持体温等所需要的能量。维持能量需要与活重（LBW）成比例，计算公式：

$$NE_m（千焦/天）= 322 \times LBW^{0.75}$$

式中，NE_m 为维持净能（千焦/天）；LBW 为活重（千克）。

（2）增重净能（NE_g）需要。增重净能需要由增重时所沉积的能量来确定，包括肌肉、骨骼、体组织、体脂肪的沉积等。我国《肉牛饲养标准》中生长肉牛增重净能的计算公式：

$$增重净能（千焦/天）=（2092+25.1LBW）\times \frac{ADG}{1-0.3ADG}$$

式中，ADG 为平均日增重（千克/天）。对生长母牛增重净能的计算是在计算公式的基础上增加10%。

（3）妊娠母牛能量需要。在维持净能需要的基础上，不同妊娠天数每千克胎儿增重的维持净能为：

$$NE_c(兆焦/天) = G_w(0.197\ 769t - 11.761\ 22)$$

式中，NE_c 为妊娠净能需要（兆焦/天）；G_w 为胎日增重（千克/天）；t 为妊娠天数（天）。

不同妊娠天数不同体重母牛的胎儿日增重(千克)＝$(0.008\ 79t - 0.854\ 54) \times (0.143\ 9 + 0.000\ 355\ 8W)$。

式中，W 为母牛体重（千克）。

总的维持净能需要＝不同体重母牛妊娠后期各月胎儿增重的维持净能需要＋母牛维持净能需要。

总的维持净能需要乘以 0.82，即为综合净能（NE_{mf}）需要量。

（4）哺乳母牛能量需要。泌乳的净能需要按每千克 4% 乳脂率的标准乳含 3.138 兆焦计算。

维持能量需要（兆焦）＝$0.322W^{0.75}$（千克）。

二者之和经校正后即为综合净能需要。

二、蛋白质需要

1. 蛋白质的营养作用 蛋白质是维持正常生命活动，修补和建造机体组织、器官的重要物质。长期缺乏蛋白质，会造成血液中免疫球蛋白数量降低，导致肉牛抗病力减弱，发病率增加。蛋白质缺乏可引起肉牛食欲不振、消化力下降、生产性能降低，繁殖机能下降，如母牛发情不明显、不排卵、受胎率降低、胎儿发育不良，公牛精液品质下降。蛋白质水平过高不仅造成浪费，而且蛋白质代谢产物的排泄还会加重肝、肾的负担，来不及排出的代谢产物可导致牛中毒。蛋白质水平过高，对繁殖也有不利影响，公牛表现为精子发育不正常，降低精子活力及受精能力，降低母牛受精率或胚胎的活力。

除蛋白质外，动植物中还存在许多其他含氮化合物，统称为非蛋白氮。饲料中非蛋白氮除嘌呤、嘧啶外，起主要营养作用的是酰胺和氨基酸。

蛋白质品质的好坏取决于各种氨基酸的含量和比例。构成动物体的蛋白质含有 20 多种氨基酸，分为必需氨基酸和非必需氨基酸。在必需氨基酸中，与需要量相比，含量最低且因其含量限制了其他氨基酸的利用者称为限制性氨基酸。不同种类的饲料所含蛋白质的氨基酸组成及含量不同，不同种类及生理状态的动物对氨基酸的需要量也有差异，因而限制性氨基酸的种类、顺序也不是固定的。在绝大多数肉牛日粮中,蛋氨酸为第一限制性氨基酸,其次为赖氨酸和苯丙氨酸。必需氨基酸必须由饲料提供,动物所需的非必需氨基酸可由必需氨基酸合成。动物摄入非必需氨基酸数量不足,需消耗更多必需氨基酸以补偿非必需氨酸;反之,可节省必需氨基酸的消耗。肉牛至少需要9种必需氨基酸,成年牛一般无须由饲料提供必需氨基酸。但犊牛由于瘤胃发育不完全,至少需提供9种必需氨基酸,即组氨酸、异亮氨酸、亮氨酸、赖氨酸、蛋氨酸、苯丙氨酸、苏氨酸、酪氨酸和缬氨酸。随着瘤胃发育成熟,犊牛对日粮中必需氨基酸的需要逐渐减少。

2. 蛋白质需要

(1) 生长肥育牛的粗蛋白质需要量。

维持的粗蛋白质需要(克)$=5.5W^{0.75}$(千克)。

增重的粗蛋白质需要(克)$=\Delta W(168.07-0.168\ 69W+0.000\ 163\ 3W^2)\times(1.12-0.123\ 3\Delta W)/0.34$。式中,$\Delta W$ 为日增重(千克);W 为体重(千克)。

(2) 妊娠后期母牛的粗蛋白质需要。维持的粗蛋白质需要(克)$=4.6W^{0.75}$(千克);在维持基础上粗蛋白质的给量,6个月时为77克,7个月时为145克,8个月时为255克,9个月时为403克。

(3) 哺乳母牛的粗蛋白质需要。维持的粗蛋白质需要(克)$=4.6W^{0.75}$(千克);按照每生产1千克4%标准乳需粗蛋白质85克,计算哺乳母牛生产需要的蛋白质。

三、矿物质需要

矿物质是动物机体所必需的营养物质,在维持动物机体组织、细胞代谢和正常生理功能方面发挥重要作用。肉牛所需要的矿物元素至少有16种。其中,常量元素包括钙、磷、钾、钠、氯、镁、硫等;微量元素则包括钴、铜、碘、铁、锰、硒、锌、硒、钼等。

1. 钙和磷 钙和磷是牛体内含量最多的矿物元素,大约有99%的钙和80%的磷存在于骨骼和牙齿中。此外,在血液和身体组织中也存在一小部分。钙是细胞和组织液的重要成分,在机体内主要参与血液凝固,具有调节血液pH的作用,可以维持肌肉和神经的正常功能。磷可以组成磷脂、核酸和磷蛋白,在牛体内参与糖代谢和生物氧化过程,形成含高能磷酸键的化合物,从而维持牛体内的酸碱平衡。

犊牛日粮中缺钙会阻碍犊牛生长,发生佝偻病。成年牛日粮缺钙会引发软骨病或骨质疏松症。钙代谢障碍会导致泌乳母牛产生乳热症，这是由于大量泌乳使血钙含量快速下降，而甲状旁腺机能未能充分调动，无法及时释放骨中的钙储以补充血钙。此病常发生于产后，故也称产后瘫痪。日粮中磷的缺乏会使牛食欲不振，并伴随出现"异食癖"，具体表现为爱舔舐石头、砖块、泥土和皮毛等。此外，钙、磷对牛的繁殖影响很大。钙的缺乏会导致母牛难产、胎衣不下或子宫脱出。磷的缺乏则会导致母牛发情无规律、卵巢萎缩、卵巢囊肿及受胎率低，或发生流产、产弱犊、泌乳量下降。

因元素间存在颉颃作用，如果日粮中钙含量过高就会影响锌、锰、铜等元素的吸收和利用，使瘤胃微生物区系的活动受到一定影响，从而降低日粮中有机物的消化率。日粮中过多的磷会引起母牛卵巢肿大、配种期延长、受胎率下降。此外，牛日粮中钙、磷比例不当不仅会影响这2种元素在牛体内的吸收，而且还会对牛的生产性能造成不利影响。实践证明，理想的钙磷比是（1~2）：1。

(1) 肉牛的钙需要量（克/天）＝[0.015 4×体重（千克）＋0.071×日增重的蛋白质（克）＋1.23×日产奶量（千克）＋0.0137×日胎儿生长（克）]÷0.5。

(2) 肉牛的磷需要量（克/天）＝[0.028 0×体重（千克）＋0.039×日增重的蛋白质（克）＋0.95×日产奶量（千克）＋0.007 6×日胎儿生长（克）]÷0.85。

2. 钠和氯 钠和氯主要存在于牛的软组织和体液中。其主要作用是维持牛体内的酸碱平衡，并调节细胞及血液间的渗透压。钠和氯不仅可以保证牛体内水分的正常代谢，而且还能调节肌肉和神经活动。其中，氯主要参与胃酸的形成，是饲料蛋白质在皱胃消化和保证胃蛋白酶活性所必需的矿物营养元素。牛日粮中缺乏钠和氯时，具体表现为被毛粗糙无光、食欲不振、生长缓慢、体重降低，母牛还表现为泌乳量下降、繁殖机能下降。

日粮中需补充食盐来满足牛对钠和氯的需要，供给量应占干物质（DM）的0.3%。在饲喂过程中，粗饲料比例高的日粮应比精饲料比例高的日粮需要更多的食盐；鲜草比例高的日粮比干草比例高的日粮需要补充更多的食盐。此外，牛饲喂青贮饲料时，也应添加较多食盐。

3. 镁 大约70%的镁存在于骨骼和牙齿中。镁是许多酶系统的重要辅助因子和激活剂，具有协调神经肌肉正常功能的作用。当血清中镁离子浓度低于正常水平时，会增强神经肌肉兴奋性，严重时引起阵发性肌肉痉挛和抽搐。泌乳牛较不泌乳牛对缺镁的反应更敏感。成年牛中最易发生低镁痉挛（也称草痉挛或泌乳痉挛）的是放牧泌乳牛，尤其是放牧于早春良好草地采食幼嫩牧草时，更易发生。具体表现为泌乳量下降、食欲不振、神经过敏和惊厥。此外，放牧牛还易发生低血镁症。日粮中镁含量过高会引起采食量下降以及腹泻。

肉牛镁的需要量占日粮的 0.16%。反刍动物一般不易发生镁的摄取不足，因此一般肉牛日粮中不用补充镁。

4. 钾 在牛体内钾以血液红细胞内含量最多。它不仅可以维持细胞内渗透压、调节酸碱平衡，同时对神经、肌肉的兴奋性有重要作用。另外，钾还是糖类和蛋白质代谢中一些酶系的活化剂和辅酶。牛缺钾表现为食欲减退、被毛无光泽、生长发育缓慢、异食癖、饲料转化率降低、产奶量下降。夏季给牛补充钾，可缓解热应激对牛的影响。但高钾日粮会影响镁和钠的吸收。

肉牛钾的需要量占日粮的 0.6%~1.5%。

5. 硫 牛机体内的硫大部分用于组成体内含硫氨基酸（蛋氨酸、胱氨酸和半胱氨酸）。反刍动物具有利用外源无机硫转化为有机硫的能力，硫元素可以参与瘤胃微生物活动，特别是对瘤胃微生物蛋白质合成、纤维素消化和B族维生素的合成有一定作用。此外，硫还是胰岛素组成成分。牛缺硫具体表现为食欲减退、消化率下降、体重减轻。日粮中硫过量不仅会干扰其他矿物元素的吸收利用，严重时会引起中毒。

肉牛硫的需要量占日粮的 0.16%。一般肉牛日粮中不用补充硫。但当在肉牛日粮用尿素作为蛋白补充料时，一般认为，日粮中氮和硫之比以 15:1 为宜。例如，每补 100 克尿素加 3 克硫酸钠。

6. 铁 牛机体内的铁大部分存在于血红蛋白和肌红蛋白中。作为许多酶的组成成分，铁参与细胞内生物氧化过程。单一哺乳的犊牛常易出现缺铁，造成红细胞低色素性贫血。缺铁后的牛具体表现为皮肤苍白、食欲不振、生长缓慢、体重下降；同时，由于缺铁抑制了免疫应答，易提高牛的发病率和死亡率。此外，日粮中过量的铁元素会降低磷的利用率，导致软骨症。

肉牛铁的需要量为每千克干物质 50 毫克。

7. 铜 铜在牛机体内参与能量的转化过程，可以加速血红蛋白的合成，促进铁的吸收、胶原蛋白的生成及磷脂的合成，参与被毛和皮肤色素的代谢，并与牛的繁殖性能有相关性。日粮中铜缺乏时，牛易发生巨细胞性低色素型贫血，具体表现为被毛褪色，犊牛消瘦，运动失调，生长发育缓慢，消化紊乱。母牛缺铜具体表现为体重减轻、产奶量下降、胚胎早期死亡、胎衣不下、空怀增多；公牛缺铜具体表现为性欲减退、精子活力下降、受精率降低。牛也易受高铜的危害，日粮中长期含铜量过高会对牛的健康和生产性能不利，甚至引起中毒。

铜的需要量为每千克干物质8毫克。

8. 锌 锌广泛存在于牛机体的各组织中，是牛体内多种酶的构成成分，直接参与牛体蛋白质、核酸、糖类的代谢。锌还是一些激素的必需成分或激活剂。锌可以控制上皮细胞角化过程和修复过程，是牛创伤愈合的必需因子，并可调节机体内的免疫机能，增强机体的抵抗力。日粮中缺锌时，牛出现异食癖，唾液分泌量过多，采食量下降，消化功能紊乱，角化不全，创伤难以愈合，发生皮炎（特别是牛颈、头及腿部），皮肤增厚，有痂皮和皲裂，生长缓慢，瘤胃挥发性脂肪酸产量下降，泌乳牛产奶量下降。日粮中锌含量过高时会出现中毒。

肉牛锌的需要量为每千克干物质40毫克。

9. 锰 锰在牛机体内参与骨骼的形成，是许多糖类、脂肪、蛋白质代谢酶的辅助因子，并可以维持牛正常的繁殖机能。此外，锰具有增强瘤胃微生物消化粗纤维的能力，使瘤胃中挥发性脂肪酸增多，增加瘤胃中微生物总量。牛缺锰会造成生长缓慢、被毛干燥或色素减退。犊牛出现骨变形和跛行、共济失调。缺锰导致公牛、母牛生殖机能减退，母牛不发育或发情不正常，受胎延迟，早产或流产；公牛睾丸萎缩，精子生成不正常，精子活力下降，受精能力降低。

肉牛锰的需要量为每千克干物质40毫克。

10. 碘 碘是牛体内合成甲状腺素的原料，在基础代谢、生长发育、繁殖等方面有重要作用。日粮中碘元素缺乏时，牛甲状腺增生肥大。幼牛生长迟缓，骨骼短小成侏儒型。妊娠母牛缺碘会导致胎儿发育受阻、早期胚胎死亡、流产、胎衣不下。公牛缺碘则表现为性欲减退、精子活力下降。日粮中碘过量会引起碘中毒，高碘日粮饲喂奶牛能提高牛乳中碘的浓度，甚至会危及人的健康。

肉牛碘的需要量为每千克干物质0.25毫克。

11. 硒 硒存在于牛体内的所有组织和体液中，是谷胱甘肽过氧化物酶的组成成分，可以刺激免疫球蛋白的产生，增强机体的免疫功能，同时会影响牛的繁殖性能。缺硒地区的牛常发生白肌病，具体表现为精神萎靡、消化不良、共济失调；犊牛缺硒表现为生长迟缓、消瘦、发生持续性腹泻。母牛缺硒导致繁殖机能障碍，造成死胎、胎儿发育不良、胎衣不下或乳腺炎。公牛缺硒会使精液品质下降。过量的硒则会导致牛中毒。慢性中毒表现为被毛脱落，反应迟钝，蹄变形，消瘦；急性中毒表现为失明、腹痛，严重时因呼吸衰竭而导致死亡。一般情况下，急性硒中毒是由于采食了富硒植物。

肉牛硒的需要量为每千克干物质 0.3 毫克。此外，在补硒的同时补充一定量的维生素 E 可以更加显著地改善牛的繁殖性能。

12. 钴 牛体内约 45% 的钴存在于肌肉中，它主要以维生素 B_{12} 的形式存在，作为一种抗贫血因子。牛瘤胃中微生物可利用饲料中提供的钴合成维生素 B_{12}。钴还与蛋白质、糖类代谢有关，参与丙酸和糖原异生作用。钴也是保证牛正常生殖机能的元素之一。牛缺钴具体表现为被毛粗糙无光、食欲不振、体况消瘦、贫血、抗病力下降、生长缓慢、受胎率显著降低。日粮中钴过量会对牛产生不利影响，但中毒十分少见。牛摄入过量钴所出现的症状与缺钴相似。

钴的需要量为每千克干物质 0.10 毫克。钴元素缺乏的牛通常血铜含量也会降低，因此同时补充铜钴制剂，可显著提高母牛受胎率。

四、维生素需要

肉牛生长所需要的维生素有脂溶性维生素和水溶性维生素两大类，主要来源于体外摄入和体内合成。维生素的种类具体包括：

1. 脂溶性维生素 脂溶性维生素包括维生素 A、维生素 D、维生素 E 和维生素 K。除了维生素 A 和维生素 E 必须从饲料中获得以外，维生素 D 和维生素 K 都可以在动物体内进行合成。

（1）**维生素 A**。维生素 A 主要与牛的视觉、骨骼发育、上皮组织的生长分化、繁殖力和免疫力有关，还可以维持消化道、呼吸道和生殖泌尿系统的正常功能。牛缺乏维生素 A 时出现干眼、夜盲、神经失调、食欲减退、生长受阻、繁殖力下降、流产、死胎、产盲犊等症状。维生素 A 过量会引起牛中毒，造成骨骼过度生长、听神经和视觉神经受影响、皮肤发炎等；犊牛则表现为生长缓慢、跛行、步态不稳和瘫痪。

肉用牛维生素 A 需要量（以干物质计）：生长肥育牛 2 200 国际单位（或 5.5 毫克胡萝卜素）；妊娠母牛为 2 800 国际单位（或 7.0 毫克胡萝卜素）；泌乳母牛为 3 800 国际单位（或 9.75 毫克胡萝卜素）。

（2）**维生素 D**。维生素 D 具有提高血浆中钙磷水平的功能，能促进肠道钙磷的吸收，促进骨的钙化；可以调节免疫细胞在内的细胞分化和生长。缺乏维生素 D 表现为软骨病、骨质疏松症、佝偻病和产后瘫痪等；维生素 D 过量会引起中毒，具体表现为厌食、呕吐、肾衰竭。同时，造成血液钙过多，各种组织器官中都发生钙质沉着以及骨损伤。

肉牛的维生素 D 需要量为每千克干物质 275 国际单位。犊牛、生长牛和成年母牛每100千克体重需660国际单位维生素D。

（3）**维生素E**。维生素E又称为抗不育维生素，与繁殖、肌肉代谢、体内物质代谢和免疫功能密切相关。维生素E可以维持毛细血管结构和神经系统正常功能，增强机体免疫力和抵抗力，改善肉品质等。幼年犊牛缺乏维生素E的典型症状为白肌病。成年牛缺乏维生素E具体表现为生产性能和繁殖性能下降，同时伴随着免疫力低下，抗病力差。

一般情况下，肉牛不需要补充额外的维生素E。犊牛日粮中需要量为每千克干物质15～60国际单位。

> **小知识**
>
> 国际单位（International Unit，IU），指用生物活性来表示某些激素、维生素及抗毒素量的药学单位。

（4）**维生素K**。维生素K的主要作用是参与凝血活动，催化凝血酶原和凝血活素的合成。另外，它还参与骨骼的钙化，具有利尿、强肝、降血压等功能。反刍动物的瘤胃微生物能合成大量维生素K，因此维生素K的缺乏极少发生。但是当牛采食发霉腐败的草木樨和三叶草时，易发生双香豆素中毒，引起维生素K缺乏症。双香豆素是真菌代谢物，其结构与维生素K相似，但功能与维生素K颉颃，通常2～3周后才发病，症状为机体衰弱、步态不稳、运动困难、低体温、发抖、瞳孔放大、凝血时间变慢、皮下血肿或鼻孔出血等。

2. 水溶性维生素 包括B族维生素和维生素C。

B族维生素包括10余种生化性质各异的维生素，均为水溶性。它们均为辅酶或酶的辅基，参与牛体内糖类、脂肪和蛋白质代谢。幼龄牛（瘤胃功能尚不健全）必须由饲料中供给。成年牛瘤胃中可合成B族维生素，一般情况下不必由饲料供给。犊牛易出现缺乏症的维生素有：维生素B_1（硫胺素）、维生素B_2（核黄素）、维生素B_3（泛酸）、维生素B_7（生物素）、维生素B_{12}、胆碱、维生素C。

（1）**维生素B_1**。即硫胺素，硫胺素缺乏常会引起中枢神经和外周神经的病理变化，最常见的缺乏症为脑灰质软化，具体表现为厌食、共济失调、肌肉震颤（特别是头部）及严重腹泻。多发于犊牛，如治疗不及时极易造成死亡。日粮中一般不需补充硫胺素。犊牛代用乳中建议每千克干物质添加6.5毫克，断奶后则不需继续补充。

（2）**维生素B_2**。又称核黄素。犊牛可能发生核黄素缺乏，具体表现为口腔黏膜充血、口角发炎、流涎、流泪、厌食、腹泻、生长不良。由于牛瘤胃微生物可以合成核黄素,因此日粮中不需添加,但犊牛代用乳中建议每千克干物质添加核黄素 6.5 毫克。

(3) 维生素 B_3（烟酸）。烟酸对皮肤、黏膜代谢和神经系统功能具有重要作用。犊牛缺乏烟酸时会出现腹泻。建议犊牛代用乳中烟酸含量应为每千克干物质 10 毫克。

(4) 维生素 B_5。又称泛酸。主要以乙酰辅酶 A 的形式参与机体内的代谢过程,具有提高牛抗病力的能力。犊牛缺乏泛酸表现为厌食、被毛粗糙无光、皮炎、腹泻、生长缓慢。建议犊牛代用乳中泛酸浓度不低于每千克干物质 13.0 毫克。

(5) 维生素 B_7。又称生物素,是参与机体代谢中许多酶的辅助因子,在多种代谢中均具有重要作用。犊牛缺乏生物素后表现为后肢瘫痪。建议犊牛代用乳中生物素的浓度应不低于每千克干物质 0.1 毫克。

(6) 维生素 B_{12}。为牛机体中维持造血机能的必需因子,可以促进红细胞的发育和成熟,促进 DNA 和蛋白质的生物合成。牛的维生素 B_{12} 缺乏通常是由日粮中缺钴所致,瘤胃微生物没有足够的钴则不能合成最适量的维生素 B_{12}。具体表现为食欲废绝、脂肪肝、贫血、犊牛消瘦、被毛粗乱、生长迟缓、母牛受胎率和繁殖率下降。犊牛代用乳中维生素 B_{12} 的浓度应达到每千克干物质 0.07 毫克。

(7) 胆碱。在牛机体内可以参与酶的合成,具有抗脂肪肝的功能。因此,一般胆碱缺乏后动物会产生脂肪肝。犊牛缺乏胆碱表现为肌肉无力、肝脂肪浸润和肾出血。建议犊牛代用乳中胆碱的浓度为每千克干物质 1 000 毫克。

(8) 维生素 C。又名抗坏血酸,能在牛肝或肾中合成,参与细胞间质中胶原的合成,维持结缔组织、细胞间质结构及功能的完整性,刺激肾上腺皮质激素的合成。维生素 C 还对牛的繁殖性能有很大影响,可改善牛的配种能力,刺激精子的生成,提高精液品质和精子活力,有助于维持母牛妊娠。此外,维生素 C 具有抗氧化作用,可以影响牛的免疫功能,适量维生素 C 可缓解牛热应激和运输应激。与其他水溶性 B 族维生素不同的是,维生素 C 不存在辅酶的功能。缺乏维生素 C 时表现为周身出血、牙齿松动、贫血、生长停滞、关节变软等。成年牛或犊牛不需补充维生素 C。

第二节　饲料加工及利用

一、精饲料的加工调制

1. 粉碎　精饲料最常用的加工方法是粉碎。粗粉与细粉相比,粗粉可提高适口性，提高牛唾液分泌量，增加反刍次数，所以不宜粉碎过细，一般粉碎为长2.5毫米左右即可。

2. 压片 压片技术分为2种，一种是干碾压片，该法主要用于对玉米、高粱等饲料的加工，借助碾辊将谷物碾压成碎片。另一种则是蒸汽压片，该法常用于对谷物的加工，利用蒸汽处理谷物，促使其含水量下降至20%左右，再利用压辊压片。与干碾压片相比，蒸汽压片加工效果更好，利用蒸汽实现对淀粉分子结构的处理，促使其易于被酶分解，提高消化率。

3. 颗粒化 将饲料粉碎后，根据肉牛的营养需要，进行搭配并混匀，用颗粒机制成颗粒形状。使用颗粒饲料的优点：饲喂方便，便于机械化操作，适口性好，咀嚼时间长，有利于消化吸收，并减少饲料浪费。

4. 浸泡 豆类、油饼类、谷物等饲料经浸泡，吸收水分后变得蓬松，容易咀嚼，易于消化。如豆饼、棉籽饼等相当坚硬，不经浸泡很难嚼碎。

浸泡方法：在池子或缸等容器中把饲料用水进行搅拌，一般料水比为1：(1~1.5)，即手握饲料指缝中有水渗出但不下流为准。有些饲料中还含有棉酚、单宁等有毒有害物质，并带有异味，经过浸泡后，毒素、异味均可减少，从而提高饲料的适口性。浸泡的时间随饲料种类和季节变化而变化，勿引起饲料变质。

5. 热处理 加热可降低饲料蛋白质的降解率，但过度加热也会降低蛋白质的消化率，引起一些氨基酸、维生素的损失，所以应加热适度。常用的热处理手段有蒸煮和烘烤，蒸煮可去除饲料中的一些抗营养因子，提高适口性；烘烤加工后的精饲料，带有焦糖味，能够提升饲料的适口性及营养价值。目前，最流行的处理方式为蒸汽压片处理，实质上就是一种高压蒸煮法，主要用于玉米、小麦的加工方式。

6. 膨化 让原料在加热、加压的情况下突然减压而使之膨胀。含淀粉物料加热加压后，突然卸除外力和热源，使其迅速膨胀的过程。膨化可使淀粉膨胀并糊精化，提高饲料消化率。

7. 过瘤胃保护 饲喂过瘤胃保护蛋白质是弥补肉牛育肥微生物蛋白不足的有效方法。补充过瘤胃淀粉和脂肪都能促进肉牛的快速育肥。鱼粉、血粉、羽毛粉和豆科牧草在瘤胃内降解率较低，是天然的过瘤胃蛋白资源。玉米是一种理想的过瘤胃淀粉来源。

常见的过瘤胃保护技术：

(1) 物理处理。加热可降低饲料蛋白质瘤胃的降解率。

（2）化学处理。包括甲醛处理、锌处理和鞣酸处理。这些处理使饲料中的蛋白质在瘤胃中降解减少，起到过瘤胃保护作用。

二、粗饲料的加工调制

（一）青干草的加工调制

青草经过一定时间的晾晒或人工干燥，含水量达到15%以下时，称之为干草。这些干草在干燥后仍保持一定的青绿染色，因此也称作青干草。青饲料调制成青干草后，除维生素D含量有所增加外，其他营养物质均有不同程度的损失，但仍是肉牛最基本、最主要的饲料，特别是优质青干草各种营养物质比较均衡，含有肉牛所必需的营养物质，是钙、磷、维生素D的重要来源。可以制成青干草的有苜蓿、羊草、天然牧草、红豆草等，调制青干草的牧草一定要适时收割。禾本科牧草在抽穗期，豆科牧草在孕蕾及初花期刈割为好。

青干草的调制是否合理，对于青干草的质量有很大影响。青干草的调制包括牧草适时收割、干燥、储存和加工等几个环节，成品青干草含水量一般都在15%以下。青干草调制过程中，应该尽可能缩短牧草干燥时间，减少由于生理生化作用和氧化作用而造成的营养物质损失。干燥方法主要分自然干燥法和人工干燥法2种。

1. 自然干燥法 利用日晒、自然风干调制青干草。这种方法简单，投资少，但晒制时间长，营养物质损失比较多。不同的地区可以采用不同的晒青干草方法。

（1）田间干燥法。在夏季、秋季雨水比较少的地区，可将牧草刈割后，原地平铺或堆成小堆进行晾晒。当牧草的含水量降至50%以下时，再将牧草堆成小堆，任其自然风干。在晒制过程中，应尽可能避免雨水淋湿，否则会使青干草的品质下降。

（2）架上晒草法。在夏季、秋季雨水比较多的地区，可以在离地面20~30厘米处搭建草架，将牧草蓬松地堆成圆锥形或屋脊形，厚度在70~80厘米，保持四周通风良好，草架上端应有防雨设施，风干时间2~3周。该方法适用于高产天然牧草或人工播种的牧草场，这种方法晒制的青干草质量较好。草架有独木架、三脚架、铁丝长架和棚架等。

2. 人工干燥法 利用加热、通风的方法调制青干草，其优点是干燥时间短，营养物质损失少，可以调制出优质的青干草，也可以进行大规模工厂化生产，但其设备投资和能耗较高。

(1) 常温通风干燥法。利用高速风力干燥牧草。这种干燥方法可以改善含水量较高的牧草的干燥条件，无论是散干草还是干草捆，经堆垛后，通过草堆中设置的栅栏通风道，用鼓风机强制鼓入空气，最后达到干燥目的。

常温干燥适用于在相对湿度低于75%、温度高于15℃的地方，在湿度比较大的地区，鼓风用的空气应适当加温。

(2) 低温烘干法。用浅箱式或传送带式干燥机烘干牧草，干燥温度为50~150℃，时间从几分钟到几个小时不等，一般适用于小型农场。

(3) 高温快速干燥法。在牧草收割的同时切短，随即用烘干机迅速脱水，使牧草含水量降至10%~15%，再送到储存室内。牧草切短的长度根据要求以及烘干机的类型确定，一般在3~15厘米。高温干燥制成的青干草，营养物质变化较小，基本保持原来的水平。现在生产上经常将干燥后的干草粉压缩制成干草饼或制成颗粒，既便于长途运输，又可减少在饲喂过程中的浪费。高温快速干燥法生产的青干草，对牧草营养物质保护率可达90%~95%，但生产设备价格比较高，生产成本比较高，只适用于工厂化草粉生产。

3. 青干草品质的评定 青干草品质一般从青干草色泽、香味、含水量、有毒有害草的含量、叶片量、杂质等方面来进行评定。

(1) 色泽和香味。优等青干草，颜色青绿，芳香浓郁，青干草中花蕾和叶片都比较多，在晒制过程中未经雨淋，堆放过程中没有发霉和产生高温，这种青干草营养丰富；中等青干草的颜色灰绿色，有枯草味；差的青干草颜色一般是黄褐色，闻不到青干草的香味，在晒制过程中淋过雨或储存过程中发霉，营养物质损失严重。劣等青干草，颜色发白，发黑，有刺鼻的霉味，不宜饲喂牛，尤其是妊娠期的母牛。

(2) 含水量。品质好的青干草含水量一般低于15%，而品质差的青干草含水量大于20%。从青干草的组成上看，优等青干草中豆科草的比例在5%~10%，中等青干草中禾本科草和杂草占80%以上，劣等青干草中不可食杂草超过10%~15%。

(3) 有毒有害草含量。含量不能超过1%。不能饲喂有毒有害植物较多的青干草和霉变的青干草。霉变的青干草不仅营养物质损失严重、品质差，而且一些豆科牧草，如草木樨青干草霉变后会产生有害牛健康的物质。

(4) 叶片量。植株上的叶片保存率在75%以上的为优等青干草，植株上的叶片脱落50%~75%的为中等青干草，劣等青干草中叶片80%以上均已脱落。

(5) 杂质。饲喂青干草时要注意剔除混在青干草中的杂质，尤其要注意铁钉及捆草的铁丝、尼龙绳等，以防发生意外。

（二）秸秆饲料的加工调制

秸秆主要指农作物收获之后的秸、蔓、秧等，生产中主要将其分为干燥和青绿2种。秸秆类饲料的特点是粗纤维含量很高，而且木质化程度也较高，坚硬粗糙、适口性非常差，饲料转化率很低。因此，需要我们进行加工配制来提高其营养价值和适口性。

1. 物理处理法

（1）切短。秸秆切短并不会改变其营养结构，秸秆切短有利于反刍动物的反刍与咀嚼，提高适口性。秸秆的切割长度为3～4厘米。

（2）揉丝。将秸秆用机械揉成丝状，使秸秆变得柔软。有利于提高动物采食量和消化率。

（3）制成颗粒饲料。将秸秆粉碎，再用制粒机制成颗粒饲料，此过程中可以加入动物所需要的其他各种微量元素、纤维素、非蛋白氮等营养物质，使营养更加均衡。颗粒饲料可减少浪费，提高适口性，防止挑食。

（4）蒸煮。经高温蒸煮处理，秸秆中的木质素可被水解；在蒸煮过程中，在水中加入尿素氮可提高秸秆中的尿素氮含量。

（5）膨化。让秸秆在加热、加压情况下突然减压而使之膨胀。膨化后的秸秆木质素低分子化，可溶性成分增加，提高饲料转化率。

2. 化学处理法

（1）氨化处理法。在密闭空间中，将氨水或尿素按一定比例喷洒在秸秆上。经氨化处理后的秸秆带有芳香气味，可以提高适口性，并提高饲料中的氮含量。

（2）碱化处理法。对粗饲料进行碱化处理是利用氢氧根离子将木质素和半纤维素之间的酯键破坏，使其溶解于碱液中，有利于反刍动物消化利用。使用碱液的碱性破坏秸秆的内部组织，将木质素转化成羟基木质素，使秸秆松散，饲喂牛、羊后，增大瘤胃微生物附着的面积，有利于提高纤维素的分解率。

（三）青贮饲料的制作

青贮饲料是在青绿饲料含水量与含糖量适当的情况下，于密闭设施内存放，促进乳酸菌繁殖，抑制有害微生物繁殖，能对营养物质进行有效保存，饲草适口性更好，降低饲养成本，提高出栏率。

1. 青贮装置的准备 对于青贮场地，应选择地势相对较高、土质坚硬、坚固平整、地下水位低、靠近畜舍、周围无污染、排水良好的地方。青贮窖尽量开窖口朝北。常用的储存方式为青贮窖、青贮塔、塑料袋青贮、拉伸膜裹包青贮等。前3种青贮方式多为机械化作业，青贮的规模较大。

（1）青贮窖。青贮窖可分为地下式和半地下式、地上式3种，这取决于地下水位的高低和土质的好坏。如果地下水位高，土质较差，则采用半地下式或者地上式；反之，则采用地下式。无论地上式还是地下式，都要求窖内四壁抹光，上口要宽于下口，距离地下水位至少0.5米。窖的大小、深浅、宽窄、长度可根据所饲养牛的头数、饲喂期的长短和需要储存的饲草的数量而定。根据自身条件合理设计青贮窖，原则为不透气、不透水、有一定深度、能防冻。窖沿上应该两侧稍高，中间稍凸，并有一定斜度，以便于下雨时雨水流出。同时，沿下有排水沟，以避免雨水流入窖内。青贮窖要建砖、石、水泥结构，窖底部从一端到另一端须形成一定的斜坡，窖的倾斜度为每加深1米，上口外倾控制在5~7厘米，以利于填入处理好青贮饲料后，在其自身重量的作用下，不断下沉，使窖壁与青贮饲料之间缝隙中的空气排净。一端建成锅底形，以便使过多的汁液能够排出，四壁要平直光滑，以防空气积聚，有利于饲草装填压实。如果建临时性青贮窖，要沿窖的内壁及地面铺塑料薄膜。青贮开始前，将青贮窖四周清扫干净。用1％的高锰酸钾溶液或10％的石灰水，由上至下不留死角地喷洒，彻底消毒一遍。青贮窖必须防渗水、防雨淋。青贮池和青贮窖方式相似。

（2）青贮塔。青贮塔高一般为10~20米，主要是利用钢筋、水泥和砖砌成的圆形塔，塔顶具有通气装置，保持塔内外压力平衡。

（3）塑料袋青贮。这种方法投资少，料多则多贮，料少则少贮，比较灵活，是目前国内外正在推行的一种方法。必要的条件是要将青贮原料切得很短，喷入（或装入）塑料袋，排尽空气并压紧后扎口即可。若无抽气机，则应装填紧密，加重物压紧。可以选用幅宽80~100厘米、厚度为1.0毫米以上的无毒塑料薄膜，用热压的方法做成袋子，将青贮原料放入袋子中进行发酵。青贮原料装袋后，应整齐摆放在地面平坦光洁的地方，或分层存放在棚架上，最上层袋的封口处用重物压上。袋边袋角要封粘牢固，袋内青贮原料沉积后，应重新扎紧，遮光存放。塑料袋青贮具有投资少、操作简便、省时省力、储存地点灵活等优点。

（4）拉伸膜裹包青贮。指饲草收割后，用打捆机高密度压实打捆，再通过裹包机用拉伸膜裹包而创造一个厌氧的发酵环境完成乳酸发酵制成青贮饲料。该种青贮方式已被欧美、日本等发达国家广泛认可和使用。近年来，我国部分地区已开始使用，并逐渐有商品化的趋势。拉伸膜裹包青贮原料适宜的含水量为50％~60％。裹包圆草捆外表面缠绕4层薄膜可以储存半年，缠绕6层薄膜可以储存1年。使用裹包青贮的牛场，务必要配置专用夹包机。在运输和放置过程中，要轻拿轻放，且裹包青贮圆形底面朝下，堆放层数不超过3层，以避免挤压变形或者坍塌导致裹包破损破裂。定期检查裹包，一旦发现破损应及时用透明胶带补好，以防止腐败范围不断扩大，危及整包青贮饲料品质。在存储期间，要注意防鼠。

2. 青贮原料的要求

（1）青贮原料含糖量高。原料中可溶性糖类的量就是含糖量，在乳酸菌发酵过程中，糖类是不可缺少的物质，若原料中实际含糖量较高，能为乳酸菌繁殖提供必要条件，促进乳酸产生，青贮饲料的pH也能达标。在青贮原料中，糖类所占鲜重通常在1%以上，但不超出1.5%，在青贮饲料制作中对于原料的选择，应确保植物所含糖类较多，并且蛋白质数量较少，进而满足制作需求。

（2）青贮原料要含有适当的水分。选择青贮原料时，水分含量至关重要。含水量较低，会在一定程度上限制微生物活动，为其他微生物的繁殖提供机会，导致饲料发霉或变质。若青贮饲料含水量不足，则需要喷水。合理控制含水量非常必要，一旦含水量过高，会降低糖类实际浓度，为酪酸菌活动提供便利，致饲料出现结块情况，严重降低饲料的品质，养分流失会降低饲料适口性。出现此种情况时，需及时晾晒以控制水分，也可在青贮原料中混入干饲料。若青贮原料含水量在65%以上，但不超出75%，则能为乳酸菌繁殖提供可行条件。

3. 青贮制作要点

（1）收割。要根据青贮原料类型、当地气候在合适的时间及时收割。各种青贮原料的收割期见表2-1。

表2-1 常用青贮原料适宜收割期

青贮原料种类	收割适期	含水量（%）
全株玉米（带果穗）	玉米乳线在1/2~3/4	64~68
豆科牧草及野草	现蕾期至开花初期	70~80
禾本科牧草	孕穗至抽穗期	70~80
甘薯藤	霜前或收薯期1~2天	86
马铃薯茎叶	收薯前1~2天	80

（2）运输。刚收割的青贮原料要在田间适当摊晒2~6小时，使其含水量降低到65%~75%；如果原料为收获了籽实的玉米秸秆等，则要尽量减少在

田间放置的时间,以减少水分损失。收获的原料经过处理后要及时运送到铡草地点,以减少营养物质损失。

(3) 切原料。青贮原料切碎后便于压实,饲草饲料青贮对于青贮原料的长度有比较高的要求,如玉米秸秆等植物秸秆类青贮原料一般需要将其长度控制在2~3厘米;牧草类青贮原料一般要将长度控制在3~5厘米,过长不易压实,容易变质腐烂,切碎前一定要把牧草的根和带土的牧草去掉,将牧草清理干净。切短的玉米秸秆渗出大量汁液,有利于乳酸菌生长,加速青贮速度。

(4) 青贮原料的装填与压实。青贮原料装填过程中一定要快,越快越好,装窖和切碎同时进行,边切边装。随收随运,随运随铡,随铡随装窖,同时设备四周需要铺填塑料薄膜,以保证设备的密封性。每装填15~20厘米玉米秸秆就要充分压实,一般压实会采用机械压实的方式进行处理,在压实过程中要确保青贮窖四周和墙角的压实质量,避免留有缝隙。经过压实后能够最大限度降低青贮原料缝隙之间的氧气含量,实现厌氧环境的建立应逐层碾压,以减少原料与空气接触的时间。

(5) 青贮窖的密封和覆盖。青贮窖窖壁和窖底铺设一层塑料薄膜,装填完成后青贮原料要高出窖壁40~60厘米,铺一层塑料薄膜加盖封顶(与青贮原料接触的膜必须是新的,且大小规格合适,最好是黑白膜,白面向上,黑面向下,能够达到更好的密封)。然后用5~10厘米厚的铡短的麦秸或稻草盖在上面再盖土30~50厘米拍实或者用轮胎压实,密封,还可用彩条覆盖于塑料薄膜外层,以沙土、石头等压紧塑料薄膜的边缘,以免出现损坏,或者被鸟食、鼠害。封窖后应随时检查是否有裂缝或者塌陷透气,如果有则要及时填补压平。

(6) 青贮饲料的开窖与取用。经过45~60天发酵,即可开窖。启用后直至整窖用完,中间不要间断。从青贮窖中的一端沿窖壁开启,50~80厘米的剖面,剖面尽量平整,切忌凹凸不平,自上而下取,每天在剖面上切下一层,一定要取成平整切面,取后及时用塑料薄膜等遮盖,防止料面暴露产生二次发酵,建议开窖时间在6个月后。如果有特殊情况,中途停喂,间隔时间较长,则必须按照原来的方法密封压实。

4. 青贮质量鉴定 感官评定,通过感官评定青贮饲料品质的好坏,方法简便、直接、迅速,包括颜色、气味、口味、质量和结构等指标。品质优良的青贮饲料颜色为青绿色或者黄绿色,有光泽,与原色接近,具有芳香酸味,适口性好,并且湿润,质地紧密,容易分离;品质中等的青贮饲料颜色为黄褐色或者暗褐色,有刺鼻的酸味,香味淡,水分稍多;劣质的青贮饲料颜色为黑色或者暗绿色，有刺鼻的腐臭味或者霉味，性状为腐烂状、黏稠或者结块，分不清结构。化学评定，包括青贮饲料的酸碱度（pH）、各种有机酸含量、微生物种类和数量、营养物质含量变化及青贮饲料可消化性及营养价值等，其中以测定 pH 及各种有机酸含量采用较普遍。品质较好的青贮饲料有机酸含量较多，其中乳酸含量最多，乙酸含量较少，不含酪酸；而品质较差的青贮饲料则酪酸含量多、乳酸含量少。微生物指标则主要检测乳酸菌数、总菌数和酵母菌数，如果霉菌和酵母菌数量多则青贮饲料的品质差，会引起二次发酵。实验室测定 pH 在 4.2 以下，质量为优良（半干青贮除外）；pH 介于 4.3～5，质量中等；pH 在 5.0 以上，质量劣等。优质青贮饲料的乳酸含量为 1.2%～1.5%，而且乙酸含量少，不含丁酸。氨态氮含量低于 11%。

5. 特殊青贮

（1）添加发酵菌种。严格筛选适合草料青贮发酵的菌种。粗饲料青贮大部分采用同型发酵乳酸菌接种剂，如干酪乳杆菌、粪链球菌、片球菌等。目的是在青贮发酵过程中快速、高效地生产乳酸，使 pH 快速下降，减少粗蛋白质和干物质的损失，更好地保存青贮原料的营养价值和品质。

（2）加入添加剂。添加剂的作用就是使原料快速发酵，在原料切碎后立即加入添加剂。合理使用添加剂，可以改善青贮饲料的发酵品质，但要保证人畜安全、不污染、成本低，且有效、易操作等，而且要根据青贮原料特征选择适宜的添加剂，添加剂的量也要适宜。可添加 2%～3% 的糖、甲酸（每吨青贮原料加入 3～4 千克含量为 85% 的甲酸）、淀粉酶和纤维素酶、尿素、硫酸铵、氯化铵等铵化物。此外，为提高青贮饲料质量，可根据不同的青贮原料选择不同的添加剂。

①豆科牧草的青贮。豆科牧草因糖类含量低，不易青贮成功。因此，宜与禾本科牧草混合青贮或加入乳酸发酵菌，或加适量玉米粉或米糠一起青贮。

②高水分饲料的青贮。如瓜类、蔬菜类等可加入 30% 左右的草粉、干木薯渣、米糠等，将含水量调整到 70% 左右。

③低水分饲料的青贮。也称半干青贮，含水量较低的，如干牧草含水量低于 50%，质地硬，可加入 0.2%～0.5% 的食盐水溶液，以提高含水量，利于发酵，提高品质。

④青玉米秸秆的青贮。把刚收完玉米的秸秆铡碎，用 3% 的尿素和 0.3%～0.4% 的食盐水溶液均匀喷到玉米秸秆青贮饲料中，压实、密封即可，1 个月后即可饲喂。喂前要等氨气全部散去后再取料。

⑤甘蔗尾的青贮。在铡碎的鲜甘蔗尾中加 0.3% 的尿素，同时还可加 10% 的玉米、糠麸。混合后放于青贮池，压实、密封，1 个月后可用于饲喂。

⑥菠萝渣的青贮。菠萝渣是罐头工业的下脚料，但鲜菠萝渣有一种菠萝蛋白酶，对动物不利，青贮后可破坏其活性。制作方法与牧草青贮相同，最好用青贮池青贮，青贮时加入 2%～3% 的尿素效果更好。尿素要与菠萝渣混合均匀，然后压实密封。因菠萝渣含水量较高，应加入草粉、干木薯渣、米糠等调节含水量到 70% 左右才容易获得成功。青贮后的菠萝渣消化率提高，并可代替米糠等饲料。

⑦木薯渣的青贮。木薯渣粗蛋白质含量低，直接喂牛易引起蛋白质营养不良，降低生产性能。可加入尿素，以提高营养价值。把木薯渣放入青贮池中，待部分水分排出后，压实，加少量盐，盖好、密封即可。木薯渣喂量不宜过大，否则易引起腹泻，每天喂 5～10 千克即可。

6. 青贮饲料饲用和管理注意事项

（1）青贮时温度要适宜（19～37℃），如果温度过高，乳酸菌就会停止繁殖，会破坏青贮原料的糖分，营养物质含量下降。但如果青贮温度过低，青贮成熟时间延长，青贮饲料的品质也会下降，在青贮过程中要注意远离热源，防止太阳光直晒等，创造乳酸菌繁殖的适宜温度。

（2）在最初使用青贮饲料时，牛羊可能还不习惯，因此不宜饲喂过量，而要遵循由少到多、循序渐进的原则，让其有一个适应过程。

（3）虽然青贮饲料适口性好、营养丰富，但是营养成分不足，在使用时不能单独饲喂，需要与其他饲料搭配使用，可以与精饲料、干草等混合搅拌饲喂，以提高青贮饲料的利用价值。另外，为了中和青贮饲料的酸度，以免出现青贮饲料饲喂过量出现酸中毒、乳脂率降低等现象，需要在青贮饲料中加入适量的碳酸氢钠，促进消化吸收。

（4）每天根据用量一次取完，不要过夜，以免发生霉变；取后要封好，清除周围余料，避免二次污染；取料面要平滑，尽可能缩小范围。

（5）开窖后，最好连续取用，科学喂养，喂量要由少到多，适量投食，待牛适应后再按需要量饲喂；夏季边取边喂，冬季不可喂冰冻青贮饲料；青贮饲料采用全混模式，要逐渐加量。在青贮饲料使用过程中，应避免单一饲喂和牛酸中毒。

（四）秸秆饲料的加工调制

1. 物理处理法

（1）机械加工。主要方法包括通过切短、粉碎以及揉搓丝化等方式来处理秸秆。从而有利于反刍家畜采食和进行反刍，进而提高秸秆饲料转化率。

①切短。是指通过机械将秸秆根据饲喂对象的不同进行切断，一般切成2~3厘米长的小段，操作简单，改善适口性，提高饲料利用率。切短通常与蒸煮等其他加工方式相结合，是一种比较初级的加工手段。

②粉碎。是将秸秆加工成粉末状，此法可将玉米秸秆饲料利用率由20%提高到75%，但对反刍动物饲料不适宜。粉碎处理一般与颗粒饲料生产结合进行。

③揉搓丝化。是通过机械对秸秆进行揉搓加工，使秸秆变成柔软的丝状物。通过揉搓丝化，可分离纤维素、半纤维素及木质素，不仅可提高反刍动物的采食量，而且还可延长饲料在瘤胃中的停留时间，利于反刍动物的消化吸收。

（2）热加工。主要包括蒸煮和膨化。

①蒸煮。通过蒸煮的机械进行高温处理，所产生的美拉德反应还能提高过瘤胃蛋白的保护能力。

②膨化。通过膨化加工技术，在高温挤压腔内通过连续混合、调质、升温增压、熟化、挤出模孔和骤然降压后形成一种膨松多孔的饲料。适口性好，可提高采食量，且可杀灭饲料中许多有害微生物。

（3）其他处理方法。射线照射，射线照射秸秆饲料能杀灭饲料中的有害微生物，扩大饲料资源，改善饲料品质。

2. 化学加工法

（1）氨化处理。液氨氨化法和尿素氨化法。一方面，秸秆饲料中的有机物在遇到氨时会与其发生氨解反应，木质素与多糖（纤维素、半纤素）之间的酯键断裂形成铵盐。另一方面，氨溶解在水中形成氢氧化铵会碱化秸秆。氨化用清洁未霉变的麦秸、玉米秸秆或稻草等，一般铡1~2厘米长。

①液氨氨化法。堆贮法适用于液氨处理、大量生产。先将6米×6米的塑料薄膜铺在地面上，在上面垛秸秆。草垛底面积以5米×5米为宜，高度接近2.5米。秸秆原料含水量要求20%~40%，一般干秸秆仅10%~13%，故需边码垛边均匀地洒水，使秸秆含水量达到30%左右。草码到0.5米高时，于垛上面分别平放直径10毫米、长4米的硬质塑料管2根，在塑料管前端2/3长的部位钻若干个2~3毫米小孔，以便充氨。塑料管露出草垛外面约0.5米长。通过胶管接上氨瓶，用铁丝缠紧。堆完草垛后，用10米×10米的塑料薄膜盖严，四周留边0.5~0.7米。在垛底部用一长杠将四周余下的塑料薄膜卷紧，以石头或土压住，但输氨管外露。按秸秆重量3%的比例向垛内缓慢输入液氨。输氨结束后，抽出塑料管，立即将余孔堵严。氨水用量按3千克÷（氨

水含氮量×1.21）计算。如氨水含氮量为15％，每100千克秸秆需氨水量为3千克÷（15％×1.21）=16.5千克。

②尿素氨化法。小垛法适用于尿素处理，农户少量生产制作。配置比例为，饲料：尿素：水=100：（3.5～4.5）：（20～25）。在庭院内向阳处地面上，铺2.6米^{2}塑料薄膜，取3.5～4.5千克尿素，溶解在20～25千克水中，将尿素溶液均匀喷洒在100千克秸秆上，堆好踏实。最后用13米^{2}塑料薄膜盖好封严。小垛氨化以100千克一垛，占地少、易管理、塑料薄膜可连续使用、投资少、简便易行。

（2）碱化处理。利用碱性物质阻断秸秆纤维内的酯键或醚键，溶解半纤维素和木质素，增强瘤胃微生物活性，从而改善秸秆饲料风味，增加采食量、提高消化率。碱化处理所用原料，主要是氢氧化钠和石灰水。

①氢氧化钠处理。用占秸秆重量4％～5％的氢氧化钠，配制成30％～40％溶液，喷洒在粉碎的秸秆上，堆放数日，不经冲洗直接喂用，可提高有机物消化率12％～20％，称为"干法处理"。反刍家畜采食后粪便中含有相当数量的钠离子，对土壤和环境有一定程度的污染，在生产上很少应用。

②石灰水处理。每100千克秸秆，3千克生石灰，加水200～300千克熟化，待澄清后取上层澄清液（即石灰乳），将石灰乳均匀喷洒在粉碎的秸秆上，堆放在水泥地面上，经1～2天后可直接饲喂反刍家畜。这种方法成本低，生石灰来源广，方法简便，效果明显。

（3）碱-氨处理。秸秆碱化后再进行氨化，碱-氨处理秸秆具有时间短、效果好等优点，但是成本过高，在生产上很少应用。

（4）酸处理。使用硫酸、盐酸、磷酸和甲酸处理秸秆饲料，称为酸处理。其原理与碱化处理相同，用酸破坏木质素与多糖（纤维素、半纤维素）链间的酯键或醚键结构，以提高饲料消化率。但酸处理成本太高，在生产上很少应用。

（5）氧化处理。指用氧化剂，如臭氧、过氧化氢等方法处理秸秆，它会溶解大部分木质素和半纤维素。结合目前的研究发展趋势来看，未来秸秆处理可能转向氧化处理。

3. 微生物处理法

（1）青贮。指将腊熟期的玉米使用青贮收获机械进行秸秆的一次性切碎、获取，或者借助人工方式将青玉米的秸秆铡碎，保证其含水量为67％～75％，并储存在窖、缸、塔，或者池中进行密封，人为造就厌氧环境空间，利用饲料原料中的乳酸菌，将青绿饲料在密闭条件下进行厌氧发酵，产生大量乳酸，使得青绿饲料的 pH 降至 4.2 以下，杀灭其他有害微生物或抑制了其生长繁殖，从而使饲料达到长期保存和饲用的目的。青贮饲料具有酸香味，柔软多汁，适口性好，能刺激胃肠蠕动，促进动物消化的特点。

（2）**微贮**。指通过加入微生物高效活性菌种——秸秆发酵活干菌，经一定的发酵过程使秸秆中的纤维素、半纤维素和木质素通过微生物发酵后，被微生物降解并转化为菌体蛋白的方法。秸秆微贮后能改善适口性并提高营养价值，使得采食量和饲料消化率提高。

①菌种的复活。秸秆发酵活干菌每袋 3 克，可处理麦秸、稻秸、干玉米秸秆 1 吨，或青绿饲料 2 吨，在处理秸秆前先将袋剪开，将菌剂倒入 2 千克水中，充分溶解（有条件的情况下，可在水中加白糖 20 克，溶解后，再加入活干菌，这样可以提高复活率，保证微贮饲料质量）。然后在常温下放置 1~2 小时使菌种复活，复活好的菌种一定要当天用完。

②菌液的配制。将复活好的菌种倒入充分溶解的 0.8%~1% 食盐水中拌匀，菌液配制见表 2-2。

表 2-2　菌液配制

秸秆种类	秸秆重量（千克）	秸秆发酵活干菌用量（克）	食盐用量（千克）	自来水用量（升）	青贮原料含水量（%）
稻麦秸秆	1 000	3.0	9~12	1 200~1 400	60~70
黄玉米秸秆	1 000	3.0	6~8	800~1 000	60~70
青玉米秸秆	1 000	1.5	—	适量	60~70

③装窖。土窖应先在窖底和四周铺上一层塑料薄膜，在窖底先铺放 20 厘米厚长为 3~5 厘米秸秆，均匀喷洒菌液，压实后再铺秸秆 20 厘米，再喷洒菌液压实。在操作中要随时检查青贮原料含水量是否均匀合适，层与层之间不要出现夹层。检查方法，取秸秆用力握攥，指缝间有水但不滴下，含水量为 60%~70% 最为理想，否则为过高或过低。

④封窖。秸秆分层压实直到高出窖口 100 厘米，再充分压实后，在最上面一层均匀洒上食盐，再压实后盖上塑料薄膜。食盐的用量为每平方米 250 克，其目的是确保微贮饲料上部不发生霉烂变质。盖上塑料薄膜后，在上面洒上 20~30 厘米厚的稻草或麦秸，覆土 15~20 厘米，密封。在窖边挖排水沟防止雨水积聚。窖内青贮原料下沉后应随时加土使之高出地面。

（3）**酶解**。秸秆中加入一定比例的酶类，如纤维素酶、果胶酶、木聚糖酶等,对秸秆中的纤维素、半纤维素和木质素之间的化学键进行催化,将难以消化的大分子物质转化为易于消化的小分子物质。通过酶解处理作物秸秆,可改善秸秆的适口性和利用率。

第三节 肉牛日粮配制

肉牛全价配合饲料简称配合饲料,是根据肉牛不同生理阶段(生长、妊娠、哺乳、空怀、配种、育肥)和不同生产水平对各种营养成分的需要量,把多种饲料原料和添加成分按照规定的加工工艺配制成均匀一致、营养价值完全的饲料产品。简单地说,肉牛配合饲料就是把干草、青贮饲料和各种精饲料以及矿物质、维生素等,按营养需要搭配均匀,加工成适口性好的散碎料或块料或饼料。

肉牛饲料按其营养构成可分为全价配合饲料、精料混合料、浓缩饲料和添加剂预混料。这4种产品之间的关系见图2-2。

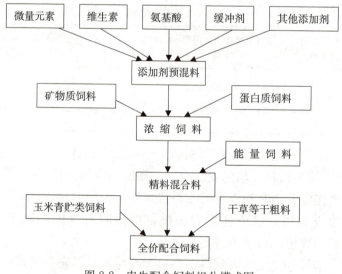

图2-2 肉牛配合饲料组分模式图

一、肉牛配合饲料的一般原则

对肉牛饲料进行合理配合的目的是在生产中获得肉牛最佳生产性能和最高利润,并且降低污染。

1. 适宜的饲养标准 根据肉牛不同的生理阶段，选择适宜的饲养标准。另外，我国肉牛饲养标准是根据我国的生产条件，在中立温度、舍饲和无应激的环境下制定的，所以在实际生产中应根据实际饲养情况做必要的调整。

2. 本着经济性的原则 选择饲料原料时，应充分利用当地饲料资源，因地制宜，就地取材，充分利用当地农副产品，可以降低饲养成本。

3. 饲料种类应多样化 根据牛的消化生理特点，合理选择多种原料进行合理搭配，并注意适口性和易消化性。多种原料进行合理搭配，可使饲料营养得到互补，提高日粮营养价值和饲料转化率。所选的饲料应新鲜、无污染、对畜产品质量无影响。

4. 适当的精粗比例 精饲料与粗饲料之间的比例关系到肉牛的育肥方式和育肥速度，并且对肉牛健康十分必要。以干物质为基础，日粮中粗饲料比例一般在40%~60%，强度育肥期精饲料比例可高达70%~80%。

5. 日粮应有一定的体积和干物质含量 所用的日粮数量要使牛吃得下、吃得饱，并且能满足营养需要。

6. 正确使用饲料添加剂 根据牛的消化生理特点，添加氨基酸、脂肪等添加剂，应注意保护，以免遭受瘤胃微生物的破坏。不使用违禁饲料添加剂和不符合卫生标准的饲料原料，不滥用会对环境（土地、水资源等）造成污染的饲料添加剂，抗生素添加剂会对成年牛的瘤胃微生物造成损害和产品中的残留，应避免使用。提倡使用有助于动物排泄物分解和去除不良气味的安全性饲料添加剂。

二、肉牛日粮配方的制订方法和步骤

1. 确定营养水平 根据不同肉牛生理阶段选用相应饲养标准。确定营养水平最简单的方法是照搬饲养标准，因为它是近期科学试验和生产实践的总结。我国的肉牛标准比较符合国情，因此一般情况下可以我国的肉牛饲养标准为基础，参考国外标准来确定配方的营养水平。饲养标准大多是根据在人工控制的条件下所得试验结果制定的，不可能完全符合各种不同生产条件下的实际需要，因此应根据生产实际和经验进行适当调整，一般常需增加一定的保险系数。调整饲养标准时，先确定能量标准，然后根据饲养标准中能量与其他营养物质之间的比例关系，调整其他营养物质需要量。

2. 确定原料种类及配比 根据当地饲料资源情况，选择质量有保证、能长期充足供应而价格又相对较低的原料，如果有条件，饲料营养成分尽量用实测值。同样是棉粕，由于脱壳脱绒的程度不同，粗蛋白质含量介于20%～44%。玉米也由于含水量不同、饱满程度不同，能量和粗蛋白质含量也有所不同。如果不按实际含量进行设计，往往会造成营养物质含量不足或过多，不能达到预期的生产效果。

为了全面满足肉牛的营养需要，饲料原料也应至少包括粗饲料和糟渣饲料、能量饲料、蛋白质饲料、矿物质饲料（主要补充饲料原料中含量不足的钙、磷、钠、氯等常量元素）、维生素和微量元素添加剂。

粗饲料和糟渣饲料在北方地区可以选择玉米秸秆、玉米秸秆青贮、稻草、谷草、羊草、酒糟、淀粉渣等；南方地区可以选择甘蔗梢、甘蔗梢青贮、香蕉茎秆青贮、油菜秸秆、甜菜渣等农副产品作为肉牛的粗饲料。

根据我国大部分地区饲料资源情况，肉牛的能量饲料一般可以选择玉米、小麦、大麦、次粉、麸皮等，米糠可取代麸皮，且能量高于麸皮，但天热潮湿时要防止变质。

蛋白质饲料一般可以选择豆粕、菜籽粕、棉籽粕、花生粕、向日葵粕、胡麻粕等。价格比较低廉的蛋白质饲料，只要应用得当，就能降低成本。品质良好而价格较低的玉米蛋白粉、豌豆蛋白粉、粉浆蛋白、干酒糟及其可溶物（DDGS）等也是很好的蛋白质饲料。酵母饲料蛋白质含量也较高，而且含有丰富的B族维生素。但由于原料、菌株和生产工艺不同，质量相差很大，应选用质量好而稳定的产品。

矿物质饲料主要是磷酸氢钙、石粉、食盐。预混料主要为维生素、微量元素。

设计配方时原料种类多，在营养上可以互相取长补短，容易得到营养平衡而成本较低的配方；原料品种少，则质量容易控制。设计者应根据能得到的原料的实际情况，确定选用多少品种。

3. 确定某些原料的限制用量 某些原料由于含有抗营养因子或价格等其他原因，需要限量使用，应确定其限用量。例如，麦类饲料所含非淀粉多糖使肠内容物黏度增加，用量最好不超过30%。麸皮含有镁盐，大量饲喂具有轻泻作用，一般不超过20%。棉籽饼（粕）若未经解毒处理，在6月龄以上牛饲料中的比例最好不超过25%，犊牛则不应超过8%。菜籽饼（粕）也含有抗营养因子，且适口性差，不应超过5%～10%。高档牛肉生产，在肉质改善期应当限喂青绿饲料。设计配方时对它们的用量都要加以适当限制。还应注意反刍动物禁用动物性饲料。

4. 设计配方　分计算机法和手工计算法。

（1）计算机法。现在最先进的方法是利用计算机软件设计配方，方法是将不同畜禽的饲养标准，以及饲料的种类、营养成分、价格等输入计算机，计算机程序会自动将配方设计好，并打印出来。用于配方设计的软件也很多，具体操作各异，但无论哪种配方软件，所用原理基本是相同的，计算机设计饲料配方的方法主要有线性规划法、多目标规划法、参数规划法等。其中，最常用的是线性规划法，可优化出最低成本的饲料配方。配方软件主要有2个管理系统：原料数据库和营养标准数据库管理系统、优化计算配方系统。多数软件都包括畜禽全价混合料、浓缩饲料、预混料的配方设计。对熟练掌握计算机应用技术的人员，除了购买现成的配方软件外，还可以应用 Excel（电子表格）、SAS 软件等进行配方设计，经济实用。

（2）手工计算法。手工计算法包括四角法、试差法等。由于四角法受原料种类的限制，不常使用。最常用的是试差法。具体步骤如下。

第一，查《肉牛饲养标准》，确定肉牛总的营养物质需要量，包括干物质、肉牛能量单位、粗蛋白质、钙、磷等的营养需要，还要考虑环境等对能量的额外需要。

第二，从饲料成分表中查出常用饲料的主要营养成分列出一表，供计算时使用，这样既方便，又不用反复查阅营养成分表，有条件的最好使用实测的原料养分含量值，这样可减少误差。

第三，计算或设定肉牛每天应给予的青粗饲料的数量，以干物质计，日粮中粗饲料比例一般介于 40%～60%。并计算出青粗饲料所提供的营养成分的数量。

第四，与饲养标准相比较，确定应由精料补充料提供的营养物质的量。

第五，精料补充料的配制。在确定差值后，可形成新的精饲料营养标准，选择好精饲料原料，草拟精饲料配方，所占比例以不超过各种饲料原料使用上限为原则，用手工计算法或借助计算工具检查、调整精饲料配方，直到与标准相符合。

第六，钙、磷可用矿物质饲料来补充，食盐可另外添加，根据实际需要，再确定添加剂的添加量。最后将所有饲料原料提供的各种营养物质进行综合，与饲养标准相比较，并调整到与其基本一致（范围在±5%）。

第七，列出肉牛日粮配方和所提供的营养水平，并附以精料补充料配方。

▶ 肉牛标准化生产技术

思考与练习题

1. 简述肉牛能量单位、消化能和饲料综合净能值的定义。
2. 肉牛的能量需要包括哪些?
3. 蛋白质对肉牛生长的作用有哪些?
4. 简述肉牛生长需要的矿物质和维生素及其在肉牛体内的作用。
5. 青贮饲料的制作流程与注意事项有哪些?
6. 秸秆饲料的加工调制方法有哪些?
7. 简述肉牛日粮配方的制作方法与步骤。

第三章 肉牛饲养管理技术

第一节 母牛饲养管理

一、分阶段做好肉用母牛的饲养管理

为了对肉用母牛进行科学饲养管理,可将母牛的一个繁殖周期人为地划分为妊娠阶段的肉用母牛和泌乳阶段的肉用母牛,也就是常说的妊娠肉用母牛和泌乳肉用母牛。现重点从这2个阶段介绍母牛的科学饲养管理。

(一)妊娠肉用母牛饲养管理

1. 科学供给营养 肉用母牛的妊娠期平均为285天,在整个妊娠期中胎儿的生长发育和增重不均衡,妊娠早期胎儿的绝对增重较小,需要的营养物质总量不多,而到后期胎儿增重加快,需要的营养物质总量也就随之增加。所以生产中,妊娠前5个月由于胎儿需要的营养物质量比较少,只要母牛膘情不很差,采用中低营养水平饲养即可,日粮供给以粗饲料为主。但是,妊娠第6个月胎儿增重加快,需要的营养物质总量开始增加,尤其在妊娠第8、第9个月胎儿增重加速,需要更多的营养物质供给母牛。另外,妊娠后期也是母牛身体储备营养物质的阶段,所以这个阶段要加强营养供给,使母牛的体况变好,保持在中上等膘情。但是,不能把母牛喂得过肥,以防难产率提高和其他代谢性疾病。

2. 防止母牛流产 肉用母牛的饲养一般以青粗饲料为主,根据膘情好坏适当搭配精饲料,精饲料的补给量可以控制在每头每天1~3千克。另外,还需要注重管理细节,尽可能做到不因管理不当导致妊娠母牛流产而造成经济损失。要让妊娠母牛有充足的户外活动时间,以防止肢蹄病和难产。同时,多接受户外光照也可增加维生素D的合成促进钙的吸收,以防产后瘫痪的发生;

避免让妊娠母牛剧烈运动,尤其在妊娠后期,尽可能防止由于剧烈运动引发的机械性流产;在较为寒冷的冬季,妊娠母牛的饮水温度最好在10℃以上,不饮冰冻水,防止水温过低激发母牛流产;饲喂母牛及选择饲草饲料原料时要特别注意,不能饲喂妊娠母牛腐败、发霉和变质的饲料,防止由于饲料原料质量问题引发母牛流产;加强妊娠母牛生活环境的卫生管理,搞好牛舍及运动场的环境卫生,避免母牛腹泻及其他疾病的发生,也有利于防止乳腺炎的发生。

(二)泌乳肉用母牛饲养管理

1. 细心接产做好产后母牛的护理工作

(1) 推算母牛预产期。根据配种时间推算出母牛的预产期,提前做好接产准备工作,预产期的算法是:"月减3、日加6、年推后",即按照给母牛配种日期,在配种月份上减3、在配种日上加6、年份往后推1年即为预产期。例如,一头可繁母牛配种日期为2020年10月10日,那么这头牛的预产期为2021年7月16日。所以,在7月16日之前半个月应做好对母牛的仔细观察和产前的一些准备工作。

(2) 做好产前准备工作。母牛分娩前主要做好产房环境的整理,尤其是冬季,要做好产房的保温工作、垫草的准备和铺设,保证母牛在一个相对舒适的环境中分娩;产前母牛食欲减退,在饲喂和饲草饲料的选择上要注意提供一些易消化、营养价值较高的草料。在管理上,尽可能安排责任心强、仔细且善于观察的人员负责产房工作。同时,在生产较为密集期安排人员晚上值班;也要准备好一些接产用的器具及药品等。

(3) 做好产后母牛护理。刚分娩完的母牛一般身体较为虚弱,由于生产过程中水分散失,母牛会感到口渴。因此,让产后母牛尽可能处于一个安静的环境,多休息,避免人为打扰,同时为母牛提前准备好饮水。饮水的准备一般注意水温不能过低,保证10℃以上,可以在水中加入一些麸皮、红糖或食盐等,让产后母牛随时可以喝到这些特殊的饮水,以补充分娩时母牛损失的体内水分,这样也能加快母牛体力的恢复。分娩过程中排泄物较多,容易引起微生物滋生,所以要做好产后环境处理及消毒工作。首先,更换分娩过程中污染的垫草,清理母牛排泄物;其次,做好消毒工作,对母牛外阴部进行清理消毒。

2. 做好产后管理工作 对于肉用母牛产后的主要工作是保证母牛泌乳量满足犊牛哺乳需要。同时,尽可能在产后60天左右给母牛配上种,保证下一个繁殖周期正常,以提高母牛繁殖效率。

(1) 分娩后母牛的饲喂。母牛产后除了需要大量饮水之外,食欲并不好,所以要为母牛准备一些质量好、容易消化的青绿饲料，但是供给量不能过多，以免引起消化不良，诱发消化道疾病。产后的母牛一般3天后食欲慢慢恢复正常，可以供给优质易消化的干草、青贮饲料和精饲料，以促进消化和营养的吸收，为提高泌乳量提供物质保障。

(2) 营养物质供给要满足需要。母牛产后泌乳量开始逐渐增加，需要的营养物质的量也开始不断增加。肉用母牛泌乳量由于品种及个体差异比较大，一般出现泌乳高峰的时间为产后1~2个月。高峰期每天每头母牛泌乳量为3~7千克，在营养物质供给上也要根据母牛品种、个体、泌乳阶段等逐渐增加日粮，以保证泌乳需要的营养物质和母牛体况恢复，并促使母牛在产后40~60天出现发情征状。

二、肉用母牛夏季的饲养管理

牛是一种相对来说怕热不怕冷的动物，其最适的生活温度是10~20℃，而16℃左右是发挥生产性能最佳的温度。

在炎热的夏季，高热，尤其是高温高湿的环境会导致母牛机体平衡失调，出现全身反应的热应激现象。研究表明，当平均气温高于25℃时，母牛的采食量、产奶量和日增重都明显降低；当环境温度高于40℃时，母牛采食量降低60%左右。另外，母牛出现热应激时大量血液流经体表用于散热，导致流经子宫的血液减少，子宫内温度升高，从而使受胎率降低，胚胎死亡率提高。所以，热应激会给肉用母牛生产、繁殖等方面带来极大危害。为了在夏季养好可繁肉用母牛，需要采取以下8种应对措施。

(一) 遮阳降温措施

在母牛运动场修建遮阳棚；在牛舍前、后、运动场及舍外料槽处搭建遮阳棚，也可在隔热效果不理想的牛舍屋顶上方搭建遮阳网。遮阳棚尽量选择隔热性能好的材料，减少阳光直接照射，遮阳网要选择致密、遮阳效果好的。另外，有条件的牛场可以在牛舍、运动场前后栽树，通过树阴起到遮阳的效果。

有报道表明，在湿热条件下，采取遮阳降温措施，可以使母牛的直肠温度降低2~4℃，呼吸频率降低30%~60%，干物质采食量增加6.8%~23.2%。

(二) 通风降温措施

对于圈养肉牛，夏季要将牛舍的门、窗尽可能打开，促使空气流通，降低牛舍温度；如果有条件，可在牛舍内安装风扇，风扇的安装高度一般距牛背2米左右比较适合，尤其在无风、闷热的天气开启风扇加强机械通风，加速空气流动，能使牛体感温度明显降低。风扇的安装及开启后的风向一定要统一，这样能够在牛舍内形成人工风，促使空气更好地流动。

(三) 喷淋降温措施

有条件的可以在牛舍内安装淋浴系统，这种装置在干燥地区比较适合。而对于较为湿热的地区则应慎用，以防牛舍内湿度增加，不利于牛的健康。

喷淋时，以大水滴、短时间、间歇式喷淋在牛身体上效果最好，每次喷淋大约30秒，间歇5分钟左右再喷淋。喷淋后或喷淋的同时开启风扇效果更好。安装喷淋系统的牛舍地面最好是水泥地面，如果是砖地面则要采用喷雾方式，以防止地面积水。

另外，在较为湿热的地区可以采取在屋顶喷淋的方式，通过给屋顶喷水，形成类似人工降雨的方式，这种降温方式可以明显降低牛舍内的温度，同时也不会增加牛舍内的湿度。

(四) 饮水降温措施

牛的饮水量受多方面影响，如外界气温、运动量、泌乳量、个体、品种、年龄等，增加牛的饮水量可以起到降低体温的目的。有饲槽的牛舍，当牛吃完草料之后，将水注入饲槽内，让牛自由饮用，能够达到很好的缓解热应激的目的。

经常饮水的饲槽由于湿度大，容易引起微生物滋生，因此要经常对饲槽进行清洗、消毒。饮水要保证供给充足、清洁、新鲜，低温、清凉的饮水效果最好。

(五) 调整饲喂降温

从生理上看，一昼夜中牛有4次采食高峰，即日出之前、上午中段、中午过后和日落之后，牛自身产热的高峰是在其采食后2~3小时，可以通过调整饲喂时间和给料量达到降低体温的目的。在炎热、潮湿的天气，可以增加早晨和晚上的给料量及适当延长饲喂时间。

早晨和夜晚，天气比较凉爽，牛的食欲也比较好，能够吃进更多的食物。同时，还要注意在夏季供给新鲜青绿饲料、瓜类、水草等多汁饲料。

(六) 调整日粮降热

热应激会使牛的采食量减少，为了保证牛的营养，应提高日粮营养浓度。另外，采食质量差的、纤维含量高的粗饲料，食后体温增热明显，牛的抗热应激本能也会减少纤维的摄入量，这样有可能会造成牛的精粗料比例不合适，引起瘤胃内环境失调。因此，在炎热的夏季，要减少低质量的粗饲料喂量，尽可能饲喂优质牧草（如苜蓿）。

研究表明，夏季饲料中添加酵母培养物产品，或是其他微生态添加剂，可增加牛的采食量、提高粗纤维消化率、提高饲料利用率，起到一定程度的抗热应激效果。

（七）添加剂抗热应激

添加碳酸氢钠和氧化镁，夏季提高精饲料比例之后，日粮中应添加1%～1.5%的碳酸氢钠和0.3%～0.5%的氧化镁，有利于瘤胃功能正常，防止酸中毒的发生。

补充微量元素和维生素，一般饲料中的钾、钠、镁含量都少，但由于天气热，牛出汗量增加，可能引起体内电解质缺乏。日粮中额外增加钾、钠、镁的供应，可起到抗热应激的作用。一般情况下，保证牛摄入量为每头牛每天碳酸钾30～50克、硫酸镁60～100克、食盐120～150克即可满足需要。一方面，适当补充维生素，热应激会导致瘤胃合成维生素减少；另一方面，热应激又会增加维生素的消耗，所以在日粮中要注意补充维生素A、维生素C、维生素E和杆菌肽锌等维生素类饲料添加剂。

有报道表明，在日粮中添加石膏、板蓝根、黄芩、苍术、白芍、黄芪、党参、淡竹叶、甘草等中草药，能起到抗热应激的效果。

（八）加强环境卫生管理

夏季气温高，适于细菌和病原有害菌的生长繁殖，滋生大量蚊蝇等。蚊蝇不仅对牛进行叮咬，传播疾病，而且也影响牛的正常休息和反刍消化。另外，牛通过甩头、甩尾驱赶蚊蝇所消耗的体能也是一种损失。所以，要做好牛场、牛舍、运动场的环境卫生，把粪便清理、消毒工作落实到位，责任到人。

通过在牛舍撒石灰粉达到消毒、去臭、去潮、减少夏季疾病发生的目的，也可用5%的来苏儿或2%的氢氧化钠溶液每周消毒1次。另外，对牛的体表要经常清洗，因为牛身体被粪尿、污水污染，不仅影响牛的卫生，而且影响牛的正常散热和皮肤新陈代谢，不利于牛的健康。尤其在夏季，一定要保持牛体及周围环境的清洁卫生。

三、肉用母牛冬季的饲养管理

保证可繁母牛能够安全越冬，并维持较好的体况，这是提高母牛繁殖效率的前提条件。在越冬过程中大多数可繁母牛处于妊娠期，所以在冬季到来之时，科学饲养和管理好肉用基础母牛尤为重要。

▶ 肉牛标准化生产技术

(一) 储备足量饲草

草料是养牛的物质基础，为了使母牛安全越冬，要提前备足草料。草料储备量应该按照每头母牛平均日采食量来准备。成年母牛的干物质日采食量可以按照母牛体重的 2%～2.5% 进行估测。养殖场在估测时，繁殖母牛可以按照 500 千克体重计算，即每天每头母牛干物质采食量为 10～12.5 千克，日粮精粗比例按照 1∶5 估算。即每头母牛每天精饲料储备 1.5～2 千克，粗饲料需要储备 8.5～10 千克。为了减少资金占用率，通常情况下精饲料可以不储备或少储备，主要储备干草和青贮饲料。干草和青贮饲料提供的干物质可以按 1∶1 估算（但寒冷季节妊娠母牛要减少青贮饲料喂量），干草（含水量按 15% 折算）每月储备量 150～180 千克，青贮饲料（含水量按 65% 折算）每月储备量 370～430 千克，如果储备期按 8 个月计算和另加一部分多余量，饲养可繁母牛需要储备的干草大约为 1 500 千克，储备青贮饲料大约为 3 500 千克，精饲料的储备量根据不同牛场资金、精饲料价格等实际情况来定。另外，饲料储备也可以用玉米秸秆、豆皮、麦秸等粗饲料代替一部分，不管用什么粗饲料都要做好防火、防潮等工作。

(二) 做好御寒准备

严寒到来之前就要做好牛舍的修缮工作。冬季牛舍保温的主要措施是防风，特别是要注意牛舍内部避免有穿堂风或是贼风，所以在寒冷季节到来之前就应该检查牛舍情况，及时做好防风保温工作。尤其在河北省西北部张家口、承德地区要特别注意做好此项工作。

冬季寒冷风大，如果牛舍内有穿堂风或漏风的地方，就会使母牛为了抵御寒冷而消耗更多的热量。这种情况下，不仅消耗更多的营养而且有可能导致母牛膘情变差。如果母牛膘情变差，会直接影响胎儿的生长发育，因此想方设法让牛舍保温，尽可能减少牛体损失热量，是保持母牛不掉膘的措施之一。在冬季通过采取措施，将母牛舍内温度维持在 8～16℃ 最为理想。

牛舍的修缮工作主要包括屋顶、墙壁及窗户等容易透风、散热的部位的修缮。研究表明，冬季通过墙体散失的热量占整个牛舍总损失热量的 35%～40%。墙体的保温隔热性能取决于所采用的建筑材料的性质和厚度。墙体的厚度一般是有限的，所以要尽可能选用隔热性能好的材料。

对于已经建成使用中的牛舍，如果墙体保温性能差，可以考虑在外墙加保温层。对于圈舍门窗、屋顶保温性能差有透风的地方，可以更换整体窗扇或更换玻璃，如果不易更换，也可以在窗外加一层塑料布。屋顶漏风之处要进行封堵修缮，尽可能做到屋顶不通透、热量散失少、能承受积雪压力等。在有透风的门外可以加防风门帘，也可以在主风向的进风处设置挡风墙。对于小规模养殖户的圈舍做防风保温修缮工作时可以因地制宜、因陋就简，用塑料布或是玉米秸秆作为封堵、遮蔽或挡风的主要材料。也可以在特别寒冷的时期，夜间用塑料布把圈舍与外界相通之处全部封闭，在白天开启一部分，以保持通风换气。

（三）解决保温和通风矛盾

据报道，目前除少数牛舍冬季可以达到适宜环境条件外，大部分牛舍在寒冷季节处于低温、高湿、有害气体含量超标的状态。冬季母牛舍环境条件的好坏直接影响母牛生产性能的发挥、妊娠母牛胎儿的发育及母牛的健康状态。所以，在做好防寒保暖的同时，还要兼顾舍内环境条件的改善，兼顾通风、保温、空气质量及环境状况等因素。

在采取牛舍防风保温措施的同时，要考虑牛舍内有一定通风量。为了保证牛舍内空气相对新鲜，应将防风帘设计成活动的结构，在白天无风晴朗时打开防风帘通风，晚上或大风天关闭防风帘，这种结构可以灵活调节牛舍内的通风和保温。

冬季牛舍内保持适当的通风换气、有一定的气流，不仅能够保证牛舍内的温度、湿度，以及肉牛机体热量的流动，而且也使得牛舍空气质量、舍内小气候条件得到改善，进而间接影响母牛的健康和体内胎儿的发育。空气流速大，则热量散失较快，牛体温降低较快，还有可能造成母牛冷应激，甚至引起母牛感冒。因此，只有合理控制空气流速，才能既起到通风换气、排出舍内有害气体和降低舍内湿度的作用，又不至于使牛舍内的温度降得太低。

对牛舍来说，湿度越大，给舍内微生物创造的繁殖条件就越有利，增加了母牛患病的风险，同时牛对体温的调节能力随着湿度降低而降低，所以过高的湿度对牛来说没有好处。另外，湿度过低舍内空气变得较干燥，会导致空气中悬浮物增多，也加大牛患呼吸道疾病的风险。数据表明，牛舍环境中空气相对湿度为55%～75%较为合适。因此，要做好通风、保温、湿度协调控制，综合考虑采取措施，确保牛舍内小气候条件较为舒适，确保可繁母牛生命、生活和生产正常。

（四）环境消毒和疫病防控

疫病会导致动物抵抗力降低以及对寒冷的敏感性增加。牛场在日常管理中要严防外来疫源微生物的传播，做好内部的卫生消毒工作。在严寒季节到来之前做好可繁母牛疫病预防工作、加强卫生消毒，以及按照免疫接种程序进行免疫接种。尽可能做到每天打扫圈舍，及时清除粪便，为了减少冲洗牛舍的用水量可以改为干清粪。为保持清洁、干燥，防止牛舍内过于潮湿，在天气特别寒冷时可以在牛舍内铺垫上一层软草，便于妊娠母牛躺卧休息。消毒时最好使用干粉消毒剂，地面可以选择用生石灰，料槽和水槽可以用3‰～5‰的来苏儿清洗消毒。

牛场在日常管理中还要始终坚持"养防并举、防重于治"的原则，严禁非工作人员进出，在进出大门处设消毒池，进出人员必须更换工作服或进行严格消毒才能进入牛舍。经常观察牛群状态，对疑似病牛要隔离饲养及时治疗。另外，饲养母牛除了要注意环境卫生外，还要注意饲料以及饮水的清洁卫生，同时也要保持饲喂、饮水用具的卫生，严防病从口入。有条件的要每天刷拭牛体，或在圈舍安装自动刷拭器，以促进牛体表的卫生，增进健康。

（五）兼顾运动和预防流产

适当的运动可以锻炼母牛体质，增进健康。户外运动可使母牛接受日光浴，在牛的皮下及皮脂腺内存在7-脱氢胆固醇（也称维生素D_3原），在日光照射或紫外线照射下可以转变为维生素D_3。维生素D_3具有调节钙、磷代谢的活性物质，能够促进钙的吸收，降低妊娠母牛由于缺钙带来的风险。另外，阳光中的紫外线具有杀菌作用，有助于杀灭母牛体表病菌及寄生虫。因此，冬季应让母牛坚持户外运动，尤其是阳光比较好时，一定要让母牛到舍外接受阳光照射。

肉用母牛在冬季大多处于妊娠阶段，所以要做好母牛的保胎、防流产工作，尤其是在寒冷的冬季，更要加强这一工作。首先，要加强妊娠母牛营养供给，防止由于营养不良造成的流产。严禁喂给霉变、腐败、带冰块的饲料，也不能让妊娠母牛饮用冰碴水，以防由于饮食造成流产。其次，冬季饮水温度最好在10～20℃。再次，在驱赶妊娠母牛时要注意不可粗暴，避免出圈舍时在门口发生拥挤，以免造成机械性流产。最后，注意防止母牛舍冬季地面结冰，防止妊娠母牛滑倒引起流产。

冬季，妊娠母牛流产前会有一些征兆，要注意随时观察母牛的迹象。其征兆为，妊娠前期出现流产时，阴道通常流出黏液，母牛不断回头看腹部，起卧不安。妊娠后期出现流产时，通常乳腺肿大，母牛拱腰，经常出现排尿姿势，胎儿的胎动不明显或消失，母牛表现出腹痛征兆。出现这些征兆时要尽快请兽医处理。

(六) 头胎母牛和经产母牛的管理

头胎母牛和经产母牛在饲养管理上存在一些差别,在严冬到来之际,分阶段对头胎母牛和经产母牛进行饲养是提高母牛繁殖率、提高犊牛成活率的重要管理措施。

1. 头胎母牛的饲养管理 头胎母牛妊娠期间,乳腺的发育和胎儿的生长是其突出特点。此时,母牛尚未达到体成熟,自身身体发育尚未完全停止,所以在饲养管理上除了保证胎儿和母牛乳腺正常生长发育外,还要考虑母牛自身发育的营养需要。

(1) **妊娠前期的饲养管理**。此期,一般母牛自身生长速度变缓,胎儿与母体子宫绝对增重不大,因此这一阶段营养物质供给以青粗饲料为主。也可根据母牛体况适当补充一定量的精饲料,每天每头补充 0.5~2 千克。

(2) **妊娠后期的饲养管理**。在头胎母牛妊娠的第 6~9 个月,胎儿生长速度加快,所需营养增多。妊娠 6 个月后,根据母牛体况每天可以喂精饲料 1.5~2.5 千克、干草 2.5~6 千克、青贮饲料 6~15 千克,以后随妊娠日龄增加,逐渐加大精饲料给量,减少青贮饲料喂量。这一阶段是逐渐提高饲养水平和提高精饲料给量的阶段,也是满足胎儿生长发育需求和母牛自身增重的需求阶段,但也要避免将母牛喂得过肥,以免发生难产。

2. 经产母牛的冬季饲养管理

(1) **妊娠 6 个月之前的饲养管理**。经产母牛妊娠 6 个月之前与头胎母牛相同,胎儿发育较慢,绝对增重不大,日粮以粗饲料为主,只要妊娠母牛能够保持中上等膘情即可。如果母牛的体况不好,可以适当补充混合精饲料,补充量一般为每头每天 1~3 千克。饲料要多样化,选择适口性好、易消化的原料。精饲料配合比例可以参考:玉米 60%,豆粕 20%,麸皮 15%,其他维生素、微量元素等组成的预混料 4%,食盐 1%。

管理上也要注意,不要喂妊娠母牛发霉变质及冰冻的饲料,不饮冰碴水,以防由于饮食不当造成流产。经产妊娠母牛也要坚持户外运动,接受日光照射,以增加体内维生素 D 的合成,同时有助于增强母牛体质,防止难产。

(2) **妊娠 6 个月之后的饲养管理**。妊娠 6 个月之后是母牛饲养的关键阶段,这个阶段母牛除了维持自身所需要的营养外,也是胎儿快速生长、体重增加需要营养较多的阶段。一般认为,经产母牛的胎儿增重主要在分娩前 2~3

个月，在这期间犊牛增重占犊牛初生重的 70%～80%。以此推算，这阶段妊娠母牛自身和胎儿的增重合计至少要增加 45～70 千克。

根据经产母牛体况，每天每头母牛可以补给 0.5～3 千克的混合精饲料。混合精饲料中要满足各种矿物质尤其是钙、磷及维生素 A 和维生素 D 的需要量。另外，为了防止母牛产后瘫痪，通常在临产前减少钙的供给（大约减少正常需要量的 20%），产犊后立即调整到正常量。分娩时母牛损失大量水分，分娩后尽早给母牛饮温麸皮盐水汤（温水 10 千克、麸皮 0.5 千克、食盐 50 克混合均匀）。经产母牛在管理上，除防止母牛由于饮喂不当造成的流产外，还要注意防止母牛机械性流产的发生。

第二节 犊牛饲养管理

肉用犊牛是肉牛养殖业的基础，也是目前来说限制肉牛产业发展的瓶颈，提高肉用犊牛生产效率对肉牛产业意义重大。要想提高肉用犊牛生产效率，就要从提高母牛繁殖性能做起，下面将从影响提高肉用犊牛生产效率各方面进行论述，以期提高犊牛综合生产效率。

一、繁殖母牛的选配和保胎

犊牛是指从初生到 6 月龄阶段的小牛。这个阶段是肉牛一生中生长发育最为迅速的时期，但要想让犊牛有好的生长基础，就要从母牛的选种选配和保胎入手。

1. 选择合适的冻精及公牛配种 遗传基础对犊牛后期长势及生产性能影响极大，所以冻精选择尤为关键。要根据母牛的胎次、体型大小及市场对品种的需求合理选择冻精或种公牛。

一般情况，给育成（头胎）、体型偏小的母牛配种时，选择的种公牛体型不能太大，以防难产。在品种选择上，一是考虑母牛的体型大小；二是选择目前市场犊牛价值较高的品种配种，以提高所生犊牛价格。目前，一般公认的品种为纯种西门塔尔牛或其高代杂交优秀公牛。

2. 确定繁殖母牛配种时间 繁殖母牛单独组群，必要时进行补饲，使育成母牛按时达到配种要求、使哺乳母牛尽早发情、接受配种。以西门塔尔牛及高代杂交母牛为例，育成母牛一般在 14～18 月龄、体重达到 350～420 千克时即可初次配种；经产母牛在产犊后 60～90 天进行配种。

小知识

育成牛即青年牛，是指断奶后到性成熟配种前的牛，在年龄上一般为6~18月龄阶段。

3. 做好记录推算预产期 肉用母牛妊娠期平均285天。妊娠期的长短，也会因品种、年龄、季节、饲养管理和胎儿性别等不同而有所差异。一般根据配种受胎日期推算产犊日期。

4. 做好母牛的补饲工作 做好繁殖母牛各个时期的补饲，补饲工作主要依据母牛的膘情和平时的营养状况，在以下3个阶段进行：第1阶段，在发情季节补饲，以促进母牛正常发情和排卵；第2阶段，在妊娠后期补饲，以促进胎儿的正常发育且有较大的初生重；第3阶段，在犊牛哺乳期对母牛进行补饲，以提高母牛泌乳量，从而促进犊牛的生长发育和有较大的断奶重。

5. 避免母牛难产和流产 避免流产的措施主要有：适当的运动量是防止母牛流产的有效手段之一，尤其是妊娠后期，加大运动量，可以在一定程度上起到防止母牛难产的作用；防止驱赶运动，防止母牛跑、跳，防止相互顶撞和在湿滑的路面行走，以免造成机械性流产；注意合理饮食，防止母牛吃发霉变质食物、饮冰冻的水，避免长时间雨淋，以免引发饮食不当造成的流产。

二、肉犊牛的正确接产

养殖场或养殖户要高度重视肉用母牛产犊过程，根据预产期安排人员，提前做好接产准备工作，在母牛分娩过程中随时观察、判断是否需要人工助产，产犊过后对母牛及犊牛进行正确处理。

1. 清除口、鼻部黏液 犊牛从母体产出后应立即清除其口、鼻部黏液，以免妨碍犊牛正常呼吸，并防止将黏液吸入气管及肺内。如犊牛产出时已将黏液或胎水吸入气管而造成呼吸困难时，最严重的会出现"假死现象"，要立即采取相应处理措施。用药棉擦净犊牛口鼻内的黏液和羊水，先将其倒提起来用手轻拍腰胸部数次，然后有节奏地按压胸腹部进行人工呼吸；或是将乙醇涂抹在犊牛的鼻内刺激其恢复呼吸；也可在犊牛尾部背侧正中线上用针刺的方式促使其苏醒；再严重的可配合肌内注射强心剂和兴奋呼吸中枢的药物。

2. 断脐带及脐带消毒 清除犊牛口、鼻部黏液后，若其脐带尚未自然断裂，应在距离犊牛腹部大约10厘米处用消毒过的剪刀将脐带剪断，挤出脐带中血液，用盛有7%～10%碘酊的药浴杯浸泡1～2分钟，并把脐带外周进行消毒，过12小时后再用碘酊消毒1次。

3. 擦干或让母牛舔干犊牛被毛 断脐后，应尽快擦干犊牛的被毛，以免犊牛受凉，尤其在环境温度较低的冬季更应注意，有条件的可用浴霸或用暖风机尽快将犊牛被毛烤干或吹干；夏季或产房温度较高时，也可让母牛自己舔干犊牛的被毛。

4. 对分娩后母牛的处理 观察胎衣是否完全排出，没有完全排出的要请兽医处理；对于完全排出胎衣的母牛可以饮用由红糖、麦麸、盐、丙二醇或丙酸钙等组成的"产后汤"，以促进母牛体质恢复。

三、犊牛的科学饲喂

1. 让犊牛吃足初乳 由于母牛胎盘的特殊结构（胎盘屏障），刚出生的犊牛体内不含免疫球蛋白，无免疫能力，极易患病，只有吃到含大量免疫球蛋白的初乳之后，才可获得免疫力。将犊牛处理干燥后，尽可能在30分钟内让其吃到初乳。遇到犊牛体弱或母牛不配合时，要进行人工辅助哺乳，保证犊牛尽早吃到初乳，以提高其体质、增强其抗病能力。

2. 人工哺喂初乳 如遇犊牛无法自然哺乳时，则需要进行人工哺喂初乳。人工哺乳时，要求初乳合格、经过巴氏消毒，让犊牛在出生30分钟内吃到初乳，哺喂量为犊牛体重的10%。有条件的，在犊牛出生后6～8小时再灌服2升合格初乳，24小时内喂初乳总量达到8升效果最好。

3. 使犊牛吃足常乳 肉用犊牛一般采用随母哺乳，首先要保证犊牛与母牛待在一起的时间，保证犊牛有充足的时间吃乳；如果母牛膘情较差，则要给母牛补喂精饲料及多汁饲料，促使母牛泌乳量增加。

4. 补喂犊牛开食料 建议犊牛出生5～7天后开始补喂一些优质的开食料，锻炼犊牛采食。方法是：犊牛吃完奶后，人工在犊牛嘴上抹一些开食料，引导犊牛逐渐学会自己采食固体饲料。之后，让犊牛以自由采食的方式补喂开食料，尽可能地选择蛋白含量高（20%左右）、易消化的开食料。

5. 补喂饲草 建议从犊牛出生第14天开始补给优质牧草，饲草以切短至5～10厘米为宜，以锻炼犊牛采食饲草。

四、犊牛腹泻防控

犊牛腹泻一般分为非病原性腹泻和病原性腹泻2种类型，防止腹泻是提高日增重的主要方法。

1. 防控非病原性腹泻 非病原性腹泻通常是采食了不能消化的异物或者异常的食物后，引发胃肠道黏膜层受损，导致犊牛消化不良，造成的反复性腹泻，这种腹泻粪便颜色一般正常。防控非病原性腹泻的措施有：保证肉用犊牛能够吃到足够的常乳，以防由于泌乳量不足导致犊牛寻找其他异物采食，引发胃肠道黏膜受损，造成消化不良，出现腹泻而引起增重降低；人工补喂液态性饲料时，温度不要过低，以防引起由于低温引发的消化不良性腹泻；母牛产房面积要够用、较为安静、通风良好、光照较为充足、温湿度可控；卧床尽可能铺设厚30厘米以上的柔软垫草，以防止犊牛腹部受凉或不卫生引发的腹泻；保持圈舍温度、湿度、噪声等环境条件相对恒定，以防环境条件骤变引发的应激性腹泻；坚持观察犊牛的食欲状况、精神状态、粪便状态等情况，及时发现犊牛异常，随时消除诱因，保证犊牛不发生由于腹泻降低日增重。

2. 防控病原性腹泻 病原性腹泻主要是由病原微生物感染，引发犊牛胃室、小肠、大肠黏膜及黏膜下层、肌层出现浆液性、黏液性、出血性、纤维素性的炎症，出现病原性腹泻。病原性腹泻发生后直接导致犊牛日增重降低甚至减重，所以做好防止或及时治疗犊牛病原性腹泻是保证较高日增重的前提。防控病原性腹泻的措施有：产前给母牛接种预防腹泻疫苗；产前进行彻底消毒，卫生条件达标；及时使犊牛吃足初乳，以提高其抗病力；若饲养奶公犊，则需要采取人工哺喂初乳；提高带犊母牛泌乳量是满足犊牛营养需要、提高犊牛自身抗病力、防止腹泻发生的有效措施，根据带犊母牛膘情及犊牛长势，适当给母牛增加精饲料补充量；加强犊牛舍的环境卫生控制，定期进行消毒；对于规模较大的养殖场，要定期做病原检测，采取相应的预防措施，做到防患于未然，全面减少或降低犊牛腹泻的发生，使得犊牛有一个好的日增重。

五、肉用犊牛科学断奶

断奶是犊牛饲养中挑战较大的环节。为了最大限度地避免断奶应激，减小断奶后日增重下降甚至减重，重点介绍随母哺乳的肉用犊牛和育肥用奶公犊断奶操作要点。

1. 随母哺乳的肉用犊牛断奶操作要点

（1）提早锻炼犊牛吃开食料。犊牛出生5～7天后开始补喂优质的开食料，随后让犊牛自由采食开食料。

（2）补充复合益生菌制剂。在犊牛学会自由采食开食料时，将开食料中加入助消化的复合益生菌制剂，根据所购产品说明连续使用7～10天，以帮助犊牛消化固体饲料和尽早建立消化道有益微生态系统。

（3）断奶准备阶段采取的措施。犊牛在2月龄之后开始加大开食料的喂量（从此阶段开始一直到断奶结束，大约15天，在开食料中加入菌、酶复合制剂，以帮助消化、减小应激及保持日增重），并限制与母牛待在一起的时间，准备阶段用3天完成。第1天将犊牛与母牛分开1小时，第2天将犊牛与母牛分开2小时，第3天将犊牛与母牛分开3小时。

（4）断奶第1阶段采取的措施。本阶段4天完成。每天上午、下午犊牛与母牛在一起各3小时，晚上让犊牛回到母牛身边；尽可能让犊牛多吃精饲料；有充足、卫生的饮用水供犊牛自由饮用。

（5）断奶第2阶段采取的措施。本阶段用4天完成。前2天，每天上、下午犊牛回到母牛身边哺乳各1小时，晚上犊牛回到母牛身边；后2天，每天上、下午犊牛回到母牛身边哺乳各1小时，晚上犊牛不能回到母牛身边；想方设法让犊牛多吃精饲料，尽可能达到1千克的日采食总量；保证充足、卫生的饮水。

（6）断奶最后阶段采取的措施。本阶段尽可能用4天完成，主要任务是让犊牛适应与母牛分开生活、采食精饲料尽量达到1千克的日采食总量；每天上午或下午允许犊牛有1小时的时间回到母牛身边哺乳，要保证充足、卫生的饮用水；当连续2～3天日采食精饲料总量达到1千克时即可完全断奶。

2. 育肥用奶公犊的断奶操作要点

（1）提早锻炼犊牛吃开食料。犊牛出生5～7天后开始补喂优质的开食料，锻炼犊牛采食，随后让犊牛自由采食开食料。

（2）使用复合益生菌制剂。在犊牛吃完初乳之后，在常乳或代乳粉中加入助消化的复合益生菌制剂，根据所购产品说明书连续使用7～10天，以帮助犊牛消化固体饲料和尽早建立消化道有益微生态系统。

（3）后期加大开食料的采食量。降低液体性日粮和固体饲料中脂肪的含量，将代乳粉中脂肪含量控制在16%～18%、开食料中脂肪的含量控制在5%左右。

（4）保证断奶犊牛固体日粮消化能。为了提高消化能的量，应尽可能保证断奶前后固体性日粮具有较高的消化能，最好保证日粮中有35%～40%的淀粉，且淀粉日粮最好采用糊化工艺，以改善口感、提高采食量。

（5）断奶准备阶段采取的措施。犊牛在满7周龄后开始进入断奶准备阶段

(从此阶段开始在常乳或代乳粉中加入菌、酶复合制剂,以帮助消化、减小应激及保持日增重直到停止喂液体饲料),准备阶段用3天完成;上、下午各喂4升乳或代乳粉,尽可能让犊牛日采食精饲料总量达到1千克;保证充足、卫生的饮水。

(6) **断奶第1阶段采取的措施。**本阶段用4天完成;上、下午各喂3升乳或代乳粉,尽可能让犊牛日采食精饲料总量达到1千克;保证充足、卫生的饮水。

(7) **断奶第2阶段采取的措施。**本阶段用4天完成;上、下午各喂2升乳或代乳粉,尽可能让犊牛日采食精饲料总量达到1千克;保证充足、卫生的饮水。

(8) **断奶最后阶段采取的措施。**本阶段用4天完成;上、下午各喂1升乳或代乳粉,当连续2~3天日采食精饲料总量达到1千克时即可完全断奶;此期间保证充足、卫生的饮水。

(9) **避免在断奶期间其他应激。**对犊牛采取的其他操作,如去角及免疫接种等,应该在开始实施断奶方案的前2周或断奶2周之后进行,避免应激重叠带来更大危害。

循序渐进的断奶过程能够极大地减小断奶应激,同时也给犊牛胃肠道微生物区系菌群结构的调整提供充足的时间,能够使断奶犊牛顺利完成从以液体日粮为主过渡到完全采食固体日粮,尽可能减少断奶过程导致的日增重降低幅度。

第三节 肥育牛饲养管理

一、牛的消化特点和采食习性

若想让牛多吃快长就要了解牛的消化系统构造及特点、采食习性及特点。

(一) 牛的消化系统构造及特点

1. 牛的口腔及牙齿特点 牛的上颌骨没有切齿和犬齿,牛采食时主要依靠上颌骨的坚硬肉质齿板和下颌骨上的门齿,以及在舌和唇的协同配合下完成采食动作。由于牛的这一特殊构造会导致牛采食过小的颗粒饲料或是啃食矮的牧草时主要依靠唇来完成,并且对于过矮的牧草来说,牛无法将其切断吃进嘴里,所以放牧时草的高度低于5厘米,牛就无法吃到。牛的口腔内腺体较为发达,具有成对的腮腺、颌下腺、臼齿腺、舌下腺和颊腺,及不成对的腭腺、咽腺和唇腺，这些腺体能分泌大量液体形成唾液，对于牛采食和消化植物性饲料及平衡瘤胃 pH 来说意义重大。

2. 牛的胃室结构及特点 牛有 4 个胃室，即瘤胃、网胃、瓣胃和皱胃，前 3 个胃主要起储存食物和发酵、分解粗纤维的作用，通常称为前胃。在前胃当中瘤胃占的体积最大，大约占 4 个胃室总容积的 70%，是微生物发酵消化粗纤维的主要场所，所以瘤胃又称发酵罐。牛之所以称之为反刍动物，是由于牛在采食时匆匆将饲料吞到瘤胃中，在瘤胃中经过一段时间浸泡和软化后，又将食团返回到口腔重新咀嚼，并混入唾液后再次吞咽到胃中消化，牛的第 4 个胃称皱胃，它的功能与单胃动物的胃功能相似，具有消化腺，能够分泌消化液，所以又称真胃。

肉牛有一个庞大的瘤胃，从消化生理上来说，存在于瘤胃当中大量的微生物和原虫类生物起到至关重要的作用。通常每 1 克瘤胃内容物当中就含有 150 亿～250 亿个细菌和 60 万～180 万个原虫。从而，使肉牛的消化生理和消化机体与猪、鸡等动物存在巨大的差异。

3. 瘤胃微生物的主要作用

（1）分解粗纤维利用粗饲料。通常用于喂牛的粗饲料中含有大量粗纤维，而瘤胃微生物具有分解粗饲料中纤维素的功能，使粗纤维转化成挥发性脂肪酸后被牛利用。

（2）利用饲料中蛋白质及非蛋白氮。瘤胃微生物能将饲料中的蛋白质或非蛋白氮合成菌体蛋白（也称微生物蛋白质）。这些菌体蛋白在牛的肠道内又被分解为氨基酸、氨和有机酸后被利用。

（3）能合成一些维生素。瘤胃中有些种类的细菌能够合成一些 B 族维生素和维生素 K，保证肉牛在一般情况下不缺少这类维生素。

（二）牛的采食习性及特点

1. 牛采食速度快、咀嚼不细致 牛采食速度快，采食饲草料时一般不经过仔细咀嚼就囫囵吞枣式地将其吞进胃里。在胃里浸泡软化一段时间之后，又重新返回口腔咀嚼，并混入大量唾液后再吞咽下去，这就是反刍动物特有的反刍过程。但是牛采食时不精挑细选、不经过仔细咀嚼就将饲料咽入瘤胃内，容易将混入饲料中的异物误食入瘤胃内，如果误将铁钉、铁丝等坚硬尖锐的物品吞入瘤胃，则易引起创伤性网胃炎或心包炎，这在生产中要特别注意。避免的方法就是用吸铁石将混入饲料中的这些异物清除，或在草料加工过程中注意避免混入异物。

2. 牛需要较长时间消化 牛一昼夜有 4 次采食高峰，即日出前不久、上午的中段时间、下午的早期和近黄昏，且以日出前不久、上午的中段时间为主，但生产中考虑工作效率等因素，一般日喂 2～3 次居多，没有考虑到牛的生理采食高峰。牛的采食速度虽然较快，但吃进去的食物转移慢，通常需要 2～7 天才能完成一个消化过程。牛采食 30～60 分钟后就开始出现反刍，每次反刍时间为 40～50 分钟。根据这一采食和消化特点，在牛的饲养管理过程中应让牛一次性吃饱，留给牛充足的时间反刍和消化食物。

3. 正确认识牛的采食量 饲养肥育牛就要在保证牛消化正常的前提下尽可能多吃快长，但是肉牛采食量的多少与体重、生长阶段密切相关。随着牛年龄增加其绝对采食量逐渐增加，而相对采食量在降低。例如，6 月龄的犊牛采食量按照干物质计算约为体重的 3%，但是长到 12 月龄时采食量降到 2.8% 左右，体重长到 500 千克时采食量约为体重的 2.3% 左右。在现代的肉牛育肥中，采取相应措施尽可能提高采食量、提高饲料转化率，让牛多吃快长，但采食量也受到饲料类型、精粗比例、饲养环境等因素的影响。

4. 提高肉牛采食量的措施 饲养肉牛，只有多吃才能快长。让肉牛多吃的主要措施有 7 项。

（1）掌握日粮粗精比例及饲喂技术。饲料中精饲料和粗饲料要合理搭配，饲喂时先粗后精、少给勤添，更换草料时要逐渐过渡。粗饲料经粉碎、软化或发酵后与精饲料混合，有条件的可制成全混合日粮（TMR）或者颗粒饲料。当精饲料较少时，可采用以精带粗、少添勤喂，为牛采食粗饲料创造条件，尽可能使其多吃。

（2）调换日粮组合提高肉牛食欲。牛喜爱吃酸甜口味的日粮，当肉牛采食量降低时，可以通过调整日粮组成或加一些牛喜爱吃的饲料，尽可能保证肉牛的食欲。建议坚持投喂青绿多汁饲料或青贮饲料。但是要注意，在更换不同草料时应逐渐过渡，避免突然更换导致采食量降低。

（3）注意饲喂方式和料槽是否合理。饲养肉牛最好采用自由采食的饲喂方式，并确保每头肉牛有 45～70 厘米宽的槽位。食槽表面光滑，每次上食槽饲喂的时间不应少于 2～3 小时。

（4）不可集中饲喂大量剩料。对于清槽的剩料原则上不建议再次饲喂，为避免浪费，添加量不应大于加料量的 3%～5%。拴系饲养肥育牛时，颈链要有足够的长度，保证牛能够采食到所有饲草、饲料。

（5）夏季防暑降温，冬季防寒保暖。在夏季尽量在早晚凉爽时饲喂，或夜里多喂1次；饲料不要在食槽中堆积，以防发热、变酸。饮水要充足，夏天水温要低一些，冬天水温应高一些。做好冬季牛舍的防寒保暖工作，有助于减少热增耗、提高饲料转化率。

(6) 预防酸中毒现象。注意日粮的蛋白质平衡和纤维平衡，若牛采食精饲料过多，粗饲料不足，则会引起瘤胃轻度酸中毒，必要时添加一些瘤胃缓冲剂。在饲料中可适当添加增食剂和健胃药，以增加牛的采食量。

(7) 其他措施。为了提高牛粗饲料采食量，可在粗饲料中适量添加糖蜜，以改善粗饲料的适口性；也可添加一些诱食剂提高采食量；在育肥后期连续采食高精饲料日粮导致食欲减退时，可以通过降低精饲料比例或是只喂干草调整瘤胃发酵来缓解。

二、肉牛育肥条件及育肥方式

(一) 肉牛育肥需要考虑的条件

1. 能够收购到用于育肥的断奶小公牛或架子牛 目前，我国育肥用的断奶小公牛或架子牛主要来源于草业地区生产的断奶小公牛、农区或农牧交错带生产的断奶小公牛以及奶牛场的奶公犊。在收购断奶小公牛时要考虑以下几点：

(1) 所购牛的运输距离。收购断奶小公牛或架子牛的距离不应太远，避免长途运输造成运输应激综合征带来的损失，运输距离一般要求小于500千米。但实际中可能会超过这个距离，这就要做好运输过程中对牛的保护措施，尤其在寒冷的冬春季节，做好运输车辆保温措施，预防断奶小公牛或架子牛感冒。

(2) 所购牛的品种及个体特征。要购买品种好的架子牛或犊牛，肉用特征要明显，最好是杂交后代，这样才能保证育肥成效。目前，普遍认可的肉牛及其杂交品种有西门塔尔牛、夏洛来牛、利木赞牛、皮尔蒙特牛、比利时蓝花牛等。要选择杂交代次较高、品种特征明显的断奶小公牛或架子牛，保证后期有较好的育肥效果。

(3) 选购断奶小公牛或架子牛要考虑其经济性。选购断奶小公牛或架子牛一定要考虑经济上是否合适，某种程度上重点考虑牛的育肥效果，而不是考虑单一的价格高低，所以架子牛的收购价格必须在经济上保证育肥有利可图。

(4) 所购牛一定要来自非疫区。架子牛或断奶小公牛的生产基地必须是传染病的非疫区，所购牛决不能来自疫区或带有传染性疾病，以防给本场饲养的牛带来感染风险。

2. 肉牛育肥场周边有充足的饲草资源　牛是大型草食动物，粗饲料用量较大，为了避免由于运输成本增加影响肉牛育肥场利润，在饲草等粗饲料的选择上尽可能选本地具有的、价格较低的粗饲料。所以，充足的牧草资源或农作物秸秆等粗饲料资源，对牛场的经济效益影响较大。另外，肉牛育肥场所在地区最好也有充足的精饲料资源（玉米、饼粕类），或是有一定的副产品饲料资源（糟渣类）。

3. 肉牛育肥场的销售信息必须畅通　由于肉牛育肥场生产周期相对较短，一年当中至少2次或是多次出栏育肥好的、体重达到650～750千克的肉牛，这就要求必须有畅通的销售信息通道，保证及时出栏肉牛，避免育肥后期肉牛日增重减慢时无法将牛卖出而带来的损失。

（二）肉牛育肥方式

我国目前现有的肉牛育肥或肉牛生产方式主要有5种。

1. 小牛肉生产　小牛肉生产是指犊牛出生后用初乳喂养3～5天，然后全部用全乳或代乳粉喂至12～16周，有的到22周，体重达130～180千克时屠宰，这种生产方式称乳犊肥育或小牛肉生产。因屠宰年龄小，全乳或代乳粉中缺乏铁元素，所以小牛肉色泽较淡，故又称小白牛肉。其特点为柔嫩多汁，肉色较淡，是一种高档营养食品。但要注意小牛肉生产成本较高，肉的价格很高。进行乳犊肥育的关键是产品要有稳定的销路，否则会造成经济损失。

2. 犊牛持续育肥法　犊牛持续育肥是指犊牛断奶后直接进入育肥阶段，通常采取舍饲方式，给犊牛较高营养水平的饲料，使其获得较高的日增重（日增重达到1～2千克），育肥至12～16月龄后，体重达400～700千克出售屠宰。

此种育肥方法由于在牛的生长旺盛阶段采用强度育肥，使其生长速度和饲料转化率的潜力得到充分发挥，日增重高，饲养期短，出栏早，饲料转化率高，肉质也好。但也要注意，持续育肥要以大量精饲料的投入为基础条件，成本较高，其产品有稳定的销路时才可采用。

3. 架子牛育肥　架子牛育肥是指犊牛断奶后采用中低水平饲养，使牛的骨架和消化器官得到较充分发育，至14～20月龄，体重达250～450千克后进行育肥，用高营养水平的饲料饲养6～8个月，体重达650～750千克时出售屠宰。

这种育肥方式可使牛在出生后一直在饲料条件较差的地区以粗饲料为主饲养相对较长的时间，然后转到饲料条件较好的地区育肥，在加大体重的同时，增加体脂肪的沉积量、改善肉质。这种架子牛育肥方式已经成为我国目前主要的肉牛育肥生产方式。

4. 成年牛育肥 成年牛育肥也称淘汰牛育肥，主要指因各种原因而淘汰的乳用母牛、肉用母牛和役用牛等，因这类牛一般年龄较大、肉质较粗、膘情差、屠宰率低，因而经济价值较低。将这类牛在屠宰前饲喂较高营养水平的饲料进行2~4个月的育肥，不但可增加体重，而且还可改善肉质，大大提高其经济价值。

5. 草原地区放牧育肥 我国草原黄牛多在5—8月配种，翌年3—6月产犊，在草原地区可以充分合理地利用草地资源进行肉牛生产和放牧肉牛育肥。一般采取的措施为：母牛在妊娠后期进行补饲以促进胎儿发育，在哺乳期补饲以提高其泌乳量，同时在哺乳后期对犊牛补饲以加快其生长；犊牛在冬季采用舍饲方式，以使其顺利越冬，在翌年入冬前将牛出售，以避免冬季饲草不足和恶劣天气造成损失。

三、肥育牛的选购及新购牛的饲养管理

（一）选购肥育牛要点

肉牛育肥前要选购架子牛或断奶小公牛，这是决定后期肥育牛长势好坏的基础。新购牛一般是指架子牛或断奶小公牛。架子牛育肥是指犊牛断奶后，在粗放的条件下，饲养到2~3岁，体重达300~350千克时，再把这些牛集中起来，采用强度育肥3~6个月，充分利用肉牛的补偿生长特点进行育肥。正确选择架子牛和断奶小公牛对育肥效果影响很大，选择时主要考虑4个方面的因素。

（1）品种对育肥效果的影响。品种的好坏对育肥效果影响非常大，首先要选择好的、适合本地区饲养的肉牛品种，尤其是杂交品种效果最好。杂交肉牛品种能够产生杂交优势，具有较高的生产性能和较好的育肥效果。例如，选择西门塔尔牛、夏洛来牛、利木赞牛等肉牛品种与本地黄牛的杂交后代，具有较好的效果。

（2）性别对育肥效果的影响。公牛的生长速度和饲料转化率高于去势牛，去势牛的育肥效果又优于母牛。所以育肥时一般选择断奶小公牛，尽可能不用断奶小母牛。

（3）年龄和体重对育肥效果的影响。最好选择12月龄左右的架子牛进行育肥，年龄不应大于18月龄，体重最好介于300~350千克，用此阶段的牛进

行育肥，生长速度快，饲料转化率高，育肥效果好。

（4）体型外貌特征对育肥效果的影响。同一品种之间也存在较大的个体差异，根据肉牛外貌选好架子牛。育肥效果好的牛通常具有的特点是：头短宽、嘴大口裂深、颈短粗、胸围大且深、臀部宽；体躯深长、背部平宽、胸腰臀部宽广且呈一直线；四肢粗壮，被毛光亮，性情温驯，整体显示出体质健康的特征。

（二）新购肉牛的饲养管理

1. 牛舍的准备　在进牛之前准备好隔离牛舍，切忌与本场原有牛混圈饲养。新购牛要单独放入隔离牛舍中，隔离牛舍要与其他牛舍有30～50米的距离，或是中间设置隔离屏障。

2. 隔离牛舍的处理　进牛前对牛舍进行修缮、清理及消毒，这一工作一般要提前1周完成。先清洗地面，再用2%的氢氧化钠溶液进行消毒，墙壁喷洒消毒液；对水槽、料槽、用具等进行消毒处理。

3. 登记和观察新购牛　为了便于管理，对新购牛进行编号、称重等，并做好记录。同时，安排专人负责，随时观察新购牛，发现牛出现咳嗽、发热等疾病症状时及时处理或报告有关人员处理。

4. 进行驱虫健胃　要对新购牛进行驱虫，常用的驱虫药物有含阿维菌素的驱虫药、丙硫苯咪唑、敌百虫、左旋咪唑等。驱虫时要注意：内服驱虫药应在空腹时进行，以利于药物吸收和发挥作用；驱虫后架子牛应隔离饲养2周，对其粪便消毒后进行无害化处理。

5. 及时供给饮水　新购牛多数经过长距离、长时间运输，应激反应大，胃肠食物少，体内严重缺水。要及时给牛补水，让牛喝到干净卫生的水。第1次饮水时，切忌暴饮，通常饮水量控制在15～20升。另外，每头牛补食盐100克。间隔3～4小时再饮第2次，以后可以自由饮水。

6. 做好首次饲喂　第1次饲喂新购牛时，只供给干草（尽可能准备优质的青干草），一般是饮水之后即可供给。第1次饲喂青干草的量不宜太多，一般控制在每头牛4～5千克，第2天后逐渐增加饲喂量，3天以后就可以自由采食了。

7. 喂精饲料要做好过渡　入场第2天开始添加精饲料，但要严格控制喂量，全天喂量一般不超过体重的0.3%，第3～5天，每天喂量一般不超过体重的0.5%，以后可以逐渐加量。

四、肉牛育肥程序管理

按照我国目前牛肉产品的分类，可将牛肉分为普通市场消费的牛肉和部分高端消费人群喜欢的雪花牛肉两类。所以，在肉牛育肥生产中，也就区分为普通肉牛育肥和雪花肉牛育肥2种。生产普通市场消费的牛肉的肉牛一般育肥到18~24月龄，体重达到600~700千克出栏；而用于生产雪花牛肉的高端育肥牛需要在肌肉间沉积大量脂肪，所以育肥所用的时间也就延长，一般育肥时间为28~32个月。在此，主要探讨普通育肥肉牛生产，普通肉牛育肥生产根据开始育肥时牛的年龄及体重大小，通常将育肥方法划分为持续育肥法、架子牛育肥法和淘汰牛育肥法3种类型。

（一）持续育肥法

1. 持续育肥法的特点

（1）**掌握育肥时间及体重**。持续育肥法是指用于育肥的犊牛断奶后不经过吊架子饲养过程，直接进行育肥的一种方法。开始就采用高营养日粮供给育肥牛，使犊牛一直保持较高的日增重，经过10~12个月的育肥，体重达到400~500千克即可出售，或者将育肥时间延长至18~24月龄，出栏体重达到500~700千克时出售。

（2）**依据需要精准供给日粮**。这种育肥饲养，对营养供给有较高的要求，需要日粮供给与牛的生长速度和体重相配套，即随着体重增加而不断调整日粮配方。日粮配方调整周期一般为1~2个月调整1次。由于这种饲养要求较高的日增重，所以应尽可能做到精细化的饲养管理，需要考虑外界环境对日增重的影响。比如，高温天气（一般超过25℃）就要考虑热应激带来的采食量降低的问题，需要通过环境调控和日粮调控，维持较高日增重；当温度过低时（一般低于0℃）就要考虑多加精饲料，来抵御热增耗带来的日增重降低的问题，通常按照每降低5℃增加10%的精饲料来考虑。

（3）**采取合理的饲养方式**。持续育肥牛饲养方式可采用拴系式或散栏式饲养。规模化养殖一般采取散栏式饲养，并采用全混合日粮（TMR）饲喂法，而小规模或个体户可采用拴系式饲养模式，但前期让牛自由活动，以提高食欲和体质健康程度，后期适当限制活动，以致完全拴系。

（4）**持续育肥生产的牛肉的特点**。用持续育肥法生产的牛肉，肉质鲜嫩，肉的品质好，属于普通牛肉中的高品质肉。

持续育肥法是我国当前肉牛育肥中普遍采用的一种育肥方式，这种方式符合现代肉牛高效养殖及快速育肥的要求。

2. 持续育肥的技术要点

（1）设计肉牛增重速度。育肥前需要将肉牛出栏体重及增重速度预设好，即制订好饲养目标。在设计饲料配方时需要考虑肉牛增重速度，增重速度要与育肥目标相一致，胴体重量达到1~2级标准指标时，饲养成本相对较低，这样投入产出比和经济效益比较高。采用持续育肥一般要求犊牛初始体重达到150千克及以上，育肥全程需12~13个月，平均日增重1.2~1.4千克，育肥结束时体重600~700千克。

（2）把握持续育肥各阶段要点。为了便于操作，可将持续育肥法的育肥过程划分为育肥准备期、育肥前期、育肥中期和育肥后期4个阶段。

①育肥准备期要点。育肥准备期主要是让犊牛适应育肥的环境和饲喂方式，消除断奶应激，并完成从液体日粮与固体日粮混合饲喂到完全固体日粮的过渡，此阶段的日增重最好仍能保持在0.8~1千克。另外，做好驱虫、健胃和防疫等工作。准备阶段大约用60天完成。

②育肥前期要点。这个阶段以优质粗饲料为主，但日粮蛋白质水平不能太低，一般控制在13%左右。粗饲料选择优质的青干草、青贮饲料、糟渣类饲料等。为了刺激胃肠道消化功能的提升，此阶段优质干草不能缺少，同时防控消化道疾病。一般控制日粮精粗比例为2∶3。此阶段饲养时间约为5个月，平均日增重介于1.2~1.5千克。

③育肥中期要点。这个阶段饲养时间为3个月左右，主要任务是调整日粮精粗比和蛋白质水平。粗饲料仍以青干草、秸秆、青贮饲料或糟渣类饲料为主，日粮精粗料比控制在3∶2左右，日粮蛋白质水平调整到11%~12%，日增重指标为1.3~1.6千克。

④育肥后期要点。该期饲养2~3个月，以提高胴体质量和重量为主要饲养目标。饲养过程中随时观察牛的状态，尤其是观察牛的消化功能、有无消化系统疾病。此阶段调整日粮精粗比为（65%~70%）∶（30%~35%），日粮中粗蛋白质水平为10%~11%，日增重指标达到1.2千克以上。

（二）架子牛育肥法

架子牛是指犊牛断奶后处于中低水平饲养条件下生长，牛的膘情不好但骨架子比较大，这类牛后期遇到好的饲养条件将快速生长，充分发挥补偿生长特点，使膘情变好，体重快速增加。架子牛年龄一般为2~3岁、体重为300~350千克。

> 肉牛标准化生产技术

1. 选择理想的架子牛　选择育肥效果好的架子牛主要从以下几个方面考虑：选择适合本地区饲养的肉牛品种，尤其是杂交品种效果最好，如选择西门塔尔牛、夏洛来牛、利木赞牛等品种的杂交后代；公牛的育肥效果最好，然后是去势牛，小母牛育肥效果最差；选择12～18月龄、体重介于300～350千克的架子牛育肥效果最好；选择头短宽、嘴大口裂深、颈短粗、胸围大且深、臀部宽、体躯深长、背部平宽、四肢粗壮的牛育肥效果好。

2. 架子牛育肥技术要点　架子牛育肥的时间长短主要决定于所购架子牛的起始体重和年龄大小，一般为3～10个月，整个育肥期通常分为过渡观察期、育肥前期、育肥中期和育肥后期4个阶段。

（1）过渡观察期要点。刚购买的架子牛要单独放入隔离牛舍中。安排专人负责，随时观察牛有无咳嗽、发热等异常情况，选择阿维菌素、丙硫苯咪唑、左旋咪唑等驱虫药进行驱虫处理，及时供给饮水，做好首次优质青干草饲喂及逐渐喂给精饲料等工作，在确保牛无疫病后再并圈育肥。这一时期大约用15天完成。

（2）育肥前期要点。这一时期主要是让牛适应育肥所处的环境、饲草饲料变更及逐渐增加精饲料的适应，为采食高精饲料进行快速育肥做好消化生理上的准备。这个阶段最初采取自由采食的方式让牛采食粗饲料，精饲料的量每天逐步增加，每天每头牛补精饲料的量控制在0.5～1千克。在牛逐渐适应之后，开始混合饲喂，即将精饲料、青贮饲料及干草等制成全混合日粮（TMR）饲喂，并逐渐将精饲料给量增加到每头每天2千克左右，即可完成此阶段饲养。育肥前期也可以看作饲养管理及肥育牛消化生理适应的过渡期，根据牛的适应状况需要15～30天完成。

（3）育肥中期要点。育肥中期要尽可能提高牛采食量，这个阶段架子牛的干物质采食量应达到体重的2.2%～2.5%，日粮中的粗蛋白质水平为11%～12%，日粮的精粗比控制在1∶1，上下可以有5%的偏差。这个阶段是架子牛生长的主要时期，育肥时间相对较长，在饲料原料选择上，尽可能选用本地具有的、性价比高的原料来降低饲养成本。本阶段日增重控制在1.2～1.6千克，饲养期根据牛的长势和市场行情，一般控制在4～8个月完成。

（4）育肥后期要点。育肥后期日粮精粗比控制在（55%～60%）∶（40%～45%），日粮中粗蛋白质水平为10%左右。该阶段一般采取自由采食方式，并安排人员随时观察牛的采食状态，防止出现消化系统疾病。育肥后期平均日增重一般控制在1.2～1.4千克，体重达到600～750千克。育肥时间可根据市场价格及需求方具体要求而定，一般为 1~2 个月。

（三）淘汰牛育肥法

淘汰牛育肥是指淘汰的成年牛育肥，这类牛一般年龄大、膘情差、肉质较粗、屠宰率低，只有经过育肥后，才能提高经济价值。

1. 淘汰牛育肥前的工作 用于育肥的淘汰牛是失去生产能力的役用牛、乳用牛、肉用母牛及种公牛等。这类牛不仅年龄大、产肉能力低、肉质差，而且还有可能存在其他被淘汰的原因，所以在育肥前要做一些准备工作，包括育肥前体检，判断是否由于疾病而被淘汰；了解之前所处环境及饲草饲料情况，必要时进行适当的过渡饲养；根据牛的类型、性别、体重大小等进行合理分群；根据牛的具体情况确定日粮配方，通常混合精饲料喂量为体重的 1%。

2. 育肥淘汰牛的管理要点 对于淘汰牛的育肥，要选用伊维菌素、左旋咪唑等驱虫药进行体内体外驱虫；对育肥牛舍在育肥前、育肥中和出栏之后都要进行彻底消毒；在一定范围内限制牛的活动，尤其在出栏前 1~2 个月加大限制力度，减少牛运动消耗，提高日增重；尽可能让牛接受日光浴，以提高抗病力和促进钙代谢利用；做好冬季防寒保暖和夏季防暑降温工作；坚持冬季每天饮水 2 次、夏季适当增加饮水次数；尽可能保持牛舍舒适的环境，以利于牛的休息、反刍和日增重的提高。

第四节 高档牛肉生产技术

高档牛肉生产可以分为 2 种类型，一种是通常所说的"雪花牛肉"或"花纹肉"，通常是指选用优良的肉牛品种，采用特殊的育肥技术饲养肉牛，并通过特定的牛肉分割工艺，生产出细嫩多汁、呈"大理石花纹"的脂肪含量高的牛肉，这种牛肉口感好、营养价值高，市场售价也高；另一种高档牛肉是利用公犊生产的"小白牛肉"，通常是指利用奶牛或肉牛的公犊经全乳或代乳粉饲喂而得到的肉质细嫩、肉色发白、营养丰富、口感好的一类小牛肉。

一、生产高档牛肉的要求

1. 对肉牛品种的要求 客观上讲，对生产高档牛肉的牛来说，对牛品种的要求不十分严格。我国现有地方良种牛、引进的国外肉用、兼用牛品种、引入品种与地方牛的杂交品种，均能生产高档牛肉。但是要求这些牛必须经过良好饲养、科学的日粮供给及合适的育肥期。对于牛的性别来说，公牛育肥后生产高档牛肉的效果要好于母牛，去势牛效果更好。

2. 对年龄和体况的要求 生产"雪花牛肉"的牛，要求年龄在30月龄以内；屠宰活重为500千克以上；膘情好，体况评分高，体型呈长方形，腹部下垂，背平宽，皮较厚，皮下脂肪厚。生产"小白牛肉"的牛通常为16~20周龄，最大不超22周龄，体重160~200千克，最大不超220千克，否则日增重变差，屠宰后肉色变红，品质降低。

3. 对胴体及肉质要求 生产"雪花牛肉"的胴体，要求表面脂肪的覆盖率达80%以上，背部脂肪覆盖度大，厚度达8毫米以上，脂肪洁白；胴体外形无缺损；肉质柔嫩多汁、"大理石花纹"明显。"小白牛肉"，肉色呈粉白或粉红色，肉质柔软、有韧性。

4. 对屠宰过程的要求 生产"雪花牛肉"的肉牛屠宰时，屠宰胴体要进行成熟处理，普通牛肉生产实行热胴体剔骨，而高档牛肉生产则不能，胴体要求在温度为0~4℃条件下吊挂7~9天后才能剔骨，这一过程也称胴体排酸，对提高牛肉嫩度极为有效。胴体分割要按照用户要求进行。一般情况下，牛肉分割为高档牛肉、优质牛肉和普通牛肉3类。生产"小白牛肉"的肉牛屠宰日龄最长不能超22周龄，否则肉色变红、肉质变差、市场价格降低。

二、生产"雪花牛肉"技术要点

1. 选好育肥用的小牛

（1）品种的选择。牛的品种不同它们的肉质特点和最佳屠宰体重有所不同，所采取的饲养管理也有所不同。用于生产"雪花牛肉"的牛品种较多，如引入品种西门塔尔牛、夏洛来牛和皮埃蒙特牛等牛的增重速度快、出肉率高，可以生产含脂量适中的"雪花牛肉"，而安格斯牛或和牛等品种肉质好、脂肪含量高，可以生产含脂量高的牛肉。另外，这些好的品种可以与本地优良品种杂交生产"雪花牛肉"。

（2）性别、年龄和体重的选择。生产"雪花牛肉"公、母均可，去势牛效果好，尤其是去势公牛效果最好；年龄，6月龄断奶后即可育肥，体重，要求公牛（去势牛）不低于170千克，母牛（去势牛）不低于150千克。年龄、体重也可大一些，但是一般年龄不超过8月龄，体重不超300千克。选购的小牛在进出前必须进行严格检疫，建立档案，尽可能不从交易市场购牛。有条件的可采取自繁自养，建成优良的母牛群，为生产高档牛肉提供稳定的牛源。

（3）体型、外貌的选择。选择体型为长方形、臀部丰满、头大、蹄阔、颈部短粗和符合品种特征的牛；因"雪花牛肉"主要产自胴体前半部，所以生产"雪花牛肉"的牛还要尽量选择前躯发达的牛。从膘情、被毛的颜色及光泽选择营养状况好的牛；从采食情况和步态估计其育肥效果；所选的牛必须健康、精神状态好、性情温驯。

（4）选择去势后的小牛育肥。小公牛的雄性激素能够影响生长速度。实践证明，公牛的日增重高于去势牛日增重10%~15%、去势牛的日增重又高于母牛大约10%。所以，目前普通肉牛育肥首选公牛，而不采取去势处理，原因就是利用小公牛分泌的雄性激素获得较高的日增重。但对于生产"雪花牛肉"的育肥牛来说，去势后体内雄性激素减少，可使肌肉细腻、嫩度好、脂肪易沉积到肌肉中，同时牛的性情变得温驯，便于管理、易于育肥。因此，用于生产"雪花牛肉"的小牛应该首选去势公牛，其次选择去势母牛。通常选择在3月龄前完成去势。

2. 分阶段进行科学育肥 生产"雪花牛肉"的育肥过程一般分为4个阶段，分别是：7~12月龄阶段、13~18月龄阶段、19~22月龄阶段和23月龄至屠宰。

（1）第1阶段（7~12月龄）育肥。第1阶段为犊牛身体组织器官生长完善阶段，时间为7~12月龄。该阶段是育肥牛身体各器官组织完善生长的阶段，在营养供给上要求日粮粗蛋白质含量在16%以上、可消化蛋白含量在10%以上、总可消化养分含量达到72%。在饲养上采用全混合日粮（TMR）喂给，每天2次，定时饲喂，一般是8:00、16:00饲喂。经过6个月的饲养，平均日增重达到0.9~1.0千克及以上。该阶段结束时体重一般不低于300千克。

（2）第2阶段（13~18月龄）育肥。第2阶段育肥主要是身体快速生长期，时间为13~18月龄。此期主要是育肥牛长肌肉阶段，尽可能增加眼肌面积，加快出肉部位肌肉的生长、抑制腹腔脂肪的生长。日粮供给上要求粗蛋白质含量14%以上、可消化蛋白含量9%以上、总可消化养分含量仍保持在72%以上。在饲养上仍采用TMR每天定时饲喂2~3次。经过6个月的饲养，平均日增重达到1.0~1.5千克。该阶段结束时体重一般不低于520千克。

(3) 第 3 阶段（19～22 月龄）育肥。第 3 阶段育肥主要为脂肪沉积，是增加体重沉积脂肪最主要的阶段，时间为 19～22 月龄。该阶段要求给予高能量饲料，把日粮中粗蛋白质含量降低至 12%、可消化蛋白含量为 8%、总可消化养分含量 74% 以上。在饲养上每天定时饲喂 2 次，仍采用 TMR 饲喂方式。经过 4 个月的饲养，平均日增重达到 0.6～1.0 千克。该期结束时体重一般不低于 600 千克。

> **小知识**
>
> 眼肌面积（eye muscle area，EMA）是指家畜倒数第 1、第 2 胸椎之间背腰最长肌的横断面面积。由于眼肌面积性状与家畜产肉性能有强相关关系，所以在牛等家畜研究中具有重要意义。
>
> 眼肌面积＝眼肌高（厘米）×眼肌宽（厘米）×0.7

(4) 第 4 阶段（23 月龄至屠宰）育肥。第 4 阶段为调整期，主要是根据牛的体重、体况及膘情等进行调整饲养，达到生产"雪花牛肉"对肥育牛的要求，时间为 23 月龄至屠宰，但不能超过 30 月龄屠宰，否则肉质变差。此期需要对牛肉水分及脂肪颜色进行调整。实际生产表明，让脂肪变白至少需要 40 天，让脂肪变硬至少需要 60 天，所以此阶段饲养时间一般为 4～6 个月，目前生产中主要通过在日粮中添加大麦来调整，仍采用全混合日粮每天定时饲喂 2 次。经过 4～6 个月的饲养，平均日增重介于 0.3～0.6 千克，该期结束体重一般不低于 650 千克。

3. 管理要点 在管理上，做好驱虫工作，一般是在育肥开始前 1～2 周进行 1 次健胃驱虫工作，以后每年至少进行 2 次常规驱虫。在饲养方式上，采取散栏式饲养。在人员管理上，要安排责任心强、业务素质较高的人员管理，并要求定时巡圈观察牛的状况，发现问题及时处理或上报。在饮水要求上，要保证足够清洁的饮水。在环境管理上，尽可能做到牛舍环境可控，夏天做好防暑降温工作，冬季做好防寒保暖工作，尽可能给牛营造舒适的生活环境，保证卧地休息和反刍的时间。在日常管理上要保证肥育牛每天能够接受日光浴，并在牛舍安装自动刷拭器，以增强牛的体质。

三、生产"小白牛肉"技术要点

"小白牛肉"生产即犊牛育肥，又称小肥牛育肥，是指犊牛出生后 4 个月内,在特殊饲养条件下,完全用全乳或代乳粉进行饲喂至体重达到150千克时屠宰,生产出的犊牛肉风味独特、肉质鲜嫩、肉色浅,蛋白质含量比普通牛肉高60%左右、脂肪低90%,所以被誉为高档犊牛肉。生产中,按照4个阶段完成,即0~30天、31~60天、61~90天和91~120天。

1. 犊牛选择要求

(1) 品种的选择。生产"小白牛肉"对犊牛品种的选择没有特别的要求,本地优良的黄牛品种、从国外引入品种,或是引入品种与本地牛杂交后代所生的犊牛均可用于生产"小白牛肉"。我国由于奶牛养殖数量不断增加,每年生产大量的奶公犊还没有得到高效利用,因此发展以奶公犊为主的"小白牛肉"生产前景较大。目前所饲养奶牛的品种绝大多数是荷斯坦奶牛,所以生产"小白牛肉"的犊牛可以选择荷斯坦牛奶公犊。

(2) 个体的选择。用于生产"小白牛肉"的荷斯坦牛奶公犊选择要点为:犊牛初生重不低于35千克;出生后按要求吃到初乳;精神状态良好、反应灵敏、目光有神、听觉敏锐;行走正常、尾部干净;肚脐干燥,进行过脐带消毒;体质好,健康的犊牛。

(3) 饲养场所的准备。因奶公犊的抵抗能力较差,为保证其能够健康生长,就需要为其提供一个良好的生活环境。所以,应加强对环境的管理,以保证奶公犊不得病、少得病,进而提高养殖效益。饲养奶公犊的牛舍环境做到人工可控,冬季能够防寒保暖、夏季能够防暑降温。牛舍应设有日光能照射到的运动场,如果采用犊牛岛饲养,就要在犊牛岛外建设小的活动场所,便于犊牛在日光下运动或休息。不管是犊牛舍还是犊牛岛都要做到便于管理、易于操作和利于防疫。

2. 分阶段科学饲喂

(1) 补喂初乳。通常将母牛分娩后5天内所分泌的乳汁称为初乳。牛初乳除了营养价值高外,还含有丰富的免疫球蛋白、溶菌酶、K抗原凝集素等,可以使新生犊牛获得被动免疫。所以,生产"小白牛肉"的奶公犊在出生0.5~1小时内要灌服4千克合格的初乳,有条件的6小时后再灌服2千克,从而使犊牛建立起被动免疫,提高对疾病的抵抗能力,减少疾病的发生,提高犊牛成活率及经济效益。

(2) 第1阶段(0~30天)饲喂。第1天以饲喂初乳为主,从第2天起开始喂给常乳或代乳粉,前15天进嘴乳温掌握在35~38℃,15天后进嘴乳温掌握在30~35℃。日喂乳量掌握在体重的8%~10%。给水的时间一般是从10~

15天开始,水温不能低于乳温。此阶段控制奶公犊日增重不低于0.4千克,本期结束增重不低于12千克。

(3) 第2阶段(31~60天)饲喂。本阶段给奶公犊补喂全乳或稀释后的代乳粉,代乳粉进嘴乳温不低于30℃,日喂乳量掌握在体重的8%~10%,每天喂乳之后供给清洁的饮水,水温不低于乳温。此阶段控制奶公犊日增重不低于0.9千克,本期结束增重不低于27千克。

(4) 第3阶段(61~90天)饲喂。本阶段给奶公犊补喂全乳或稀释后的代乳粉,代乳粉进嘴乳温不低于30℃,每天喂乳之后供给清洁的饮水,水温控制在25~30℃。此阶段控制奶公犊日增重不低于1.1千克,本期结束增重不低于33千克。

(5) 第4阶段(91~120天)饲喂。本阶段给奶公犊补喂全乳或稀释后的代乳粉,进嘴乳温控制在25~30℃,每天喂乳之后供给清洁的饮水,水温不低于22℃。此阶段控制奶公犊日增重不低于1.5千克,本期结束增重不低于45千克。

3. 加强日常管理

(1) 观察记录。安排责任心强的管理者每天坚持观察奶公犊状态,尤其在最初几周要勤观察,有异常情况及时处理或上报,尽可能做到防患于未然,以防不必要的损失。

(2) 控制饲料。饲喂犊牛专用饲料,避免其吃其他饲料、饲草,保持缺铁状态下饲养,注意也不要让奶公犊接触到土地。

(3) 注意卫生。做好日常管理,环境定期消毒,保证环境卫生、用具卫生、饮用水卫生,以及吃的全乳或代乳粉卫生等。

(4) 户外运动。在日常管理上要保证奶公犊每天能够接受日光浴,以增强奶公犊的体质,促进奶公犊对钙的吸收和代谢。

(5) 防止应激。奶公犊在运输和装卸时容易产生应激,导致其肉质变差甚至死亡。所以,在转运、装卸奶公犊的过程中,要尽可能避免应激产生,尽可能选择有责任心、善待牛的人进行操作。同时,要慎重选择转运工具、车辆,尽量把应激和损失降到最低。

(6) 健全制度。牛场应制订严格的管理制度,建立定时、定量、定人员的饲喂制度;制订饲喂工具清洗消毒制度;制订人员、车辆进入制度,禁止非工作人员、车辆进入;制订全进全出制度,坚持每一批牛出栏后彻底消毒再进下一批的原则。

思考与练习题

1. 如何做好哺乳期肉用母牛饲养管理?
2. 炎热季节如何做好肉用母牛的饲养管理工作?
3. 寒冷冬季如何做好肉用母牛的饲养管理工作?
4. 如何正确给肉用犊牛接产确保其顺利出生?
5. 如何为随母哺乳肉用犊牛进行低应激断奶操作?
6. 牛的采食习性及特点有哪些?
7. 肉牛育肥前需要考虑的条件有哪些?
8. 选购肥育牛需要考虑的要点有哪些?

第四章

肉牛疫病绿色防控技术

第一节 牛场消毒与防疫

一、牛场消毒

1. 消毒的分类 消毒的目的就是消灭传染源散播于外界环境中的病原体,以切断传播途径,阻止疫病继续蔓延。根据消毒目的分为3类。

(1) 临时性消毒。在传染源存在的场所,为及时消灭病原体而采取的临时的、多次的消毒措施。其目的是迅速杀死从传染源体内排出的病原体。消毒对象包括患病动物所在的畜舍、隔离场地,以及被患病动物分泌物、排泄物污染和可能污染的一切场所、用具和物品,通常在解除封锁前,进行定期的多次消毒,患病动物隔离舍应每天消毒2次以上。

(2) 预防性消毒。在日常生产和生活中,对可能被病原体污染的物品和场所实施的消毒。结合平时的饲养管理对畜舍、场地、用具和饮水等进行定期消毒,以达到预防传染病的目的。此类消毒一般1~3天进行1次,每1~2周还要进行一次全面大规模消毒。

(3) 终末消毒。在患病动物解除隔离、痊愈或死亡后,或者在疫区解除封锁之前,为了消灭疫区内可能残留的病原体而进行的全面彻底的大规模消毒。

> **小知识**
>
> 在医学或兽医学中,消毒是利用物理、化学或生物学方法对传播媒介上的微生物,特别是对病原体进行杀灭或清除,以达到无害化要求。消毒若达到无菌程度则是灭菌;对活组织表面的消毒则是抗菌;防止无生命有机物

腐败的消毒则是防腐。

肉牛场常用消毒药剂有氢氧化钠、生石灰、来苏儿、甲醛、过氧乙酸、次氯酸钠、癸甲溴铵溶液（百毒杀）、漂白粉、威力碘、高锰酸钾、新洁尔灭、复合酚等。

2. 消毒剂的分类 消毒剂主要分为过氧化物类消毒剂（指能产生具有杀菌能力的活性氧的消毒剂）、含氯消毒剂（指在水中能产生具有杀菌活性的次氯酸的消毒剂）、碘类消毒剂（以碘为主要杀菌成分制成的各种制剂）、醛类（能产生自由醛基，在适当条件下与微生物的蛋白质及某些其他成分发生反应）、酚类消毒剂（主要成分含酚的消毒剂，主要有卤化酚、甲酚、二甲苯酚和双酚类、复合酚等）、双胍类及季铵盐类消毒剂（是阳离子型表面活性剂类消毒剂，主要有苯扎溴铵、双链季铵盐消毒剂）等。

3. 牛舍消毒 牛舍的消毒分2个步骤进行：第1步，进行机械清扫；第2步，用化学消毒液消毒。

机械清扫是搞好牛舍环境卫生最基本的一种方法；用化学消毒液消毒时，消毒液的用量一般是牛舍内每平方米面积1升药液。消毒时，先喷天花板，后喷墙壁和地面，先从离门远处开始，喷完墙壁后再喷天花板，最后再开门窗通风，用清水刷洗饲槽至无消毒药气味，否则牛闻到消毒药味不愿吃食。此外，在进行牛舍消毒时也应将附近场院以及病牛污染的地方和物品同时进行消毒。

（1）牛舍的预防性消毒。一般情况下，牛舍预防性消毒每年进行2次（春秋各1次）。在进行牛舍预防性消毒的同时，凡是牛停留过的地方都需要消毒。在采取"全进全出"管理方法的机械化养牛场，应在全出后进行消毒。产房的消毒，在产前进行1次，生产高峰时进行多次，生产结束后再进行1次。

牛舍预防性消毒时常用的液体消毒剂有10%~20%的石灰乳和10%的漂白粉溶液（图4-1）。

牛舍预防性消毒也可用气体消毒。药品是福尔马林和高锰酸钾。方法是按照牛舍面积计算所要用的福尔马林与高锰酸钾量，其比例是：每立方米空间用福尔马林25毫升，高锰酸钾12.5克（或以生石灰代替）。计算好用量以后将水与福尔马林混合。牛舍的温度不得低于正常室温（15~18℃）。将牛赶出后，在牛舍内放置几个金属容器，然后把福尔马林与水的混合液倒入容器内，密闭

图 4-1 牛舍消毒

牛舍门窗，然后将高锰酸钾倒入，用木棒搅拌，经几秒钟即见有浅蓝色刺激眼鼻的气体蒸发出来，此时应迅速离开牛舍，将门关闭。经过 12～24 小时后方可将门窗打开通风。倘若急需使用牛舍，则需用氨蒸气中和甲醛气体。按牛舍每 100 米^3 用 500 克氯化铵，1 千克生石灰及 750 毫升水（加热到 75℃），将此混合液装于小桶内放入牛舍。或者用氨水来代替，即按每 100 米^3 牛舍用 25% 氨水 1 250 毫升。中和 20～30 分钟后，打开牛舍门窗通风 20～30 分钟，此后即可将牛赶入。

（2）牛舍的临时性消毒和终末消毒。发生各种传染病而进行临时性消毒及终末消毒时，消毒药剂应随疾病的种类不同而进行调整。

在病牛舍、隔离舍的出入口处应放置浸有消毒液的麻袋片或草垫，如为病毒性疾病，则消毒液可用 2%～4% 氢氧化钠，而对其他一些疾病则可浸以 10% 克辽林溶液。

4. 地面土壤的消毒 病牛的排泄物（粪、尿）和分泌物（鼻液、唾液、乳汁和阴道分泌物等）内常含有病原体，可污染地面、土壤，因此应对地面、土壤进行消毒，以防传染病继续发生和蔓延。可用含 2.5% 有效氯的漂白粉溶液、4% 甲醛溶液或 10% 氢氧化钠溶液对土壤表面进行消毒。

停放过芽孢杆菌所致传染病（如炭疽、气肿疽等）病畜尸体的场所，或者是此种病牛倒毙的地方，应严格进行消毒处理，首先用含 2.5% 有效氯的漂白粉溶液喷洒地面，然后将表层土壤掘起 30 厘米左右，撒上干漂白粉并与土混合，将此表土运出掩埋。在运输时应用不漏土的车以免沿途漏撒，如果无条件将表土运出，则应增加干漂白粉的用量（1 米² 面积加漂白粉 5 千克），将漂白粉与土混合，加水湿润后原地压平。

其他传染病所污染的地面土壤消毒，如为水泥地，则用消毒液仔细刷洗，如为土地，则可将地面翻一下，深度约 30 厘米，在翻地的同时撒上干漂白粉（用量为 1 米² 用 0.5 千克），然后以水湿润、压平。

如果放牧地区被某种病原体污染，一般利用自然力（如阳光，种植某些抑制病原体的植物，如黑麦、小麦、葱等）使土壤发生自净作用来消除病原体，但在牧场土壤自净之前，或是免疫接种疫苗的牛产生免疫力之前，不应再在这种地区放牧。如果污染的面积不大，则应使用化学消毒液消毒。

5. 粪便的消毒

（1）焚烧法。此种方法是消灭一切病原体最有效的方法，故用于患传染性强的传染病病牛粪便（如炭疽、牛瘟等）的消毒。焚烧法是在地上挖一个壕，深 75 厘米，宽 5～100 厘米，在距壕底 40～50 厘米处加一层铁梁（要密一些，否则粪便容易落下），在铁梁下面放置木材等燃料，在铁梁上放置欲消毒的粪便。如果粪便太湿，可混合一些干草，以便迅速烧毁。此种方法的缺点是：损失有用的肥料，并且需要用很多燃料。故此法除非必要很少应用。

（2）掩埋法。将污染的粪便与漂白粉或新鲜的生石灰混合，然后深埋于地下，埋深应达 2 米左右。此种方法简便易行、实用。缺点是病原体可经地下水散布以及损失肥料。

（3）生物热消毒法。这是一种常用的粪便消毒法。能使非芽孢病原体污染的粪便进行无害化处理后用作有机肥。粪便的生物热消毒法通常有 2 种，一种为发酵池法；另一种为堆粪法。而牛粪适用于前者。

发酵池法适用于牛饲养量大的农牧场，多用于稀粪便的发酵。一般在距农牧场 200 米以外无居民、无河流、无水井的地方挖筑 2 个或 2 个以上的发酵池（池的数量与大小决定于每天运出的粪便量），池可筑成方形或圆形，池的边缘与池底砖砌后再抹水泥，使之不透水。如果土质干固、地下水位低，可以不必用砖和水泥。使用时先在池底倒一层干粪，然后将每天清除出的粪便、垫草等倒入池内，直到快满时，在粪便表面铺一层干粪或杂草，上面盖一层泥土封好。如条件许可，可用木板盖上，以利于发酵和保持卫生。粪便经上述方法处理后，历时 1～3 个月即可掏出作肥料用。在此期间，每天所积的粪便可倒入另外的发酵池，如此轮换使用。

> **小知识**
>
> 　　当粪便较稀时，应加些杂草，太干时倒入稀粪或加水，使其不稀不干，以促使其迅速发酵。处理牛粪时，通常因牛粪比较稀不易发酵，而掺入马粪或干草，其比例为4份牛粪加1份马粪或干草。

6. 污水的消毒　兽医院、牧场、产房、隔离室、病厩以及农村屠宰牛的地方，经常有被病原体污染的污水排出，如果这种污水不经处理任意外流，很容易使疫病散布出去，而给邻近的农牧场和居民造成很大的威胁。因此，对污水的处理很重要。

　　污水的处理方法有沉淀法、过滤法、化学药品处理法等。比较实用的是化学药品处理法。方法是先将污水处理池的出水管用一木闸门关闭，将污水引入污水池后，加入化学药品（如漂白粉或生石灰）进行消毒。消毒药的用量视污水量而定（一般1升污水用2～5克漂白粉）。污水池的闸门平时可以打开，使污水直接流入渗井或下水道（图4-2）。

图4-2　污水消毒

7. 检查消毒质量

（1）检查牛舍机械清除效果。在检查牛舍机械清除的质量时，检查地板、墙壁及其内部所有设备的清洁程度。此外，检查挽具和管理用具消毒确实程度以及检查所采取的粪便消毒方法的消毒效果。

（2）检查消毒药使用情况。了解消毒工作记录表、消毒药的种类、消毒药的浓度、温度及其用量。检查消毒药剂浓度时，可以从未用完的消毒液中取样品进行化学检查（如测定含甲醛、活性氯的百分比）。

　　检查含氯制剂的消毒效果时，可应用碘淀粉法。即取玻瓶2个，第1个瓶盛3%碘化钾和2%淀粉糊的混合液（加等量的6%碘化钾和4%淀粉糊即成3%碘化钾和2%淀粉糊的混合液。淀粉糊最好用可溶性淀粉配制）。第2个瓶中装入3%的次亚硫酸盐。已装溶液的这些瓶上应有标签，并保存在暗处。

检查的方法：在火柴棒的一端卷上少量棉花，将其置入第1个瓶，沾上碘化钾液和淀粉糊的混合液。如果用浸湿的棉球接触消毒过的表面，就可以看到在被检对象的表面上（即在与棉球接触过的地方）以及在棉球上都呈现出一种特殊的蓝棕色，而着色的强度取决于游离氯的含量及被消毒表面的性质。在表面染上的颜色用另一个浸上次亚硫酸盐溶液的棉球擦其表面之后，则颜色即消失。此种检查可以在消毒之后的两昼夜内进行。

（3）消毒对象的细菌学检查。消毒以后从地板（在牛舍的牛后脚停留的地方）、墙壁、牛舍墙角以及饲槽上取样品，用小解剖刀在上述各部位划出大小为10厘米×10厘米的正方形数块，每个正方形都用灭菌的湿棉签（干棉签的重量为0.25~0.33克）擦拭1~2分钟，将棉签置入中和剂（30毫升）中并沾上中和剂，然后压出、沾上、压出……如此进行数次之后，再放入中和剂内5~10分钟，用镊子将棉签拧干，然后把它移入装有灭菌水（30毫升）的罐内。

当以漂白粉作为消毒剂时，可应用30毫升的次亚硫酸盐中和；碱性溶液用0.01%醋酸30毫升中和；福尔马林用氢氧化铵（1%~2%）作为中和剂。当以克辽林、来苏儿以及其他药剂消毒时，没有适当的中和剂，而是在灭菌的水中洗涤2次，时间为5~10分钟，依次把棉签从一个罐内移入另一个罐内。

送到实验室的灭菌水里的样品，在当天仔细地把棉签拧干，将液体搅拌之后，将此洗液的样品接种在远藤氏培养基上。操作时，用灭菌的刻度吸管由罐内吸取0.3毫升的材料倾入琼脂平皿表面，并用巴氏吸管作成的"刮"，在琼脂平皿表面涂布，然后仍用此"刮"涂布第2个琼脂平皿表面。接种后的平皿置入37℃温箱，24小时后检查初步结果，48小时后检查最后结果。如在远藤氏培养基上发现可疑菌落，即用常规方法鉴别这些菌落。

在所取的样品中没有肠道杆菌培养物存在时，证明消毒质量良好，若有肠道杆菌生长，则说明消毒质量不良。

（4）检查粪便生物热消毒效果。

①测温法。应用装有金属套管的温度计测定粪便的温度，根据在规定的时

间内粪便的温度确定消毒的效果。

②细菌学方法。利用细菌学方法测定粪便中的微生物数量及大肠杆菌菌价。方法是，将样品称重，与砂混合置研钵内研碎，然后加入100毫升灭菌水稀释。将液体与沉淀从研钵移入含有玻璃珠的小烧瓶内，振荡10分钟后用纱布过滤。将过滤液分别接种于普通琼脂平皿及远藤氏培养基上，置37℃温箱培养一昼夜，然后在琼脂平皿上计算微生物的数量，在远藤氏培养基上测定大肠杆菌菌价。

> **小知识**
>
> 样品应当在粪便发热（如温度升高到60～70℃）时采集。因为粪便冷却后，渗入下部的微生物（如随雨水渗入的微生物），会重新散布到粪便内，而改变微生物的数量和成分。为了对照，还应测定欲消毒粪便在消毒前的微生物数和大肠杆菌菌价。

二、牛传染病防控基础知识

（一）牛传染病防控基础

牛传染病由传染源、传播途径和易感动物3个基本环节相互联系、相互作用而导致其流行，故消除或切断造成牛传染病流行的3个基本环节及其相互联系是阻止牛疫病发生和流行的手段。在采取或制订牛防疫措施时，应科学谋划牛传染病的防控措施，力争达到在尽可能短的时间内，以最少的人力、物力预防和控制传染病流行。防控牛传染病需要采取综合性措施，其内容涉及"养、防、检、治"4个方面。牛传染病综合防控措施分为平时的预防措施和发生疾病时的扑灭措施。

1. 平时的预防措施

（1）贯彻自繁自养的原则，搞好肉牛饲养管理，加强养殖环境卫生消毒工作，提高其机体的抗病能力。

（2）科学拟订和严格认真执行定期预防接种和补种计划。

（3）定期进行杀虫、灭鼠、防鸟工作，及时对动物粪便进行无害化处理。

（4）认真贯彻执行产地检疫、运输检疫、市场检疫和屠宰检验、国境检疫等各项工作，及时发现并消灭传染源。

（5）当地兽医机构应调查研究分析疫情分布，组织相邻地区对牛传染病的联防协作，有计划地进行消灭和控制，并防止外来动物疫病的侵入。

2. 发生疫病时的扑灭措施

（1）及时发现、快速诊断和上报疫情，并及时通知邻近地区做好疫病预防工作。

（2）迅速隔离患病牛，及时彻底地对污染的环境进行紧急消毒。若发生危害性大的疫情，如口蹄疫、炭疽等疫病，应采取封锁等综合性措施。

（3）按规扑杀病牛。上述预防和扑灭传染病措施不是截然分开的，而是互相联系、互相配合和互相补充的。从流行病学意义的角度看，动物传染病预防就是采取综合措施将动物传染病排除于一个未受感染的动物群体之外，通常包括采取隔离、检疫等措施，目的是不让动物传染源进入目前尚未发生该病的地区；采取群体免疫、群体药物预防，以及改善动物饲养管理和加强环境保护等综合措施，避免一定的某类动物群体感染已存在于该地区的传染病病原和流行。所谓传染病的防控就是采取综合措施，减少或消除动物传染病病原，保证已患病的动物群体中的发病数和死亡数降低，并把疾病控制在尽可能小的范围内。所谓传染病的消灭则意味着一定种类病原体的消失，像全球范围消灭人的天花一样，难度非常大，至今为止，仅成功消除了人的天花一种传染病。但在一定区域范围内，只要长期严格采取综合性兽医措施控制动物疾病，完全能够消灭某种疾病。

（二）预防技术

（1）*疫苗接种*。由轮状病毒、冠状病毒、魏氏梭菌、大肠杆菌、沙门氏菌等引起的腹泻，可通过给妊娠母牛和新生犊牛接种疫苗预防（图4-3）。母牛首次免疫接种在产犊前45天和15天各接种1次，以后每次产犊前2～3周加强1次；犊牛出生后20～30天接种1次，出生后40～50天再接种1次。

（2）*加强妊娠母牛管理*。母牛临产时用温肥皂水洗去乳房周围污物，再用淡盐水洗净擦干；在母牛临产前给予营养物质平衡的饲料，产前产后给母牛服泻痢康（主要成分为硫酸安普霉素、黏杆菌素、新霉素等）等药物。对牛舍、牛栏、运动场和环境用2%来苏儿或5%甲醛进行彻底消毒。

（3）*加强犊牛的饲养管理*。保证犊牛休息的环境干净干燥、舒适，及充足的饲料和饮水，防止犊牛受潮和寒风侵袭，防止乱饮脏水，以减少病原菌入侵的机会。犊牛出生后要吃足初乳，落地后1小时内立即灌服4升高质量洁净初乳，过6小时后再灌服2升，以确保被动免疫充分建立；内服微生态制剂，如乳康生（主要为蜡样芽孢杆菌和干酪乳杆菌混合制剂），一旦发现病牛立即隔

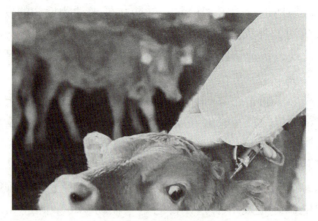

图 4-3 疫苗免疫接种

离治疗。

第二节 犊牛典型病绿色防控技术

一、牛大肠杆菌病

1. 临床症状 牛大肠杆菌病潜伏期较短，仅数小时就会出现症状，按病程长短可分为肠型、败血症型和肠毒血症型。

（1）肠型。初期，病犊牛体温 40℃，粪如粥、黄色，后呈水样、灰白色，混有凝乳块、凝血及泡沫，散发酸败气味（图 4-4）。末期，肛门失禁，腹痛。病程长的，可出现肺炎及关节炎症状。

图 4-4 犊牛腹泻物

（2）败血型。病犊牛发热，精神不振，间有腹泻，常于出现症状后数小时至1天内急性死亡。有时病犊牛不见腹泻即死亡。

（3）肠毒血症型。多发生在吃过初乳的7日龄以内的犊牛。常突然发病死亡。病程稍长的，可见典型的中毒性神经症状，先是不安、兴奋，后沉郁、昏迷，以至死亡。死前常有剧烈腹泻。

> **小知识**
>
> 牛大肠杆菌病是由大肠杆菌引起的一种急性、传染性疾病，临床以牛排出灰白色稀粪，全身败血，衰竭和脱水为主要症状。本病一年四季均可发生，7～10日龄的犊牛易感。

2. 病理变化 患肠毒血症型及败血型大肠杆菌病而死的病犊牛，常无明显的病理变化。因腹泻而死的病犊牛，多数尸体消瘦，肠黏膜苍白。剖检皱胃，可见其内含有大量凝乳块。皱胃黏膜充血，严重水肿，附着有胶状黏液，褶皱处出血严重。肠内容物混有血块、气泡，散发恶臭味。

3. 防控方法

（1）预防。加强妊娠母牛和犊牛的饲养管理，母牛临产时用温肥皂水洗去乳房周围污物，再用淡盐水洗净擦干。对牛舍、牛栏、运动场和环境用2%来苏儿或5%甲醛彻底消毒。防止犊牛受潮和寒风侵袭，乱饮脏水，以减少病原菌入侵的机会。犊牛出生后应尽早哺足初乳，增强犊牛抗病能力。一旦发现病牛，应加强护理，隔离治疗。

（2）治疗。腹泻时，水和电解质从消化道大量损失，特别是钠、钾明显减少。为防止机体脱水，应及时补充水和电解质溶液，补钠、补钾。腹泻病牛通常碱储下降，血糖水平降低，为防止机体酸中毒，应注意补碱、补糖（补充5%碳酸氢钠500～1 000毫升，20%葡萄糖500～1 000毫升）。

为防止继发感染，全身可用以下药物：庆大霉素，临床治疗用量为1～1.5毫克/千克，肌内注射，2次/天；磺胺甲基嘧啶，临床治疗用量为0.08～0.2克/千克，口服治疗，2次/天；链霉素，治疗用量10毫克/千克，肌内注射，2次/天；诺氟沙星，临床治疗用量为10毫克/千克，肌内注射，2次/天；磺胺脒，临床治疗用量为每千克体重0.1～0.3克，肌内注射，2次/天。

二、牛沙门氏菌病

> **小知识**
>
> 牛沙门氏菌病是由鼠伤寒沙门氏菌、都柏林沙门氏菌、牛流产沙门氏菌等引起的牛的急性传染病。犊牛易感，1~2日龄及10~14日龄为易发阶段。

1. 临床症状 临床症状为高热（40~41℃）、精神沉郁、食欲废绝、产奶量下降。不久开始腹泻，粪呈水样，恶臭，带血或含有纤维素絮片。腹泻后体温降至正常或略高。病程持续4~7天。妊娠母牛感染后可发生流产。

有些犊牛在出生后48小时内开始拒食，并迅速出现衰竭等临床症状，常于3~5天死亡。多数犊牛发病初期体温升高，24小时后排出灰黄色稀粪，粪中混有黏液和血丝（图4-5），通常发病后5~7天死亡，病死率高达50%。

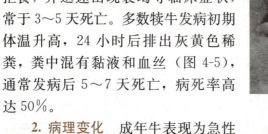

图4-5 犊牛排黄色稀粪

2. 病理变化 成年牛表现为急性黏液性、坏死性或出血性肠炎变化，特别是回肠和大肠。可见肠壁增厚，黏膜发红呈颗粒状，表面覆盖有灰黄色坏死物。淋巴结和脾肿大。

死于急性败血症的犊牛可见广泛的黏膜下和浆膜下出血。病程稍长的病牛小肠出现黏液性或出血性肠炎，肠系膜淋巴结水肿、充血（图4-6）。部分病例肝和肾有坏死点。

3. 防控

（1）预防。加强母牛及犊牛的饲养管理，及时清理粪便，定期组织杀菌消毒。在犊牛产生自然抵抗力之

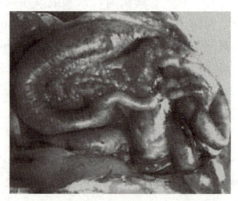

图4-6 小肠有出血点

前，分成小群进行饲养管理，有利于疫病防控。一旦发现病牛，及时将其隔离，停止引进犊牛，采取消毒等措施，尽可能将长期带菌牛检出予以淘汰。另外，定期进行疫苗免疫接种，如肌内注射牛副伤寒氢氧化铝菌苗，1岁以下每次1~2毫升，2岁以上每次2~5毫升。预防本病除需要加强一般性卫生防疫措施和疫苗免疫接种预防外，还应定期对牛群进行检疫。

（2）治疗。治疗该病可选用经药敏试验有效的抗生素，如金霉素、土霉素、卡那霉素、链霉素、盐酸环丙沙星，也可应用磺胺类药物。磺胺甲基嘧啶，临床治疗用量为0.08~0.2克/千克，口服2次/天；链霉素，临床治疗用量为10毫克/千克，肌内注射，2次/天；诺氟沙星，临床治疗用量为10毫克/千克，肌内注射，2次/天；磺胺脒，临床治疗用量为每千克体重0.1~0.3克，肌内注射，2次/天。但不能使已感染的牛完全清除病原菌。犊牛脱水症状严重的，须使用止泻剂和补液等进行对症治疗。

三、牛轮状病毒感染

> **小知识**
>
> 牛轮状病毒（BRV）又称犊牛腹泻病毒，主要感染10日龄以内的犊牛，导致严重脱水和电解质失衡。牛轮状病毒感染的发病率和死亡率都较高，而成年牛一般呈隐性感染，排毒期间也可感染犊牛。该病多发生于晚秋、早春和冬季，在饲养环境较差或天气恶劣时，均易发生，且常继发细菌感染，如大肠杆菌、沙门氏菌。

1. 临床症状　牛轮状病毒感染的潜伏期一般为18~96小时，多发生在10日龄以内的犊牛，成年牛多呈隐性感染。隐性感染的牛可持续散毒，发病率最高可达90%~100%，病死率最高可达50%。主要表现为食欲减退，眼眶凹陷，四肢无力，卧地不起，精神委顿并伴有不定期的呕吐现象，体温略有升高，脱水性腹泻，以鸡蛋清样粪为主，脱水严重时破坏体内的酸碱平衡，犊牛心脏衰竭死亡。腹泻严重时粪中混有黏膜和血液，死亡率高达90%~100%，病程在1周左右。当继发细菌感染时，发病更急，持续时间短，死亡率也增高。

2. 病理变化　剖检可见病毒主要侵害小肠，特别是空肠和回肠部，呈现肠壁变薄，内容物液状，肠黏膜脱落，可见黄褐色或红色内容物，肠系膜淋巴结肿胀。电镜下可发现小肠绒毛萎缩。

3. 防控

（1）预防。在饲养管理方面，对妊娠的母牛给予适当的精饲料，以免出现胎儿营养不良的情况，制订合理的消毒与免疫接种计划，保持圈内干燥，及时打扫牛舍并保证牛舍通风良好，同时保持饮水和饲料的卫生。

对犊牛要定期进行免疫接种：①弱毒疫苗，于犊牛出生后吃初乳之前口服给予，2～3天即可产生坚强的免疫力；②灭活疫苗，分别于妊娠母牛分娩前60～90天免疫接种，新生犊牛通过吃初乳获得被动免疫。

（2）治疗。对于发病的犊牛，要将其及时隔离到干燥清洁的牛舍，避免病毒在牛群中传播，然后进行治疗。目前尚无特效治疗药物。病牛腹泻后会出现不同程度的脱水，严重时会引起电解质紊乱和酸中毒，而补充体液对于纠正酸中毒和毒素的排出具有重要意义。治疗原则：清理肠道，促进消化，消炎解毒，防止脱水。

四、牛传染性鼻气管炎

1. 临床症状 潜伏期一般为4～6天，有时可达20天以上，人工滴鼻或气管内接种可缩短到18～72小时。本病可表现为呼吸道型、生殖道感染型、脑膜脑炎型、眼炎型、流产型等多种类型。

（1）呼吸道型。急性病例可侵害整个呼吸道，病初病牛高热39.5～42℃，极度沉郁，拒食，有大量黏液脓性鼻漏，鼻黏膜高度充血，出现浅溃疡，鼻旁窦及鼻镜因组织高度发炎而称为"红鼻子"（图4-7）。有结膜炎及流泪，常因炎性渗出物阻塞而发生呼吸困难及张口呼吸。因鼻黏膜坏死，呼气中常有臭味。呼吸数加快，常有深部支气管性咳嗽。

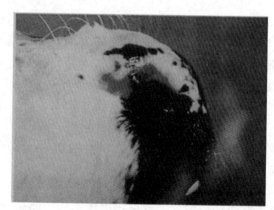

图4-7 病牛鼻黏膜充血、溃疡

有时可见带血腹泻。奶牛病初产奶量即大减，后完全停止，病程如不延长（5～7天）则产奶量可恢复。

> **小知识**
>
> 牛传染性鼻气管炎（IBR）是传染性鼻气管炎病毒（IBRV）引起的牛的一种急性、热性、接触性传染病，以高热、呼吸困难、鼻炎、鼻旁窦炎和上呼吸道炎症为主要特征。该病以20~60日龄的犊牛最为易感，病毒感染青年牛后，通常呈隐性感染，不表现临床症状。

（2）生殖道感染型。由配种传染。潜伏期1~3天。可发生于母牛及公牛。病初发热，沉郁，无食欲。频尿，有痛感。产奶量稍降。阴户联合下流黏液线条，污染附近皮肤，阴门、阴道发炎充血，阴道底面上有不等量黏稠无臭的黏液性分泌物。阴门黏膜上出现小的白色病灶，可发展成脓疱，大量小脓疱使阴户前庭及阴道壁形成广泛的灰色坏死膜。生殖道黏膜充血，轻症1~2天后消退，继则恢复；严重的病例发热，包皮、阴茎上发生脓疱，随即包皮肿胀及水肿，公牛可不表现临床症状而带毒，从精液中可分离出病毒。

（3）脑膜脑炎型。主要发生于犊牛。体温升高达40℃以上。病犊牛共济失调，沉郁，随后兴奋、惊厥，口吐白沫，最终倒地，角弓反张，磨牙，四肢划动，病程短促，多归于死亡。

（4）眼炎型。一般无明显全身反应，有时也可伴随呼吸道型一同出现。主要临床症状是结膜角膜炎。表现结膜充血、水肿，并可形成粒状灰色的坏死膜（图4-8）。角膜轻度混浊，但不出现溃疡。眼、鼻流浆液脓性分泌物。很少引起死亡。

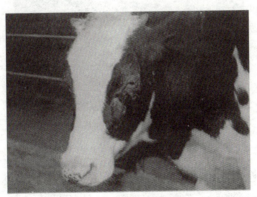

图4-8 病牛眼结膜出血

（5）流产型。一般认为是病毒经呼吸道感染后，从血液循环进入胎膜、胎儿所致。胎儿感染为急性过程，7～10天后以死亡告终，再经24～48小时排出体外。因组织自溶，难以证明有包含体。

2. 病理变化 呼吸道型时，呼吸道黏膜高度发炎，有浅溃疡，其上被覆腐臭黏液脓性渗出物，包括咽喉、气管及大支气管。可能有成片的化脓性肺炎。呼吸道上皮细胞中有核内包含体，于病程中期出现。皱胃黏膜常有发炎及溃疡。大小肠可有卡他性肠炎。脑膜脑炎型的病灶呈非化脓性脑炎变化，阴道黏膜出血。流产胎儿肝、脾有局部坏死，有时皮肤有水肿（图4-9、图4-10）。

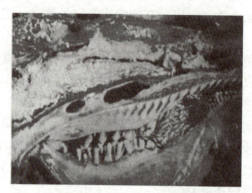

图4-9 病牛鼻腔黏膜附有灰色黄色豆渣样的假膜

图4-10 病牛阴道黏膜出血

3. 防控

（1）预防 防控本病最重要的措施是必须进行严格检疫，防止引入传染源和带入病毒（如带毒精液）。有证据表明，抗体阳性牛实际上就是本病的带毒者，因此具有抗本病病毒抗体的任何动物都应视为危险的传染源，应采取措施对其进行严格管理。发生本病时,应采取隔离、封锁、消毒等综合性措施。加强饲养管理和卫生工作,可采用2%氢氧化钠或撒生石灰对场地周围进行消毒。

定期免疫接种。关于本病的疫苗,目前有弱毒疫苗、灭活疫苗和亚单位苗三类。研究表明,免疫接种过疫苗的牛,并不能阻止野毒感染,也不能阻止潜伏病毒的持续性感染,只有防御临床发病的效果。

(2) 治疗　由于本病尚无特效疗法,病牛应及时严格隔离,最好予以扑杀或根据具体情况逐渐将其淘汰。因此,采用敏感的检测方法(如PCR技术)检出阳性牛并予以扑杀可能是目前根除本病的唯一有效途径。

五、牛梨形虫病

> **小知识**
>
> 牛梨形虫病呈季节性发生,是由蜱传播的一种血液原虫病。主要临床症状是高热、溶血性贫血,黏膜、腱膜及皮下蜂窝组织黄染,肺水肿,蛋白尿等。严重时会发生死亡,故应加以防治。

1. 临床症状　临产母牛、体质虚弱牛以及6月龄至2岁的牛容易感染发病。病牛体温明显升高,通常能够达到40~41℃,少数甚至能够达到42℃左右,呈现稽留热,冬季大部分体温能够达到39.5~40.0℃。会出现精神不振,个别表现出神经症状,晕头转向,头抵住墙壁不动,磨牙,流涎。部分病牛初期眼结膜会发生充血,后期发生出血而呈苍白色或者发生黄染,部分不停地流泪。食欲不振或停止采食,往往采食少量青干草,而拒绝采食精饲料,口腔黏膜苍白或黄染。病牛往往排出粗糙的黏性粪,并散发酸臭味。有时会发生腹泻,排出混杂血丝或者黏膜的稀粪,会散发恶臭味。病牛往往会大量出汗,主要是1岁左右处于生长期的奶牛比较明显,在少量运动后就会出汗,部分是局部出汗,部分是全身出汗,严重时能够在毛尖看到汗珠。排尿不畅,尿液呈黄色,散发腥臭味,甚至会排出血红蛋白尿等(图4-11)。

图4-11　病牛精神不振

2. 病理变化 病死牛相同的临床症状有尸体消瘦，血液色淡且比较稀薄，凝固不良；肝呈黄色，肿大，质地脆弱；脾明显肿大，可达到正常大小的2～4倍，脾髓变软，呈黄红色，质地脆弱。病牛黏膜皮下组织黄染、浸润；胆囊肿大，含有大量黄褐色胆汁；心包液增多，心包膜增厚；肺膈叶、尖叶气肿充血；肾肿大，肾和膀胱有出血点，且肾盂和膀胱内积聚红色尿液；肠壁充血，胃黏膜脱落。体表淋巴结肿大，包膜下出血，剖面湿润多汁；心脏外膜和内膜有出血点；心肌变性、坏死；皱胃黏膜有出血点、黄白色结节以及不同大小的溃疡。

3. 防控

（1）预防。灭蜱是预防的关键，每年9—11月，用0.2%～0.5%敌百虫水溶液喷洒牛舍的墙缝和地板缝，消灭越冬的幼蜱，在翌年的2—3月和5—7月，用药物消灭牛体上的蜱。放牧时要避免蜱虫的叮咬。

（2）治疗。如果病牛临床症状严重，可每千克体重使用3.5毫克贝尼尔，配制成7%的水溶液后进行静脉推注，每天1次，连续使用3天。同时，配合每天1次静脉注射500毫升25%葡萄糖、2 000毫升5%葡萄糖生理盐水、8毫升安钠咖、1 600万单位青霉素、40～60毫升维生素C，实施支持治疗及对症治疗。如果病牛症状较轻，但体温有所升高，可每千克体重3.5毫克贝尼尔，配制成5%溶液后进行肌内分点注射，每天1次，连续使用3天。另外，对于没有发病的奶牛，也要使用贝尼尔进行预防，每千克体重2毫克。部分病牛治疗后症状有所减轻，但由于血液红细胞内依然有少量的虫体没有被杀灭，经过一段时间能够再次发病。因此，在病牛经过治疗且症状减轻后的几天内，还要再继续使用药物治疗1～2个疗程，以彻底杀灭虫体。

六、牛球虫病

小知识

牛球虫病是由牛球虫寄生在肠道上皮细胞以出血性肠炎为特征的一种寄生性原虫病。该病呈季节性发生，所有年龄的牛都易感，但犊牛最易感，发病后临床症状也最严重。病牛和带虫牛是传染源。

1. 临床症状 该病可感染任何品种的牛，其中小于2岁的牛症状比较严重，病死率通常为20%～40%。该病的发生呈现季节性，通常在每年的4—9

月发生，有时冬季舍饲期也可能发病。该病呈现地方性散发或者流行，尤其是在多沼泽潮湿草场放牧的牛群容易感染。

牛通过口腔感染球虫卵囊后，具有2～3周的潜伏期，有时可达到1个月左右，犊牛通常呈急性经过，病程一般可持续10～15天。病牛表现出精神萎靡，食欲不振，反刍减弱，排粪次数增加，但只排出少量稀粪，并混杂黏液，肠蠕动稍微增强。如果虫体寄生于大肠内不断繁殖，会严重破坏肠黏膜上皮，导致黏膜出血、脱落，形成溃疡后就会发生出血性肠炎，伴有腹痛，往往排出混杂黏膜碎片的血粪。病情恶化时，反刍和瘤胃蠕动均停止，肠蠕动明显增强，并出现腹泻，体温明显升高，通常可达到40～41℃，呼吸次数为40～50次/分，脉搏增加至90～110次/分，体形消瘦，被毛松乱，走动时四肢无力，经常躺卧，并频繁举尾、努责，呈现里急后重，有稀粪从肛门流出，呈褐色，或者混杂凝血块或者纤维素膜，且粪便往往附着在尾根以及两后肢，精神沉郁，食欲完全废绝。病程末期，病牛会排出黑色粪，有些会由于症状加重而死亡，病死率往往可超过50%。

2. 病理变化　剖检可见病牛寄生有球虫的肠道都发生不同程度的病变，其中最明显的是直肠发生出血性肠炎和溃疡病变，且溃疡直径往往能够达到4～15毫米，同时黏膜上散布有点状或索状出血点，以及不同大小的灰白点或白点。直肠存在褐色内容物，其中混杂纤维性薄膜和黏膜碎片，并散发恶臭味。直肠黏膜变得肥厚，发生出血性炎症。淋巴滤泡发生肿大，存在灰色或白色的小溃疡，且上面有凝乳样薄膜覆盖。

3. 防控

（1）预防。加强饲养管理。犊牛和成年牛必须分群饲养，在不同草场进行放牧。尽可能不到低洼、潮湿的草甸草场放牧，从避免接触传染源。经常打扫运动场和牛舍，确保干燥、卫生，且清出的垫草、粪便要采取发酵处理，以将卵囊杀死。地面、水槽、饲槽等定期使用热水或者3%～5%氢氧化钠水溶液进行消毒，并供给清洁新鲜的饲料、饲草和饮水。

（2）治疗。病牛可每千克体重内服2毫克盐霉素，每天1次，连续使用7天；也可每千克体重内服20毫克土霉素，每天2～3次，连续使用3～4天；也可在每吨饲料中添加20～30克莫能霉素，连续使用7～10天；也可每千克体重内服20～50毫克氨丙啉，每天1次，连续使用5～6天。如果病牛体温升高，可每千克体重静脉注射0.05克或者每千克体重肌内注射0.07克磺胺嘧啶钠注射液，经过12小时后药量减半再次用药，连续使用2天，然后改为内服。

如果病牛体质虚弱，还要配合采取强心、补液，并肌内注射或者静脉注射适量的维生素 B_1、维生素 C。

七、牛肝片吸虫病

> **小知识**
>
> 牛肝片吸虫病也称作肝虫病，是养牛生产中常见的一种寄生虫病，是由于肝、胆管内寄生有肝片吸虫或者大片形吸虫而发病。该病通常在秋季流行，往往呈地方性流行。该病主要危害幼龄牛，使其发生急性或者慢性肝炎和胆管炎，同时伴有全身性中毒和营养不良，最终由于衰竭而死，尤其是小于 1.5 岁的幼龄牛病死率较高。

1. 临床症状 肉牛感染肝片吸虫后，临床症状与感染虫体的数量、虫体分泌毒素的强弱以及机体自身体质状况密切相关。

（1）慢性型。呈慢性经过，病牛主要表现出食欲不振，消化紊乱，持续发生腹泻，机体贫血、消瘦、被毛粗乱、失去光泽，可视黏膜苍白，眼睑和颌下等处发生水肿，有时甚至胸部和腹部也出现程度不同的水肿。对病牛进行叩诊，可见肝区浊音范围明显扩大。如果病牛肺发生感染，还会伴有咳嗽等症状。

（2）急性型。病牛会出现体温快速升高，精神萎靡，周身出现不自主的抖动，有时会排出血粪，出现急性黄疸和贫血，指压肝区有疼痛反应，一般在 3～5 天就会发生死亡。

2. 病理变化

（1）急性型。主要是肝发生病变，剖检发现有急性肝炎病变，肝肿大，肝包膜上沉积有纤维物质，肝实质内有暗红色虫道，且虫道内有幼虫和凝固血液。

（2）慢性型。主要是肝和胆管发生病变，剖检发现有慢性增生性肝炎，肝实质萎缩，边缘钝圆，质地变硬，小叶间结缔组织明显增生；发生胆管炎，胆管变得肥厚，胆管内有棕红色虫体（图 4-12）。

3. 防控

（1）预防。

①加强饲养管理。牛场周边环境要定期使用消毒药进行严格消毒，保证牛群的饮水干净卫生，最好饮用自来水、流动的河水，禁止饮用草塘水。合理安排放牧地点和放牧时间，禁止到低洼潮湿地区放牧，要选在干燥地区放

第四章 肉牛疫病绿色防控技术

图 4-12　胆管壁肥厚，管腔中有肝片吸虫的成虫

牧，避免感染寄生虫。夏季要采取轮牧，同一个牧场的放牧时间控制在 2 个月以下。

②定期驱虫。在该病流行的地区，牛群要定期驱虫。一般来说，可在每年春秋季使用丙硫苯咪唑或者硝氯酚进行预防性驱虫，且用药后排出的粪必须采取集中堆积发酵处理，以将粪中存在的虫卵及其他病原体杀死。采取有计划的定期驱虫，可将当年感染的幼虫以及越冬蚴发育为的成虫消灭掉，从而有效防控该病的发生和流行。

（2）治疗。硝氯酚，该药有片剂、粉剂和针剂 3 种类型。片剂可用水灌服或者用菜叶包投，粉剂可添加在饲料中混饲，病牛按体重使用 3~4 毫克/千克。选用针剂时，病牛按体重深部肌内注射 0.5~1 毫克/千克。硫双二氯酚（别丁），病牛按体重使用 40~60 毫克/千克，添加适量水后灌服。溴酚磷（蛭得净），病牛按体重灌服 12 毫克/千克。

> **小知识**
>
> 　　牛螨虫病临床上以体表皮肤出现红疹、瘙痒脱毛为主要症状，具有高度的接触性和传染性。牛螨虫病在我国各地牛养殖主产区广泛流行，特别是冬春季节发病率较高。通常牛螨虫病与圈舍的卫生环境有很大关系，饲养管理不当、养殖密度过大、卫生环境不佳，都会加重该病的传播流行。

八、牛螨虫病

1. 临床症状 在临床上疥螨和痒螨常混合感染，发病初期在病牛的头颈部会出现不规则的丘疹样病变，由于寄生虫在牛的体表组织不断刺吸组织液，造成严重的应激反应，病牛体表皮肤瘙痒难耐，不停地用患病部位摩擦地面、圈舍尖锐突起物，导致患病部位的皮屑不断增加，牛毛脱落，患病部位光滑甚至磨出血，皮肤显著增厚，失去弹性。危害严重时，患病部位的鳞屑、污染物、背毛、渗出物相互粘连在一起，形成污垢后，附着在患病部位。发病后如果没有立即采取处理措施，患病部位会逐渐扩大，严重的会蔓延全身，导致大量牛毛脱落。由于身体瘙痒难耐，患病以后病牛烦躁不安，在圈舍中不停地走动，影响正常休息和采食，导致消化吸收能力下降，身体营养状况日渐下降，逐渐消瘦（图4-13）。

2. 病理变化 牛螨虫病实验室诊断难度不大，可通过查找到螨虫虫体确诊。在病牛患病部位与健康部位的交界处，使用经过消毒的凸刃小刀，轻轻刮取皮屑组织，放在试管中，带回实验室进行针对性诊断。采集一些皮屑组织，放在白纸上，在日光灯下加热一段时间，受热后皮屑中的螨虫就会从皮层中爬出，用肉眼或放大镜能观察到身体呈淡黄色的螨虫。将适量皮屑放在试管中，向其中加4%氢氧化钠溶液，用酒精灯加热煮沸直到皮屑组织溶解，放置在载玻片上，低倍显微镜下观察可见虫体长0.2~0.5毫米，身体呈圆形，浅黄色，体表着生大量小刺，与螨虫的特点大致相同，结合诊断结果可以判定致病原为螨虫。

图4-13 牛患疥螨病后身体消瘦

3. 防治

（1）预防。

①加强管理。饲养人员要定期进行牛舍通风，使用2‰氢氧化钠水溶液对牛舍进行消毒，及时更换牛舍内的垫草。冬季饲养人员要注意牛舍保温，并多让牛晒太阳进行杀菌。

②疾病预防。使用肥皂水每天清洗病牛患病部位，去除皮屑、污染物。将病牛及时进行隔离。

（2）治疗。

①注射伊维菌素，7天为1个疗程，注射0.2毫克。

②为病牛患病部位涂抹皮炎合剂，林可霉素（3克）＋甲硝唑（100毫升）＋地塞米松（25毫克）＋庆大霉素（40万单位），1次/天。

③使用亚胺硫磷喷涂病牛背部。

九、关节炎

> **小知识**
>
> 关节炎是指犊牛的关节囊和关节腔渗出性炎症。其特征是滑膜充血、肿胀，有明显渗出，关节腔内蓄积大量浆液性或浆液纤维素性渗出物。多见牛的跗关节、球关节、膝关节和腕关节。

1. 临床症状

（1）急性浆液性关节炎症状。关节肿大（图4-14），局部增温，疼痛。关节内渗出物较多时，按压有波动感。急性炎症初期，仅有少量纤维素性渗出物时，按压或他动运动出现捻发音，硬肿则波动感不显著。站立时，患肢屈曲，不能负重，呈悬垂状或蹄尖着地。运动时呈轻度或中度跛行。关节穿刺时，关节滑液比较混浊，呈黄色或黄绿色，容易凝结。

（2）慢性浆液性关节炎症状。关节积液，触诊有波动，无热、无痛。关节穿刺时，关节滑液稀薄，无色或微黄色，不易凝结，又称关节积水。炎症症状不明显时，病程长，表现为关节畸形，硬性肿胀。跛行一般较轻，但活动受到限制，步幅较小。

（3）化脓性关节炎症状。病牛站立时患肢屈曲，不能负重，以蹄尖着地。运动时呈中度或高度混合跛行。关节肿大，触诊有温热和波动。关节穿刺时，关节滑液混有脓汁，同时出现体温升高、脉搏增数、食欲减退、精神萎靡等全身症状。

图 4-14　病牛关节肿大

2. 发病原因

（1）损伤关节病因。因挫伤、捩伤和脱位等，由于机械性损伤而发炎，如长期卧于砖地、水泥地面的运动场上，突然于硬地上滑倒。

（2）血源性病因。常见于牛患布鲁氏菌病、大肠杆菌病、衣原体病、牛副伤寒、传染性胸膜肺炎、乳腺炎、牛产后感染等，细菌经血液循环侵入关节滑膜囊内而发病。

3. 防控

（1）预防。犊牛出生时应加强助产消毒，防止感染。产房要干净、干燥；犊牛出生后一定要做好脐带处理，加强哺乳用具的清洁、消毒；粪尿及时清除，保证清洁卫生。发病后，隔离病犊牛，立即对产房、犊牛圈舍、犊牛床和运动场进行严格消毒。

（2）治疗。治疗原则是制止渗出，促进炎性渗出物吸收，排出积液，消炎镇痛。

①病初，为制止炎症渗出，用醋酸铅和明矾（2∶1）溶液冷敷。

②急性炎症缓和后，用温热疗法，如用5%～10%硫酸镁（钠）溶液温敷，包扎用鱼石脂酒精（1∶10）热绷带，或向关节腔内注入0.5%普鲁卡因青霉素（40万单位）。

③体温升高时，可用青霉素、链霉素各200万单位肌内注射，或选用其他

抗生素类药物。

④关节腔内积脓时，应排出脓汁，用5%碳酸氢钠溶液、0.1%新洁尔灭溶液、0.1%高锰酸钾溶液等反复冲洗关节腔，直至抽出的药液变透明为止。再向关节腔内注入普鲁卡因青霉素溶液30～50毫升，每天1次。或者向关节腔内注入碘仿醚（1∶10），同时在患处缠上压缩绷带，防止溢出。

⑤如变成慢性，用针刺放出脓汁后，用醋酸可的松2.5毫升，加2%普鲁卡因2～4毫升注入关节腔，隔天1次。

十、佝偻病

1. 临床症状 病牛精神沉郁，喜卧，异嗜，常有消化不良症状。犊牛站立时两前肢腕关节向外侧方凸出，呈"O"形弯曲，两后肢跗关节内收，呈"八"字形叉开，肋骨的胸骨肿大如串珠状，脊背内收拱起（也称为拱背），犊牛行走时，步态不稳容易滑倒。牙齿发育不良，排列不整齐，易形成波状齿，生长发育延迟，营养不良，贫血，被毛粗刚、无光泽，换毛迟等。

2. 发病原因 佝偻病主要是因犊牛饲料中或母牛乳汁中维生素D含量不足或钙、磷缺乏，或者是日粮中钙、磷不足或比例失调所致的骨营养不良引起的代谢病，是犊牛发育过程中的多发病。多发生于冬春季，夏秋季发生此病的较少，一般快速生长和刚断奶的犊牛发病率最高，也有先天获得的。生产母牛饲喂的饲草饲料单一，日照时间较短，新生犊牛更容易发生佝偻病。

3. 防控

（1）预防。主要是加强对妊娠母牛和哺乳牛的饲养管理，及时补充维生素D和钙；要经常运动，多晒太阳，给予良好的青干草和青草。同时，进行胃肠道疾病及体内寄生虫病的治疗。增加妊娠母牛的活动量，加强运动，延长放牧时间。舍饲的母牛要经常饲喂青绿饲料，饲料中要加入适当的钙质（如石粉、乳酸钙、碳酸钙）等。此外，也可以把鸡蛋壳、鸭鹅蛋壳打碎研末，掺入饲料中（一般比例为0.5%）饲喂妊娠母牛。哺乳期的犊牛应随母牛适当增加运动，并且要有充足的日光照射，以便增强皮肤生物合成足量的维生素D。

（2）治疗。改善哺乳母牛的饲养管理，对病犊牛早发现早治疗，根据病情的轻重，采取综合性措施对症治疗。及时补充维生素D和钙质；有骨骼变形时，则采取骨矫正术；如伴有消化不良，则应给予健胃助消化的药物（如健胃散、大黄苏打片、酵母片）等，及时调整，改善胃肠功能，促进犊牛消化吸收。

采取的治疗方法：给病犊牛肌内注射维生素 D 注射液 1 000～2 000 国际单位，每天 1 次，连续注射 3～5 天。同时，补充钙质或钙制剂，也可静脉注射 10％葡萄糖酸钙注射液 30～50 毫升，隔日注射 1 次。也可以肌内注射维丁胶性钙注射液 10 毫升，维生素 AD（鱼肝油）注射液 10 毫升，1 天 1 次，直到病犊牛痊愈，轻者 2～3 天，重者 10 天左右即可痊愈。病犊牛如有骨骼变形时，用夹板绷带或石膏绷带加以矫正，7～10 天为 1 个疗程，一般 1～2 个疗程可拆除绷带。采用此矫正术后，病犊牛都可恢复正常。

十一、皱胃阻塞

1. 临床症状 牛在患病初期，其采食量有所减少，甚至出现拒食的情况，反刍停止，精神萎靡，鼻镜干燥，一些病牛饮欲明显增加，腹部尤其是右侧明显胀大；一些病牛出现瘤胃臌气的情况，常出现便秘或者粪发干的现象，其排尿量逐渐减少。随着病情逐渐发展，病牛腹部显著胀大，瓣胃以及瘤胃蠕动音逐渐消失，一些病牛会排出少量棕褐色粪，粪有明显的腐臭味，类似于煤焦油状，同时粪便中可能还夹杂有一些凝血块、黑色血丝或者少量黏液。病牛排尿量明显减少，尿液的颜色为褐色或者深黄色，混浊不清，有明显的臭味。发病后期，病牛体温逐渐升高，心跳及呼吸频率加快，其双眼深陷，毛发杂乱，无法正常行走，体质严重下降，出现明显的脱水现象，一些病牛可能还会出现中毒症状。

2. 发病原因

（1）饲喂不当。在肉牛养殖过程中，如果长期饲喂粗硬饲草，或营养水平较低的饲草，或在冬春季，由于青绿饲料缺乏，采用玉米秆、高粱秆、麦秸以及谷草等喂牛，都容易使肉牛的皱胃因刺激而发炎，导致幽门部位发生肿胀，内容物无法顺利排泄，进而导致皱胃阻塞的发生。另外，在冬耕季节或者夏收夏种时期，由于给牛饲喂了麦糠、豆秸、甘薯蔓以及花生秧等，而牛又存在饮水不足的情况，也极易发生皱胃阻塞。

（2）饲养管理不当。犊牛可能因皱胃内滞积了大量乳凝块而发生原发性皱胃阻塞；一些牛由于皱胃存在溃疡、蠕动减弱、胃液分泌减少、消化机能以及代谢机能紊乱的情况，也容易导致本病发生。此外，一些成年牛存在食毛癖，由于毛发缠结成团而导致其无法从幽门顺利通过，最终导致其原发性皱胃阻塞的发生。

3. 防控

（1）预防。在实际饲喂过程中要对粗饲料以及精饲料进行有效搭配，不得给肉牛喂食过碎的精饲料以及过短的饲草，不得添加过多的麦糠以及豆饼，以防肉牛的消化机能受到影响。

（2）治疗。在治疗时有 2 种选择，一种是药物治疗；另一种是手术治疗。前者是在不对牛体造成任何损伤的情况下，在病情尚不严重时采取的一种治疗手段。在发病初期，此时病牛的胃部蠕动消化机能还未停止，可以用植物油、鱼石脂等与水混合给牛使用，促使其排泄，清理皱胃食物，但是在牛脱水较为严重时，就不能使用这种方法。如果病牛的病情已经十分严重，出现脱水中毒的症状，可以使用安钠咖等与生理盐水混合给牛静脉注射。一般情况下，先对病牛进行药物保守治疗，如果使用药物治疗后没有出现任何效果，症状没有减轻，此时就需要手术介入，通过外界干预，切开皱胃，去除积食。手术治疗需要特别注意对牛的术后护理，需禁食 3 天，待诊断后发现敲击时钢管的声音小时，腹部肿胀退去，即可确诊痊愈。

第三节　运输应激综合征绿色防控

随着我国肉牛产业发展，肉牛"异地育肥"已成为一种主要饲养模式，传统的肉牛产区饲养繁殖母牛并向其他地区销售架子牛供育肥用。南方有大量荒山草坡及农作物秸秆，具有丰富的饲料资源，但由于南方本地缺少优质肉牛品种及饲养繁殖母牛利润低，育肥用的架子牛主要购自"中原肉牛带""北方肉牛带"、牧区。因此，"北牛南运"已成为"异地育肥"的重要组成部分。然而，"北牛南运"后发生的疾病问题严重困扰着南方肉牛业的发展。肉牛引入后半个月左右开始发病，发病率可达 80%，死亡率可达 40% 以上。2008 年首次鉴定该病为牛支原体肺炎运输应激综合征，是发生于新引入肉牛、由牛支原体引起的、以坏死性支气管肺炎为主要特征、继发或并发关节炎、腹泻、结膜炎等多种症状的一种传染性疾病。该病在国外育肥场普遍发生，称为慢性肺炎-多发性关节炎综合征，或牛支原体相关肺炎和多发性关节炎等。目前认为，运输应激综合征是由长途运输引起的支原体、巴氏杆菌、泰勒虫等混合感染的一种疾病，临床表现以呼吸道疾病为主，继发关节炎、消化道疾病等。临床主要表现为咳嗽、气喘、流鼻涕、食欲不振、消瘦、腹泻、血便，有的继发关节炎。常规抗生素治疗效果差，病牛久治不愈，病情在牛群中蔓延，病死率高。

一、临床症状

肉牛运输应激综合征（TSSBC）是因长途贩运所致的多种应激源导致机体抵抗力下降，引起呼吸道、消化道，乃至全身病理性反应的综合症候群。主要临床症状表现为体温升高（41.2～41.7℃）、精神沉郁、流涎、食欲废绝、反刍停止，继而腹痛、腹泻、干咳、腹式呼吸，牛临死前体温下降、呼吸困难。病程较短，一般为3～5天，多数为急性死亡，治愈牛多数后期生长不良。剖检可见胸腔内有大量脓液，有些可见肺与胸腔粘连，以及消化道溃疡等。肺部淤血、肿大，呈暗红色（图4-15），切开后流出纤维素性浸出液，切面呈大理石状，部分出现胸壁粘连，肺心叶有多个黄豆大、黄白色坏死灶，胸腔积液；肝肿大，表面有灰白色坏死灶；胆囊显著肿大；心外膜、心冠脂肪有出血斑点，尤以心耳出血明显（图4-16）；淋巴结水肿、出血，肠道广泛性出血。瘤胃听诊发现蠕动缓慢，明显腹泻，排出带血的黄色粪，排尿量减少，尿液呈黄色且带血，严重时眼结膜苍白，发生黄疸，往往卧地不起。如果病情继续加重，会呈现呼气严重困难，病牛伸颈，发出呻吟声，只能够卧地不起，体温降低，眼球下陷，最终由于窒息而发生死亡。

图4-15 肺组织淤血、水肿

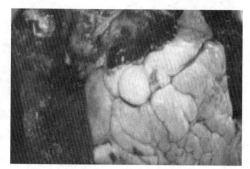

图4-16 心耳明显出血

二、病理变化

病死牛尸体明显消瘦，血液颜色变淡，质地稀薄，较难凝固，黏膜苍白，浆膜下以及全身脏器都有出血点，胸腔存在黄色积液，腹腔积聚大量淡黄色腹水，且大肠、小肠含有大量气体以及黄色液体；心肌质地柔软、明显扩张；肺形成大小不同的干酪样坏死灶，并与胸膜发生粘连；肝肿大，边缘钝圆，质地变硬，往往与其他脏器发生粘连；胆囊肿大，含有大量胆汁；脾呈深红色，肿大、出血；小肠及皱胃黏膜弥散性出血和水肿。

三、发病机理

(1) 应激反应是机体一种重要的防御机制，没有应激反应的机体将无法适应随时变化的内外环境。但如果应激源过分强烈，超出了机体的适应能力或机体的应激反应发生异常，则可造成内环境紊乱，诱导疾病的产生，或疾病发展、恶化。

(2) 由于应激源的种类多样、应激反应的表现也差别较大、受损器官原有功能状态的不同及明显的个体差异等诸多因素都影响着应激性疾病和应激相关疾病的发生发展，目前为止尚无一个较完善的理念能全面论述应激与疾病的内在联系，比较普遍的理论是应激神经系统和内分泌系统的一系列变化，可能也有免疫系统的参与。这些变化将重新调整机体的内环境平衡状态，以对抗、适应应激源的作用。但这种变化了的内环境常常以增加器官功能的负荷或自身防御的消耗为代价，因此过分强烈或长时间的应激状态将造成机体适应能力的破坏或适应潜能的耗竭，最终导致疾病的发生或发展。

(3) 大量研究表明，机体存在两大应激应答系统，分别是交感神经-肾上腺髓质和下丘脑-垂体-肾上腺皮质。在2个应答系统的作用下机体出现许多物质代谢和机能的变化。

(4) 应激时物质代谢的变化主要表现为代谢率升高、糖的代谢加强、脂肪和蛋白质的分解代谢加强。导致动物出现消瘦和体重减轻，甚至出现贫血、创面愈合迟缓和抵抗力降低等不良后果。

(5) 应激时机体机能的变化主要表现为心率加快、血压上升、血液的重新分配、血液的凝固性升高。应激在消化系统的表现为胃肠道黏膜急性出血、糜烂或溃疡。应激在泌尿机能的变化主要是尿量减少、尿密度升高、水和钠排出减少。

四、防控措施

1. 预防

(1) 运输前的管理。用前车辆严格消毒，车厢扎车架，车架要牢固、结实，护栏要高。车厢底部垫草或土，垫土效果较好，沙壤土更好，厚度以15～20厘米为宜。尽量使用有篷运输车，与无篷运输车相比，有篷运输车给牛造成的应激弱。选择有经验的技术人员对运输的牛进行途中饲养管理，以降低牛的应激反应。装牛和卸牛时,需采用专用装卸台,既可用固定的砖土结构,也可用移动式钢架结构,最好有护栏。

根据运输路程远近,准备适量的饲料和饮水。饲料以干草为主,按照3~4千克/天准备。装运前3~4小时,停喂具有轻泻作用的饲料,如麸皮、青绿饲料,不能过量饮水,否则容易引起牛腹泻,排尿过多,污染车厢,增加体重损失。运前2h,口服补盐液2 000~3 000毫升。配方为:食盐3.5克、氯化钾1.5克、碳酸氢钠2.5克、葡萄糖20克,加凉开水至1 000毫升。为了更好地减轻应激,给牛使用抗应激产品,如维生素E、维生素C、电解多维及黄芪多糖等和镇静安神药物如氯丙嗪、静松灵等。

(2) 运输中的管理。数量较多时按牛的大小、强弱分开装车,采用牛头、牛尾间隔装车,上车后,先将每头牛拴在车架上,待行走20~30千米后将绳解开,车厢内牛的密度适宜,不得太拥挤。运输过程中常出现牛滑倒卧地,卧地牛被踩伤、踩死现象,要在装载车辆内铺上最少10厘米厚的稻草或沙子,以起到防滑作用;运输时时速不宜超过80千米/小时,转弯要稳慢,切忌急刹,每5小时左右停车休息20分钟,检查是否有牛卧地或被踩伤,如有,及时处理。运输时装载车辆的两边最好用帆布挡住,以减少直流风对牛的鼻孔及口腔直吹。适当增加装车密度,在引进牛装车时,可适当增加密度,这样能够减小其活动面积,使车辆的震动和颠簸减轻,避免牛摇晃和彼此严重碰撞,减轻应激反应。如果运牛数量较少,可以用绳索将牛拴系在车厢上,以限制其活动范围,但要注意绳索长短应适宜,以使其无法卧下为准。选择适宜的运输时间,长途运输引种时,宜选择春秋季、风和日丽的天气进行。冬夏季运输牛群时,要做好防寒保暖和降温工作。密切注意天气预报,根据天气情况决定运输时间;运输途中注意选择适宜的运输路线、运输时间,路线要平坦,运输时间应避开夏季炎热的中午、冬季的寒夜。

(3) 到场后牛的饲养管理。到场后应选择有卸牛台的场地卸牛,卸车入圈后先休息2~3小时。进牛前做好牛舍的防风、保温措施,包括外架塑料棚、卷帘、彩条布棚等,给牛创造舒适的环境。牛舍要干净、干燥、安静,不要立即拴系。及时补水,饮水应冬暖夏凉、清洁卫生。第1次饮水的量应限制在15~20千克,加人工盐100克/头或少量麸皮,3~4小时后自由饮水。可适量添加电解多维、黄芪多糖、微生态制剂等;先草后料,逐步加量,不可马上喂青贮饲料;限量饲喂优质青干草,4~5千克/头,第2天起逐渐增加青干草喂量,第4天起开始饲喂精饲料,1千克/天;集中进行健康观察和饲草料过渡2

周以上，第 2 周逐渐加料至正常水平，逐渐加喂酒糟和青贮饲料；以让牛群恢复体质为主，切忌加料太急造成前胃疾病；并加喂健胃、抗感冒、清热解毒类的中药（连续饲喂 1 个疗程）和电解多维。

隔离饲养。购入后最好进行一次牛体消毒，用聚维酮碘（百毒杀）或过氧乙酸喷雾消毒引入后隔离饲养 1～2 周，注意观察，兽医对不采食、腹泻的牛进行治疗；证明肉牛健康无病后转入大群。过渡稳定后驱虫、免疫接种。驱虫用阿苯达唑、伊维菌素、三氮脒（贝尼尔）；免疫接种根据需要进行。重点做好口蹄疫疫苗的免疫接种。口蹄疫疫苗有 O、A 单价疫苗，也有 OA 二价疫苗。出现疫苗反应时迅速皮下注射 0.1% 盐酸肾上腺素 5 毫升，视病情缓解程度，20 分钟后可以重复注射相同剂量一次。

（4）到场后牛的应激表现。到场后前 2 天牛表现还算正常，从第 3 天部分牛开始出现问题。牛的口唇及鼻唇镜部出现发红和起皮的现象，最终有超过 90% 的牛有这一表现，一直持续 1 周多才消失。这可能是牛在运输过程中长时间缺水造成的。牛在交易及运输过程中至少有 2.5 天没有进食和饮水，有的牛可能时间更长。牛 3 天不采食对其的应激并不大，但 3 天不饮水对牛的应激非常大。绝大多数牛到场后出现的口唇及鼻唇镜部出现发红和起皮的现象可能与牛长时间没有饮水有很大关系，这是牛运输应激中最重要的一个因素。陆续有牛出现发热、流脓性鼻液、咳嗽、腹泻的现象，部分牛则继发关节炎，出现关节脓肿、跛行，严重时甚至卧地无法起立等。后期病牛肺部听诊呈哨音或者湿音，心率加快，双眼无神，眼球下陷，身体严重消瘦，鼻孔扩张，发出呻吟声，前肢外展，出现腹式呼吸，呼吸困难，甚至窒息死亡。部分病牛能够耐过，并转变成慢性经过，食欲逐渐恢复正常，有较少的分泌物从鼻腔流出。

> **小知识**
>
> 运输路上 20 小时不吃不喝，回来后不能立即饮水，因为牛在空腹状态下喝水太多容易造成尿血；也不能立即给料，猛吃容易造成瓣胃堵塞、瘤胃积食，休息三四小时后，先饮水，再吃料，这时喂七分饱即可。

2. 治疗 "早诊断，早治疗" 是有效控制本病的基本原则。药物治疗，主要以抗菌消炎、补液强体、提高造血机能、加强管理为治疗原则。早期应用抗生素治疗有一定效果，针对牛支原体与细菌继发感染及泰勒虫感染选用敏感药物。用药时应使用足够剂量与疗程。另外，牛为反刍动物，药物内服效果较差。由于该病在国内研究还比较少，目前尚无商业化疫苗用于本病防治。根据药敏试验结果，不同牛场分离的牛支原体药敏特性有较大差异，可选用环丙沙星、林可霉素、氟苯尼考，部分菌株对四环素敏感。早期使用泰乐菌素类（泰乐菌素、替米考星）及泰妙菌素类抗菌药（支原净）效果也较好。鉴于牛支原体感染牛群具有较高的泰勒虫感染率，泰勒虫感染可降低机体抵抗力、加剧病情、降低治疗效果，建议同时使用吡喹酮片（血虫净）治疗泰勒虫感染。

病牛症状较轻时，可采取肌内注射药物进行治疗，如按每千克体重使用5毫克注射用头孢噻呋钠（万炎宁）、5~10毫克双黄连粉针剂、0.1毫升黄金草注射液，混合均匀后注射，每天1次，连续使用3天。病牛症状严重时，采取颈静脉注射药物进行治疗，如按每千克体重使用10毫克万炎宁、0.1毫升鱼腥草、10毫克双黄连粉针，以及每头250毫升生理盐水，每天1次，连续使用3天；也可每头使用250毫升生理盐水、30毫升复合维生素B，每天1次，连续使用3天。也可全群饮服桂枝汤，即取芍药540克、桂枝540克、生姜540克、甘草540克，以及适量桔梗、大枣，加水煎煮后使用。还可自配抗应激方剂，即取白术24克、生大黄14克、山药24克、砂仁15克、党参24克、白及8克、莲子肉15克、茯苓24克、桔梗（炒黄）15克、广三七8克、薏苡仁15克、白扁豆（炒）24克、炙甘草24克，全部研成粉末，添加适量开水冲调，经由胃管灌服或者任其自由饮服，连续使用1周。

第四节　其他常见病绿色防控

一、牛口蹄疫

1. 临床症状　潜伏期2~5天，之后体温升高至40~41℃，表现为食欲不振，精神沉郁，口流黏性带泡沫的涎水，开口时有哑嘴声。继之可见口腔黏膜出现水疱，多发生于唇内侧、舌、牙龈和颊部黏膜，水疱融合并破溃，露出红色烂斑。蹄部的蹄冠、趾间及蹄踵皮肤出现水疱与破溃，如果继发细菌感染甚至导致牛不能站立乃至蹄匣脱落而淘汰。偶有鼻镜、乳房、阴唇、阴囊等部位出现水疱与破溃。有时继发纤维素性坏死性口腔黏膜炎、咽炎、胃肠炎，有时在鼻咽部形成水疱引起呼吸障碍和咳嗽。病牛体重减轻和泌乳量显著减少，特别是乳腺感染时，泌乳量降低可达75%，甚至泌乳停止乃至不可恢复。成年牛多在发病后 1 周左右痊愈，但有的病程在 2 周以上。病死率在 3% 以下，但也有些病牛往往发生心肌损害而全身虚弱、肌肉震颤，因心脏停搏而突然死亡。犊牛感染时水疱不明显，主要表现为出血性肠炎和心肌麻痹，死亡率高。

2. 病理变化 主要病理变化出现在病牛的口腔、蹄部、乳房、咽喉、气管、支气管和前胃。主要表现为皮肤、黏膜的水疱和水疱破溃后的烂斑，表面覆盖棕黑色痂块。在皱胃和肠黏膜可见出血性胃肠炎。心脏包膜有弥漫性或点状出血，心肌切面有灰白色或淡黄色斑纹，似老虎身上的条纹，故称"虎斑心"，心肌松软似煮肉样。病理组织学变化为皮肤的棘细胞呈球形肿大、渗出乃至溶解。心肌细胞变性、坏死和溶解（图 4-17）。

图 4-17 虎斑心

> **小知识**
>
> 口蹄疫是不允许治疗的法定报告性疾病，发现可疑病例必须在 24 小时内向当地动物防疫部门报告，并应积极配合进行诊断和扑灭。

3. 防控方法

（1）预防措施。根据《国际动物卫生法典》的要求，口蹄疫的控制分为非免疫无口蹄疫国家（地区）、免疫无口蹄疫国家（地区）和口蹄疫感染国家（地区）。各控制区之间要求有监测带、缓冲带、自然屏障及地理屏障。由于该病病原血清型的复杂性和传播的快速与广泛性，为防止该病原传入，建立定期和快速的动物疫病报告及记录系统，严禁从流行地区或国家引入易感动物和动物产品，对来自非疫区的动物及其产品以及各种装运工具，进行严格的检疫和消毒，是所有国家和地区应遵循的共同原则。

应用与流行毒株相同血清亚型的疫苗进行春秋 2 次免疫接种（我国采取强制性免疫接种措施，全部疫苗由政府招标采购，免费接种），是我国现行的较为有效的预防措施，同时无规定疫病区建设，对该病的防控更具有战略意义，我国已经在海南成功建成了无口蹄疫区，同时在多地正在有序有效地开展无口蹄疫区域的建设工作。

(2) 扑灭措施。当口蹄疫暴发时，必须立即上报疫情，迅速做出确诊并划定疫区、疫点和受威胁区，以早、快、严、小为原则，进行严厉的封锁和监督，禁止人、动物和动物产品流动。在严格封锁的基础上，扑杀患病动物及其同群动物，并对其进行无害化处理；对剩余的饲料、饮水、场地、患病动物污染的道路、圈舍、动物产品及其他物品进行全面而严格的消毒；对其他动物及受威胁区动物进行紧急免疫接种。当疫区内最后一头动物被扑杀后，3个月内不出现新病例时，经专家考察、进行终末大消毒后，报封锁令发布机关批准解除封锁。常用的环境消毒药物是2%氢氧化钠、2%甲醛、10%石灰乳；皮张和毛可以用环氧乙烷或甲醛高锰酸钾熏蒸消毒；肉品用2%乳酸或排酸处理即可；粪便采用堆积发酵处理。

二、牛结核病

1. 临床症状 病初多无明显临床症状，可见短促干咳，咳嗽频数，渐变为湿咳，呼吸困难，呼吸次数增多或气喘，特别是早上牵出运动时尤为明显，有时流淡黄色脓性鼻液。胸膜、腹膜发生结核病灶，即所谓的"珍珠病"时，胸部听诊有摩擦音。

2. 病理变化 牛结核的剖检变化比较复杂。宰后检验最常见的是肺结核，其次是肝、脾、肾等器官的结核，胸膜和腹膜结核，乳房结核，头颈部淋巴结结核，肠结核以及生殖器官结核，有时甚至可见脑结核。患肺结核时病牛肺部可见大小不等的增生性结核结节，切面干酪样坏死或钙化，有时坏死组织溶解和软化，排出后形成空洞。患胸膜和腹膜结核时，常形成特征性"珍珠"病理变化。

3. 防控方法 动物结核病以预防为主，主要采取定期检疫、分群隔离、消毒、扑杀、净化污染群、培养健康群等综合性防控措施。为防止该病传入无结核病健康牛群，在引进牛时先就地检疫，确认为阴性方可引进，隔离观察1～2个月，用结核菌素检疫呈阴性者才能混群饲养。

以牛场为例，成年牛用牛型结核分枝杆菌PPD皮内变态反应试验进行检测，每年春秋两季各进行1次。检测时可以结合临床检查，必要时进行细菌学检查，检测结果均为阴性者，可认为是牛结核病净化群，但如果发现阳性者一般不予治疗，应立即淘汰，按照《病害动物和病害动物产品生物安全处理规程》(GB 16548—2006)等有关规定处理，同时采取隔离、净化污染群等防疫措施。发现阳性病牛的牛结核病污染群（场）应实施牛结核病净化。采用 PPD 皮内变态反应试验每 3 个月检测 1 次，发现阳性牛及时扑杀。初生犊牛应于 20 日龄时进行第 1 次检测，100～120 日龄时进行第 2 次检测。如果连续 2 次以上检测结果为阴性，则可认为是牛结核病净化群。如果疑似结核病，则于 42 天后进行复检，复检结果为阳性，则按阳性牛处理，如果仍呈疑似反应则间隔 42 天后再复检 1 次，结果仍为可疑则视同阳性牛处理。

加强平时的消毒工作，每年进行 2～4 次预防性消毒。当牛群出现阳性病牛后，对污染的场所、用具、物品应进行一次大消毒。常用消毒药为 5% 来苏儿或克辽林、10% 漂白粉、3% 甲醛或 3% 氢氧化钠溶液。饲养场的金属设施、设备可采取火焰、熏蒸等方式消毒，养殖场的圈舍、环境、车辆等可选用 0.2% 氢氧化钠等消毒，饲料、垫料最好进行焚烧处理，粪便可以采取堆积密封发酵方式消毒。

三、牛副结核病

1. 临床症状 病牛体温正常，早期临床症状为间断性腹泻，以后变为经常性的顽固腹泻。排泄物稀薄，恶臭，带有气泡、黏液和血液凝块。病牛食欲起初正常，精神也良好，以后食欲有所减退，逐渐消瘦，眼窝下陷，精神萎靡，经常躺卧。泌乳量逐渐减少，最后停止泌乳。皮肤粗糙，被毛粗乱，下颌及垂皮可见水肿。尽管病牛消瘦，但仍有性欲。腹泻有时可暂时停止，排泄物恢复正常，体重有所增加，然后再度发生腹泻。给予多汁青绿饲料可加剧腹泻。如腹泻不止，一般 3～4 个月衰竭而死。

2. 病理变化 病牛尸体消瘦。主要病理变化在消化道和肠系膜淋巴结。消化道的损害常限于空肠、回肠和结肠前段，特别是回肠。有时肠外表无大变化，但肠壁常增厚（图 4-18）。浆膜下淋巴管和肠系膜淋巴管常肿大，呈索状。浆膜和肠系膜都有显著水肿。肠黏膜常增厚 3～20 倍，并出现硬而弯曲的皱褶，黏膜黄白色或灰黄色，皱褶凸起处常呈充血状态，黏膜上面附有黏液，稠

图 4-18 病死牛空肠黏膜增厚，呈脑回样变

而混浊，但无结节和坏死，也无溃疡。肠腔内容物很少。肠系膜淋巴结肿大变软，切面浸润，上有黄白色病灶，但无干酪样变。

3. 防治方法　由于病牛往往在感染后期才出现临床症状，因此药物治疗常无效。预防本病重在加强饲养管理，特别是对幼年牛更应注意给予足够的营养，以增强其抗病力。不要从疫区引进牛，如已引进，则必须进行检查，确证健康时，方可混群。

曾经检出过病牛的假定健康牛群，在随时观察和定期进行临床检查的基础上，对所有牛用副结核菌素进行变态反应检疫，每年要做4次（间隔3个月）。变态反应阴性牛方准调群或出场。连续3次检疫不再出现变态反应阳性反应牛，可视为健康牛群。

对应用各种检查方法检出的病牛，要及时扑杀，但对妊娠后期的母牛，可在严格隔离不散菌的情况下，待产犊后3天扑杀；对变态反应阳性牛，要集中隔离，分批淘汰，在隔离期间加强临床检查，有条件时采集直肠刮下物、粪便内的血液或黏液进行细菌学检查；对变态反应疑似牛，隔15～30天检疫1次，连续3次呈疑似变态反应的牛，应酌情处理；变态反应阳性母牛所生的犊牛，以及有明显临床症状或菌检阳性母牛所生的犊牛，应立即与母牛分开，人工喂母牛初乳3天后单独组群，人工喂以健康牛乳，长至1月龄、3月龄、6月龄时各做变态反应检查1次，如均为阴性，可按健康牛处理。

被病牛污染过的牛舍、栏杆、饲槽、用具、绳索和运动场等，要用生石灰、来苏儿、氢氧化钠、漂白粉、石炭酸等消毒液进行喷雾、浸泡或冲洗。粪应堆积高温发酵后作肥料用。关于本病的人工免疫接种，尚未获得满意的解决方法。国外曾应用菌苗对牛、绵羊进行预防接种，但因免疫效果不佳和使接种牛对变态反应呈阳性反应等问题，而未能推广。

四、牛巴氏杆菌病

小知识

牛巴氏杆菌病又称牛出血性败血症，是牛的一种急性传染病。以高热、肺炎和内脏广泛出血为特征。

1. 临床症状　潜伏期2～5天。根据临床表现，可将本病分为急性败血型、浮肿型、肺炎型。

(1) 急性败血型。病牛初期体温可高达41~42℃，精神沉郁、反应迟钝、肌肉震颤，呼吸、脉搏加快，眼结膜潮红，食欲废绝，反刍停止。病牛表现为腹痛，常回头观腹，粪便初为粥样，后呈液状，并混杂黏液或血液且具恶臭。一般病程为12~36小时。

(2) 浮肿型。除表现全身症状外，特征性症状是颌下、喉部肿胀，有时水肿蔓延到垂肉、胸腹部、四肢等处。眼红肿、流泪，有急性结膜炎。呼吸困难，皮肤和黏膜发绀，呈紫色至青紫色，常因窒息或腹泻虚脱而死。

(3) 肺炎型。主要表现纤维素性胸膜肺炎症状。病牛体温升高，呼吸困难，痛苦干咳，有泡沫状鼻汁，后呈脓性。胸部叩诊呈浊音，有疼感。肺部听诊有支气管呼吸音及水泡性杂音。眼结膜潮红，流泪。有的病牛会排带有黏液和血块的粪便。本病型最为常见，病程一般为3~7天。

2. 病理变化 败血型主要呈全身性急性败血症变化，内脏器官出血，在浆膜与黏膜以及肺、舌、皮下组织和肌肉出血。浮肿型主要表现为咽喉部急性炎性水肿，病牛尸检可见咽喉部、下颌间、颈部与胸前皮下发生明显的凹陷性水肿，手按时出现明显压痕；有时舌体肿大并伸出口腔。切开水肿部会流出微混浊的淡黄色液体。上呼吸道黏膜呈急性卡他性炎；胃肠呈急性卡他性或出血性炎；颌下、咽背与纵隔淋巴结呈急性浆液出血性炎。肺炎型主要表现为纤维素性肺炎和浆液性纤维素性胸膜炎。肺组织颜色从暗红色、炭红色到灰白色，切面呈大理石样病变（图4-19）。胸腔积聚大量有絮状纤维素的渗出液。此外，还常伴有纤维素性心包炎和腹膜炎。

图4-19 肺出血

3. 防控方法

(1) 预防。预防牛巴氏杆菌病主要是加强饲养管理，避免各种应激，增强牛的抵抗力，定期接种疫苗。预防注射可使用血清抗体。用法：体重100千克以下的牛，皮下注射或肌内注射4毫升；100千克以上的牛注射6毫升。免疫力可维持9个月。

（2）治疗。发病后，对病牛立即进行隔离治疗。可选用敏感抗生素给病牛注射，如氧氟沙星，肌内注射，每千克体重3～5毫克，连用2～3天；恩诺沙星，肌内注射，每千克体重2.5毫克，连用2～3天。消毒圈舍，每天2～3次。未发病牛紧急注射牛巴氏杆菌疫苗。

五、牛传染性胸膜肺炎

小知识

牛传染性胸膜肺炎（牛肺疫），为一类传染病、寄生虫病，是由丝状支原体丝状亚种引起的一种高度接触性传染病，以渗出性纤维素性肺炎和浆液性纤维素性胸膜肺炎为特征。

1. 临床症状

（1）急性型。病牛症状明显而有特征性，体温升高到40～42℃，呈稽留热，干咳，呼吸加快而有呻吟声，鼻孔扩张，前肢外展，呼吸极度困难。由于胸部疼痛不愿行动或下卧，呈腹式呼吸。咳嗽逐渐频繁，常是带有疼痛的短咳，咳声弱而无力，低沉而潮湿。有时流出浆液性或脓性鼻液，可视黏膜发绀。急性型一般在症状明显后经过5～8天，约半数死亡。有些病牛病势趋于静止，全身状态改善，体温下降、逐渐痊愈；有些病牛则转为慢性，整个急性型病程为15～60天。

（2）慢性型。多数由急性型转来，也有开始即为慢性经过者。除体况消瘦，多数无明显症状。偶发干性短咳，叩诊胸部可能有实音区。消化机能扰乱，食欲反复无常。此种病牛在良好护理及妥善治疗下，可以逐渐恢复，但常成为带菌者。若病变区域广泛，则病牛日益衰弱，预后不良。

2. 病理变化 特征性病变主要在胸腔。典型病例是大理石样肺和浆液性纤维素性胸膜肺炎。肺和胸膜的变化，按发生发展过程，可分为初期、中期和后期3个时期。

（1）初期。病变以小叶性支气管肺炎为特征。肺炎灶充血、水肿，呈鲜红色或紫红色。

(2) 中期。呈浆液性纤维素性胸膜肺炎，肺肿大、增重，灰白色，多为一侧性，以右侧较多，多发生在膈叶，也有在心叶或尖叶者。切面有奇特的图案色彩，犹如多色的大理石，这种变化是由于肺实质呈不同时期的病理变化所致。肺间质水肿变宽，呈灰白色，淋巴管扩张，也可见到坏死灶。胸膜增厚，表面有纤维素性附着物，多数病例的胸腔内积有淡黄透明或混浊液体，多的可达10 000~20 000毫升，内混有纤维素凝块或凝片。胸膜常见出血、肥厚，并与肺病部粘连，肺膜表面有纤维素附着物（图4-20），心包膜也有同样变化，心包内有积液，心肌脂肪变性。肝、脾、肾无特殊变化，胆囊肿大。

(3) 后期。肺部病灶坏死，被结缔组织包围，有的坏死组织崩解（液化），形成脓腔或空洞，有的病灶完全瘢痕化。本病病变还可见腹膜炎、浆液性纤维性关节炎等。

图4-20 肺膜表面纤维素附着物

3. 防控方法 本病预防应注意自繁自养，不从疫区引进牛，必须引进时，对引进牛要进行检疫。做补体结合反应2次，证明为阴性者，接种疫苗，经4周后启运，到达后隔离观察3个月，确证无病时，才可与原牛群接触。原牛群也应事先接种疫苗。

我国消灭牛传染性胸膜肺炎的经验证明，根除传染源、坚持开展疫苗免疫接种是控制和消灭本病的主要措施，即根据疫区的实际情况，扑杀病牛和与病牛有过接触的牛，同时在疫区及受威胁区每年定期接种牛传染性胸膜肺炎兔化弱毒苗或兔化绵羊化弱毒苗，连续3~5年。我国研制的牛传染性胸膜肺炎兔化弱毒苗和牛传染性胸膜肺炎兔化绵羊化弱毒苗免疫效果良好，曾在全国各地广泛使用，对消灭曾在我国存在达80年之久的牛传染性胸膜肺炎起到了重要作用。

六、牛传染性角膜结膜炎

> **小知识**
>
> 牛传染性角膜结膜炎又名红眼病，是危害牛的一种急性传染病。其特征为眼结膜和角膜发生明显炎症变化，伴有大量流泪，之后发生角膜混浊，混浊物呈乳白色。

1. 临床症状 病牛主要症状是流泪，眼睑痉挛，经常闭锁，畏光。角膜和血管充血（图4-21），且角膜上出现白灰色的小点。当病牛照射阳光或受到灯光刺激时，会大量流泪，经过2～3天可见泪水变为脓性分泌物，附着于眼睫毛上。发病大约4天时，病牛眼结膜也开始发生变化，初期可见结膜中间略微变得混浊，出现荧光着色的情况，中央角膜呈黄褐色，并生长有大量新的血管组织。当病牛角膜和结膜都发生较为严重的炎症时，视力减弱，此时采食量减少，体重下降，精神沉郁。犊牛生长发育受阻。成年母牛泌乳量降低，且拒绝哺乳犊牛。

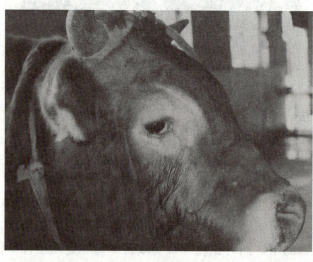

图4-21 角膜充血

2. 防治方法 禁止到疫区引进新牛、饲料以及其他相关产品，且新引进的牛都要经过3～7天的隔离观察，经过检疫合格，确认健康无病后才可与本场其他牛群混合饲养。

圈舍和器具要定期进行严格消毒，保证给牛群提供健康良好的环境。在该病多发的地区和季节，要保持圈舍、周边环境良好，注意灭虫。日常要避免牛长时间照射日光，注意防风防尘，在蝇蚊繁殖季节要加强消毒，尽量消灭传播媒介。

七、牛布鲁氏菌病

牛布鲁氏菌病是一种危害较为严重的人兽共患病，该种疾病的致病原为布鲁氏菌。我国将布鲁氏菌病归为二类动物疫病，由于该种疾病造成的危害性巨大，发生后需要采取有效措施进行严格封锁，隔离扑杀处理。

1. 临床症状 牛感染布鲁氏菌病在早期无明显症状，不容易被人们所察觉，当病情发展到一定阶段时，病牛的生殖系统会受到严重损害。牛布鲁氏菌病最明显的临床症状为流产。另外，还可引起死产、胎衣不下和产奶量下降。若流产后无并发症则一般不影响奶牛的健康状况。细菌可感染公牛的精囊、壶腹部、睾丸和附睾。因此，病牛的精液中存在该菌，从感染牛的精清中可查到凝集素。公牛感染后还可发生睾丸脓肿。

2. 病理变化 病牛胎衣变厚，有出血点，呈黄色和胶样状。部分胎衣表面有脓汁。流产胎儿皮肤有出血点，胃部出现大量黏性物质，一些器官出现坏死。

3. 防控措施 对布鲁氏菌病的防治必须贯彻"预防为主"的原则。未感染的牛群要坚持自繁自养，在必须引进种牛或补充牛群时，一定要严格执行检疫。引进的牛要隔离饲养2个月，同时进行布鲁氏菌病检查，2次检查均为阴性者，才可以与原有牛接触。洁净的牛群，还应定期检疫（至少1年1次），一经发现病牛，立即淘汰，按照《病害动物和病害动物产品生物安全处理规程》（GB 16548）等有关规定处理。当牛群出现流产牛时，除隔离流产病牛并对流产胎儿、胎衣和环境消毒外，还应尽快做出实验室诊断。

当确诊为本病时，应立即采取措施，检疫、隔离、控制传染源，同时要采取措施切断传播途径。

培养健康牛群，进行免疫接种。在疫区内，对易感牛可选用猪Ⅱ号布鲁氏菌苗（简称S2菌苗）、羊M5号布鲁氏菌苗（简称M5菌苗）、牛19号布鲁氏菌苗（简称A19菌苗）或经农业农村部批准生产的其他菌苗进行免疫接种。牛、羊在首次免疫接种后，以后每2年免疫接种1次。

八、骨折

骨骼出现裂隙或完整性遭到破坏时称为骨折,常伴有周围组织不同程度的损伤,是一种较严重的外科病。

1. 临床症状

(1) 变形。上下骨折端因受肌肉的牵拉和肢体重力的影响而表现肢体缩短、侧方移位、纵轴移位、旋转等症状。四肢下端的长骨完全骨折后,随着运动,其远端可出现晃动的异常现象。

(2) 肿胀与出血。骨折引起的肿胀,一般都是由于骨折时血管损伤,导致出血和组织炎症所致。

(3) 疼痛。骨折后病牛即有疼痛感,主要是由于神经、骨膜受到损伤而致。

(4) 骨摩擦音。骨折的两断端相碰时,出现带有尖锐而撕裂样高调的声音,也有因局部肿胀或两端有软组织嵌入而不发音。

(5) 机能障碍。病牛常在骨折后立即出现机能障碍,四肢完全骨折最为明显,站立时不愿负重,运步时三蹄跳,由于剧烈疼痛致使病牛不愿运动。

2. 发病原因 临床上主要分为外伤性与病理性两类。

(1) 外伤性。多由于管理不善、直接和间接暴力所致。直接暴力,如外力直接打击、火器伤、两牛角斗等;间接暴力,如跨越沟渠、在舍中滑倒、蹄部卡于洞穴之中等。

(2) 病理性。多见于奶牛代谢性疾病、佝偻病、软骨症、骨钙化不全、骨髓炎、氟中毒等,导致骨骼坚韧性的变化,当受到外力作用时便可发生骨折。

3. 防治措施 骨折主要由意外造成,因此平时只要加强管理,合理使役,注意放牧等就可避免发生。闭合性骨折的治疗,应按早期整复、合理固定的原则进行。

(1) 早期整复。整复的时间越早越好。整复是使两断端处在接触部位恢复到原来的位置。为了防止整复时的疼痛,可用2%普鲁卡因10~30毫升注入血肿内或用传导麻醉,再行整复。

(2) 合理固定。分为内固定与外固定。内固定一般使用髓内钉、贯穿钉、接骨板与骨螺丝,必须通过无菌手术将皮肤与肌肉切开,直接在断裂的骨折处安装好;外固定是用石膏绷带或石膏夹板绷带以固定病部。

九、软骨症

软骨症是一种由代谢障碍引起的疾病，严重的可引起瘫痪。

1. 临床症状 病的初期病牛出现消化障碍、嗜异物，逐渐消瘦，产奶量减少，进而表现喜卧，不愿起立，强行轰起时，弓背、四肢开张。站立或卧倒时疼痛，走路时动作不灵活，快跑或运动之后表现腿瘸。压迫肩、鬐甲、腰部骨骼有疼痛感。肘下部的关节、屈腱的腱鞘有炎症，表现肿胀，并且下颚骨也有肿胀，骨质渐渐变脆弱，起立、伏卧、回转、分娩时，发生骨折。从发病开始到表现出症状、到衰弱，往往经过数月，症状时好时坏，食欲、营养状况越来越差，被毛失去光泽，产奶量显著下降。严重时可发生瘫痪。

2. 发病原因 造成本病的原因很多。首先，饲养管理不当，如日光照射不足、运动不足等；其次，营养物质不均衡，如钙磷比例失调，或钙、维生素 D 不足等。

3. 防治措施 注意饲料搭配，日粮中添加优质高效的骨粉、维生素 A 粉、维生素 D 粉或鱼肝油。对高产奶牛和妊娠母牛，哺乳期间应注意补充钙质饲料，在日粮中每天喂胡萝卜 8~10 千克。高产奶牛易发生软骨症，应严格控制精饲料喂量，并严禁用加料的方法追求产奶量，可提早停奶，要常修蹄，防止蹄变形。同时，对高产奶牛和老龄牛定期补喂钙质饲料，或静脉注射钙制剂和亚硒酸钠、维生素 E，可预防本病的发生。

让奶牛适当运动，增强体质，注意防止胃肠炎，以利于钙磷的吸收，是预防本病的重要措施。

十、肠炎

肠炎指肠道黏膜及肌层的重剧性炎症过程。

1. 临床症状 病牛全身症状明显，精神沉郁，体温升高（至 40℃以上），脉搏增快（100 次/分以上），呼吸加快。食欲废绝，初期粪干燥，后期腹泻，结膜黄染，常提示为小肠炎症；反之，腹泻出现早，腹泻明显，并伴有里急后重现象，或肠音亢进，食欲减退、口腔湿润、脱水迅速，为大肠炎症。

2. 发病原因

（1）饲养管理不当。饲喂霉变的饲料；过多饲喂精饲料。

（2）应激因素。长途运输、天气骤变。

（3）滥用抗生素或磺胺类药物。

(4) 继发于牛出血性败血症、牛病毒性腹泻等传染病过程中。

3. 防治措施

(1) 抗菌消炎。应用抗生素或磺胺类药物。

(2) 缓泻、止泻。

①缓泻。当肠音弱，粪干、色暗或排粪迟缓，有大量黏液，气味腥臭时，灌服植物油 500～1 000 毫升缓泻。

②止泻。当粪便如水，频泻不止，腥臭气不大，不带黏液时，灌服 0.1%高锰酸钾 1 000～3 000 毫升止泻。

(3) 强心补液。在临床上强心、补液与解毒并行，但以补液为主。

①强心。可肌内注射强心剂，如 10%安钠咖或强尔心 10 毫升，10%樟脑磺酸钠溶液 10～20 毫升等。

②补液。补液是治疗胃肠炎的重要措施之一，兼有强心解毒作用，可用 5%葡萄糖氯化钠溶液或 0.9%生理盐水 2 000～4 000 毫升、10%维生素 C 注射液 10～30 毫升，静脉注射，每天 1～2 次。

(4) 对症治疗。

①酸中毒。5%碳酸氢钠注射液 250～500 毫升，静脉注射。

②出血。肌内注射安络血、酚磺乙胺（止血敏）、维生素 K_3 等。

③恢复肠胃功能。用健胃药物（胃蛋白酶、乳酶生等）。

十一、腐蹄病

1. 临床症状 病牛喜趴卧，站立时患肢负重不实或各肢交替负重；行走时跛行。蹄间和蹄冠皮肤充血、红肿。蹄间溃烂，有恶臭分泌物，有的蹄间有不良肉芽增生。蹄底角质部呈黑色，用叩诊锤或手按压蹄部时出现痛感。也有由于角质溶解，蹄真皮过度增生，肉芽凸出于蹄底。

球节感染发炎时，球节肿胀、疼痛。严重时，病牛体温升高，食欲减退，严重跛行，甚至卧地不起，消瘦（图 4-22）。用刀切削扩创后，蹄底小孔或大洞即有污黑的臭水流出，趾间也能看到溃疡面，上面覆盖着恶臭的坏死物。重者蹄冠红肿，痛感明显。

2. 发病原因 饲料管理方面，主要是草料中钙、磷不平衡，致角质蹄疏松，蹄变形和不正；牛舍不清洁、潮湿，运动场泥泞，蹄部经常被粪尿、泥浆浸泡，使局部组织软化；石子、坚硬的草木、玻璃碴等，刺伤软组织而引起蹄部发炎。

图 4-22 病牛关节肿胀

病原菌多为节瘤拟杆菌，在牛蹄处寄生，一般在坏死梭杆菌等菌的协同作用下，出现明显的腐蹄病损害。

3. 防治措施

（1）注射疫苗。药物对腐蹄病无临床效果，切实预防和控制该病最有效的措施是进行疫苗免疫接种。加强饲养管理，圈舍应勤起垫，防止泥泞，运动场要干燥，设遮阳棚；草料中补充硫酸铜和硫酸锌。

（2）治疗方法。用20%硫酸锌溶液洗涤蹄部；用10%硫酸铜溶液浴蹄2～5分钟，间隔1周再进行1次；修整蹄形，挖去蹄底腐烂组织，用5%碘酊棉球填塞患部；青霉素20万单位，溶解于5毫升蒸馏水中，再加入50毫升鱼肝油，混合搅拌，制成乳剂，涂于腐烂创口，深部腐烂可用纱布蘸取药液填充，然后包扎，每天换药1次。

十二、瘤胃积食

1. 临床症状 牛通常在采食几小时后突然发病并伴随明显的瘤胃酸中毒。发病初期由于瘤胃内容物大量堆积，病牛精神萎靡，在圈舍中焦躁不安，频繁回头顾腹，用后肢踢腹，随后采食量逐渐下降，直到停止采食，反刍功能消失，不断嗳气，从口腔中流出大量唾液状分泌物。病牛呼吸急促，仔细观察还能发现腹部膨胀，用手轻轻按压可以感觉到瘤胃内容物坚硬，按压时留有指痕。听诊腹部能感觉瘤胃蠕动音呈现逐渐减弱甚至消失的现象，肠鸣音微弱。病牛便秘，粪干，大多数病牛在后期还会出现间歇性腹泻，便秘和腹泻交替出现。直肠检查能感觉瘤胃严重扩张，瘤胃容积显著增大，并且瘤胃内容物黏硬。发病晚期，病牛的临床症状逐渐加重，腹部胀满，瘤胃中液体增多，病牛呼吸急促，脉搏加快，每分钟高达 120 次。呼吸每分钟达 60 次以上，结膜发绀，眼球向内凹陷。病牛衰弱，卧地不起，发生脱水和酸中毒。结合大多数病牛瘤胃内容物黏硬，兼有腹部显著增大，呼吸急促，瘤胃蠕动音逐渐减弱的症状，可以对病情做出初步诊断，诊断为瘤胃积食（图 4-23）。

图 4-23　病牛腹部胀满

2. 发病原因　过度采食粗饲料是引起瘤胃积食的主要原因，牛处于饥饿状态、暴食、贪食是急性病例的重要原因。过食大量富含粗纤维的饲料，例如，秋季过食枯老的甘薯藤、黄豆秸、花生秸等，缺乏饮水或吃食质量低劣的粗饲料而缺少精饲料或优质青干草。伴有异食现象的成年母牛，吃食污秽物、木材、骨、粪便、垫草、煤渣、塑料制品及产后吞食胎衣都可造成瘤胃阻塞或不全阻塞。

3. 防治措施

（1）预防。日常要加强放牧、加强运动，冬春季节应储存大量青绿饲料，保证冬春季节有充足的饲料供给。另外，在饲料搭配过程中，一定要确保多样化，避免饲料种类单一，要做到科学投喂饲料，科学提供饮用水。

（2）治疗。

①按摩疗法。在牛的左肷部用手掌按摩瘤胃，每次 5～10 分钟，每隔 30 分钟按摩 1 次。结合灌服大量温水，效果更好。

②腹泻疗法。硫酸镁或硫酸钠 500～800 克，加水 1 000 毫升，液状石蜡油或植物油 1 000～1 500 毫升，给牛灌服，加速排出瘤胃内容物。

③促蠕动疗法。可用促使瘤胃蠕动的药物，如10％高渗氯化钠300～500毫升，静脉注射，同时用新斯的明20～60毫升，肌内注射能收到好的治疗效果。

④洗胃疗法。用直径4～5厘米、长250～300厘米的胶管或塑料管1条，经牛口腔导入瘤胃内，然后来回抽动，以刺激瘤胃收缩，使瘤胃内液状物经导管流出。若瘤胃内容物不能自动流出，可在导管另一端连接漏斗，向瘤胃内注温水3 000～4 000毫升，待漏斗内液体全部流入导管内时，取下漏斗并放低牛头和导管，用虹吸法将瘤胃内容物引出体外。如此反复，即可将精饲料洗出。

病牛饮食欲废绝，脱水明显时，应静脉补液，同时补碱，如25％的葡萄糖500～1 000毫升，复方氯化钠溶液或5％糖盐水3～4升，5％碳酸氢钠溶液500～1 000毫升等，一次静脉注射。

⑤切开瘤胃疗法。重症而顽固的积食，应用药物不见效果时，可行瘤胃切开术，取出瘤胃内容物。

十三、皱胃变位

1. 临床症状

（1）*左方变位症状*。大多发生在分娩之后。病初，病牛食欲减退，多数病牛食欲时有时无，有的病牛出现回顾腹部、后肢踢腹等腹痛表现；粪减少，呈糊状、深绿色，往往出现腹泻。病牛瘦弱，腹围缩小，有的病牛左侧腹壁最后三个肋弓区与右侧相对部位比较，明显膨大，但左侧腰旁窝下陷。多数病牛体温、呼吸、脉搏变化不大，瘤胃蠕动音减弱，病程一般10～30天。

（2）*右方变位症状*。多发生在产犊后3～6周，临床症状比较严重，病牛突然不食，腹痛，蹴踢腹部，背下沉，心跳加快达100～120次/分钟，体温偏低，瘤胃音弱或完全消失，腹泻，粪便呈黑色。右侧最后肋弓周围明显膨胀，在右侧最后3个肋间，叩诊出现类似钢管音；通过直肠检查可以摸到扩张后移的皱胃。

2. 发病原因　一般认为皱胃变位的发生与饲喂精饲料过多和分娩有密切关系，除了上述原因外，年龄、体重、高产以及胎衣滞留、子宫内膜炎、乳腺炎、消化不良等都与本病有一定关系。

3. 防治措施

（1）*保守疗法*。左方变位时，少数病例施行支持疗法后可以康复；也可以在病初采取滚转复位法，应用此法时应事先使病牛饥饿数日，并适当限制饮水。尽管滚转复位法比较简单，但是其复发率高，可达50%左右。对于右方变位，保守疗法无效，应尽快施行手术。

（2）手术治疗。治愈率高，术后很少复发，尤其是对于保守疗法无效的右方变位，几乎是唯一的治疗方法。术后7天内，使用抗生素和氢化可的松控制炎症的发展，纠正脱水和代谢性碱中毒，使用兴奋胃肠蠕动的药物以恢复胃肠蠕动，可适当使用缓泻剂，以清除胃肠内滞留的腐败内容物。

十四、肺炎

1. 临床症状

（1）慢性型。慢性型肺炎发病初期的症状主要是病牛出现持续间断性咳嗽，呼吸较为困难，与急性型肺炎症状较为不同的是犊牛的精神状态较好，食欲没有发生较大变化，体温维持在正常水平，但犊牛的生长发育较为缓慢，运动量明显减少。

（2）急性型。犊牛在感染急性型肺炎初期会表现为头低垂，头颈向前伸，精神萎靡。此外，还会出现独自站立不动、呆滞、食欲大减等现象，偶尔咳嗽。近距离观察会发现其鼻孔两侧有脓性液体流出，病情严重时嘴角出现白沫。

2. 发病原因 牛肺炎的发病原因十分复杂，并且是由多种致病因素引起的。肺炎的传播流行主要与犊牛的呼吸器官发育不健全，各个功能不完善有很大联系。在冬春季节，圈舍中的温度不均也会不断刺激牛身体，造成严重的应激反应，导致肺炎发生。冬季圈舍潮湿寒冷，如果圈舍的温度下降到8℃以下，相对湿度超过75%也很容易造成低温高湿刺激，引发肺炎。另外，受到雨雪的侵袭，如伤风感冒发热也可引发肺炎。

3. 防治措施

（1）预防措施。养殖人员要注重妊娠母牛的饲养管理工作，确保母牛能够获取足够营养。与此同时，要注重牛舍的卫生管理工作，在牛舍内铺垫一些干净垫草，定期清理牛舍卫生，并开展消毒工作，将消毒工作与卫生管理工作落实到位，为犊牛提供整洁的生活环境。

（2）中药治疗。牛肺炎的中药治疗方法一般是选取板蓝根、连翘、黄芪、银花杏仁、沙参、甘草等药材各10克，同时选取麻黄6克，石膏40克，桑皮、桔梗各6克，麦冬69克，并将以上药材研成细末，添加适量开水冲调，分成2次给犊牛内服，每天1剂，连续服用4天即可康复。

第四章 肉牛疫病绿色防控技术

思考与练习题

1. 牛舍的化学消毒液消毒法有哪些注意事项?
2. 牛粪便消毒方法有哪几种?最佳消毒方案是什么?
3. 如何检查消毒药剂选择的正确性?
4. 牛舍的化学消毒液消毒法包括哪几种?
5. 大肠杆菌病、牛沙门氏菌病、牛轮状病毒感染三者的临床症状相对比,有何异同点?

第五章 肉牛场建设与环境控制技术

第一节 肉牛场设计与建造

一、肉牛场选址

肉牛规模场场址选择应符合法律法规和当地发展规划要求,如不能建在禁养区、生态红线内以及基本农田上,还应考虑位置、地势、土壤、水源等条件。

(一)位置

(1)距离生活饮用水源地、动物屠宰加工场所、动物和动物产品集贸市场500米以上;距离种畜禽场1 000米以上;距离动物诊疗场所200米以上;动物饲养场(养殖小区)之间距离不少于500米。

(2)距离动物隔离场所、无害化处理场所3 000米以上。

(3)距离城镇居民区、文化教育科研等人口集中区域及公路、铁路等主要交通干线500米以上。

(4)交通、供电方便,区域内粗饲料资源丰富。

(二)地势

场址要求地势高燥、背风向阳,场地地形整齐、开阔。一般肉牛育肥场的场区面积按每头存栏牛30～35米^{2}计算,自繁自养牛场按每头存栏牛60～80米^{2}计算。

(三)土壤

场区土壤应清洁无污染,同时避免在有氟病、缺硒症等地方病的地区建场。牛场土质以沙壤土最好,透气、透水、导热性小。

(四)水源

场址附近应有充足、水质良好的水源。一般肉牛存栏量为100头的肉牛场每天需水量 10 吨左右。

二、肉牛场规划与布局

（一）功能区划分

规模以上肉牛场应明确划分生活管理区、生产辅助区、生产区、隔离及粪污处理区。规模以下肉牛场应做到生活管理区和生产区分开。

1. 生活管理区 生活管理区是牛场工作人员生活、办公的场所，包括消毒设施、办公设施、生活设施等，应尽量靠近牛场大门。

2. 生产辅助区 设在生活管理区和生产区之间，包括青贮窖、草料库和饲料加工间等。

3. 生产区 包括牛舍、兽医室、消毒室等。生产区位于生产辅助区和隔离及粪污处理区之间，规模大的牛场牛舍排列顺序为母牛舍、犊牛舍、青年牛舍、肥育牛舍。

4. 隔离及粪污处理区 隔离及粪污处理区是新购牛观察、病牛隔离治疗、粪污及病死牛处理的区域，一般距生产区 100 米以上，该区域位于下风向或侧风向，包括装牛台、隔离牛舍、兽医室、粪污处理场、病死牛处理设施等。

（二）布局

牛场布局要点是各功能区相对分离，根据主风向、地形地势规划布局。

1. 功能区分开 生活管理区、生产辅助区、生产区、隔离及粪污处理区相对分开，尤其是生活管理区和生产区严格分离，大门口及生产区入口设消毒池和消毒室。

2. 主风向 各功能区一般按照主风向平行布局，如冬季一般为西北风，理想的布局为由西北向东南依次为生活管理区、生产辅助区、生产区、隔离及粪污处理区。如果受地形限制不能按照理想布局建设，要尽量使人经常活动的区域和要求洁净度高的区域处于上风向，动物活动的区域、隔离及粪污处理区等对卫生要求较低的区域处于下风向或侧风向。

3. 地形地势 各功能区依次排列，由高到低分别为生活管理区、生产辅助区、生产区、隔离及粪污处理区。在山区的山坡地带，如果地势和主风向产生矛盾时，应优先考虑地势布局。

4. 净污道分开 牛场内道路分净道和污道，净道是人员和饲料通过的道路，污道是动物行走和运输粪污的道路，两者要严格分开。

三、肉牛舍建设

(一) 牛舍类型

(1) 根据开放形式不同，牛舍分为密闭式牛舍、半开放式牛舍和开放式牛舍（图 5-1 至图 5-3）。北方地区冬季天气寒冷，宜采用半开放式或密闭式牛舍；南方地区炎热潮湿，宜采用开放式牛舍。

图 5-1 密闭式牛舍

图 5-2 半开放式牛舍

图 5-3 开放式牛舍

(2) 根据舍内分布方式不同，牛舍分为单列式、双列式和多列式。规模养殖场多采用双列式牛舍（图 5-4、图 5-5）。

第五章 肉牛场建设与环境控制技术

图 5-4 单列式牛舍

图 5-5 双列式牛舍

（二）建造要求

1. 牛舍朝向　牛舍朝向根据保暖和采光需要确定。

（1）双列式牛舍朝向。北方地区应长轴南北向，南侧开门；南方地区应长轴东西向。

（2）单列式牛舍朝向。全部长轴东西向，坐北朝南。

2. 建造要求

（1）墙壁。多用砖墙，厚度根据保温需要确定，一般墙厚 37 厘米。现代牛舍沿墙仅建 1 米左右，其余部分为卷帘，冬季挡风，夏季敞开。

（2）屋顶。一般用夹有保温材料的彩钢板建造屋顶。按照形式不同分为单坡式、双坡式、钟楼式等。规模牛场多采用双坡式屋顶，结构简单，造价低。小型肉牛场多采用单坡式屋顶和暖棚牛舍。钟楼式屋顶比较适合南方跨度大的牛舍，通风换气好，但造价高。一般双列式牛舍屋顶上缘距地面 3.5～4.5 米，屋顶下缘距地面 2.5～3.5 米。单列式牛舍屋顶上缘距地面 2.8～3.5 米，屋顶下缘距地面 2.0～2.8 米，钟楼式上层屋顶与下层屋顶交错处垂直高度为 0.5～1.0 米。

（3）牛舍地面。舍内地面要高于舍外地面。饲喂通道采用混凝土结构，宽 2.0～2.5 米，如采用机械饲喂则宽 4 米。采用机械清粪的牛舍设清粪通道，宽 1.3～1.5 米。牛行走的区域多采用混凝土防滑处理或立砖地面。

（4）门窗。封闭和半开放式牛舍门一般设计为推拉式，宽、高各 2 米左右，根据牛舍大小和饲喂要求调整。密闭式牛舍窗户一般高、宽各 1.5 米左右，寒冷地区要南窗大而多，北窗小而少，窗台距地面 1.2 米左右。半开放式牛舍可设卷帘，根据天气圈起或放下。

（三）牛场设施与设备

1. 舍内设施　舍内设施主要有饲槽和水槽。规模牛场一般饲槽和水槽分开设置,饲槽采用地面食槽,将饲喂通道靠牛床侧用于饲喂,便于机械饲喂,水槽单独设置,放在舍外运动场,一般宽40~60厘米,深40厘米,上缘距地面不超过70厘米,一个水槽满足10~30头牛的饮水需要,根据需要设置水槽长度。寒冷地区有条件的可选用恒温水槽。规模较小、人工饲喂的牛场也可以采用固定槽,兼作食槽和水槽,靠牛床侧高40厘米,靠通道侧高60厘米,上部宽60厘米,槽底呈弧形。但这种方式不推荐,建议单设水槽。

2. 舍外设施

(1) 运动场及围栏。集中育肥牛场也可不设运动场,自繁自养的牛场要设运动场。运动场地面可采用三合土,要有一定坡度,周围设围栏。运动场面积按犊牛5~10米^2、育成牛10~20米^2、母牛20~25米^{2}设计。运动场内要设水槽。围栏可用钢管,高1.8米。

(2) 消毒设施。牛场大门口设消毒池、消毒室,消毒池深10~15厘米,长2~4米,以进场大型车辆车轮一圈半长设计长度。生产区入口设消毒通道和消毒室,消毒通道尺寸按进生产区牛场车辆大小设计。消毒室应设更衣间,人员进入生产区应消毒、更衣、换鞋。

(3) 青贮池。青贮池分半地下式、地下式和地上式,高2.5~4米,宽4~5米,长度根据需要确定,要求池底和三面墙外面为水泥结构,底部有坡度,设排水孔。

(4) 饲料库及加工间。干草库要防火防潮,精饲料库用水泥地面防潮,加工间大门应宽大,方便运输车辆出入。饲料库及加工间大小根据养殖规模确定(图5-6)。

图5-6 加工车间

3. 牛场设备

（1）TMR 搅拌车。规模牛场要采用 TMR 搅拌车，以提高饲料利用率，搅拌车分为固定式和移动式，按需要选用。小规模牛场可考虑简易搅拌机，选用设备用电机驱动，有料桶和搅拌齿，效果稍差，但投资很少（图5-7）。

图 5-7　饲料简易搅拌机

（2）粗饲料加工机械。牛场应配备铡草机，方便青贮和切短干草。有条件的规模牛场可按需配备割草机、打捆机等。

（3）保定架。有条件的规模牛场可配备保定架，用于固定牛和称重。图5-8是多功能保定架。

图 5-8　多功能保定架

(4) 其他设备 很多规模牛场流转了粪污消纳土地，这样除了养殖设备，部分牛场还配备了相应的农田收割机、施肥机等（图5-9）。

图5-9　农田用机械

第二节　牛舍环境控制

一、肉牛的环境要求

适宜的环境可以提高肉牛增重，提高饲料转化率，降低发病率。

1. 温度　肉牛适宜环境温度为7～27℃，哺乳犊牛对温度要求很高，要求不低于15℃。

2. 湿度　温度适宜时，湿度对肉牛影响较小，但高温或低温时影响较大，一般牛舍相对湿度为55%～80%。

3. 光照　一般密闭式牛舍，每天16小时光照有利于增重。

4. 有害气体　密闭式牛舍需注意有害气体浓度，一般二氧化碳浓度不超过0.25%，硫化氢不超过0.001%，氨气不超过0.0026毫克/升。

5. 噪声　一般不超过90分贝。

二、牛舍环境控制

在影响肉牛环境因素中，温度对生产性能影响最大，以下介绍几种环境控制技术。

1. 牛舍湿帘降温　密闭式牛舍夏天可通过湿帘墙和负压通风进行降温，

可降低牛舍温度 4~12℃，减少热应激对肉牛的影响。如牛舍面积较大，湿帘降温系统采取横向，牛舍面积较小的可采取纵向。湿帘面积和风机数量应根据当地气候和牛舍条件调整，使效果最佳，应注意湿帘面积与风机的配比，协调好温度、湿度的关系。夏天一般 13：00—16：00 牛舍温度最高，通常在这个时间段开启湿帘降温系统。

2. 塑料暖棚 北方建设低成本牛舍可采取塑料暖棚技术，夏天将塑料薄膜敞开，冬季将塑料薄膜盖上。阳光照射塑料薄膜可起到日光温室作用，提高牛舍温度，天气特别寒冷时还可加盖草帘保温。塑料薄膜一般可使用 2 年，成本低。塑料暖棚牛舍使用时要注意冬季通风换气，牛舍设排风口，当牛舍空气污浊或有害气体浓度高时通风，一般中午通风换气，每次 30 分钟左右。冬季要堵塞塑料暖棚内漏风的空隙，防止贼风侵袭。

> **小提示**
>
> 犊牛要注意保温。北方冬季经常因为牛舍温度过低造成出生 1 周内的犊牛腹泻，导致犊牛死亡率偏高，甚至个别牛场出现冬季犊牛成活率明显低于其他季节的现象。从环境的角度说，要解决这个问题，就应建设专门的母牛带犊产房，产犊 1 周内舍内温度控制在 15~20℃，如不具备专门的产房条件，可采取犊牛岛内加红外灯取暖、为犊牛穿棉衣保暖等措施防寒保暖。

3. 防风墙 北方地区的开放式牛舍，可在牛舍运动场西面、北面两面建防风墙。防风墙由金属支架和挡板组成，金属挡板上开直径 1.5~3 厘米的孔洞，孔洞面积占挡风墙面积的 30% 左右，或采取隔片挡板形式，每个隔片宽 15~20 厘米，中间留 5~7 厘米缝隙。防风墙保护距离是墙高的 5~10 倍，可降低风速 50% 以上，有利于冬季保暖。

4. 绿化 牛场绿化可改善场区小气候。据研究，绿化可降温 10%~20%，防止 50%~90% 的辐射，细菌减少 20%~80%。可考虑在场区周边种植林带、进行道路绿化、在运动场建遮阳林等。

三、养殖废弃物源头减量

（一）科学饲喂

1. 精准配方 试验表明，在日粮氨基酸平衡性较好的条件下，日粮蛋白质降低 1~2 个百分点对动物的生产性能无明显影响，但可使氮的排泄量下降约20%。

2. 添加剂 在饲料中添加酶制剂，可使动物消化率提高10%，生长速度提高5%，氮的排泄量降低3%。在饲料中添加双歧杆菌、嗜乳酸杆菌等均能减少动物的氨气排放量，降低粪尿中氮的含量。

3. 分阶段饲喂 根据牛的不同生长发育阶段对营养的需要量确定供给日粮的营养配比，减少营养的浪费和污染物的产生。

（二）干清粪

新建、改扩建养殖场宜采用干清粪技术，减少用水，有利于从源头上削减污染物的产生量，有利于粪污的后期处置利用。干清粪工艺分为人工清粪和机械清粪2种。

1. 人工清粪 人工清扫收集牛舍的粪便。具有设备简单、投资少、无能耗等优点；但劳动强度大、生产效率低，适用于小型牛场。

2. 机械清粪 机械清粪是采用专用的机械设备进行清粪，主要有刮板清粪和机动铲式清粪等。具有清粪效率高、节约劳动力等优点；但一次性投资较大、维护费用较高，适用于大中型牛场。

（1）刮板清粪。通过电力带动刮板做直线运动进行刮粪，将粪道上的粪便向前推进集粪池。刮板清粪的优点是比较安全可靠，运行和维护成本较低；缺点是钢丝绳与粪尿接触容易腐蚀而断裂。刮板清粪一般适用于集约化程度高的规模牛场。

（2）机动铲式清粪。机动铲式清粪机一般由小型装载机改装而成，推粪部分为刮粪斗，将牛粪便由粪区通道推至舍外。机动铲式清粪的优点是一台机器可清理多栋牛舍；缺点是机器体积大，需要的工作空间大。机动铲式清粪适合大中型牛场使用。

（三）雨污分流技术

雨污分流是一种排水体制，是指将雨水和污水分开，各用一条管道输送，进行排放或后续处理的方式。雨水可以通过雨水管网直接排到河道，污水需要通过污水管网收集后，进行污水处理。具体工艺为：

雨水采用沟渠输送。在牛舍的外侧的场区路边，修建或完善雨水明渠，雨水明渠的基本尺寸为0.3米×0.3米，可根据情况进行适当调整。牛舍屋面雨水由导水槽收集后，经排水立管（可采用直径100毫米的PVC管）直接导入雨水明渠。

污水采用暗沟输送。污水沟设置在牛舍内或屋檐内侧，尿液和冲洗污水由舍内污水沟经暗管与舍外排污暗沟相连，最后汇集到场区粪污储存处理系统。

采用重力流输送的污水管道管底坡度不小于2%。

养殖密度小的牛场基本不产生污水,可不建设复杂的污水处理系统,但需配建雨污分流系统,防止雨水与粪污混合产生大量污水。

(四)臭气控制

肉牛的粪便相对于其他畜种粪便的臭气不太强烈,但如果牛场距离居民区较近,可采取措施减少臭气产生。一是在牛粪发酵时添加除臭菌剂,抑制臭气产生,缩短发酵时间;二是在牛舍内喷洒液体生物除臭菌剂或加装舍内除臭设备。

第三节 肉牛场粪污无害化处理与利用

一、肉牛场粪污的特点

粪污是指畜禽养殖过程中产生的废弃物,包括粪便、病死畜禽尸体、垫料、尿液、冲洗水、氨气、硫化氢等。粪便和污水是主要污染物。牛每天采食精饲料量约为体重的1%,粗饲料量(干物质计)为体重的1.5%~2.5%。牛粪含水量为70%~80%。据此计算,1头100千克的牛每天要产鲜粪4~6千克,成年牛产鲜粪20~30千克。肉牛饮水量很大,加上青绿饲料中含有大量的水,这些水除部分被机体利用外,大部分都会随着呼吸、出汗、粪和尿液排出。其中,尿液占总排水量的一半左右。肥育肉牛每采食1千克饲料干物质需水3~5千克,肉牛每100千克体重每天需水8~15千克。犊牛每天需水6~7千克。500千克的肥育肉牛每天排尿量为10~20千克,犊牛为4~5千克。每吨牛粪中含总氮4.37千克,含总磷1.18千克,每吨牛尿中含总氮8千克,含总磷0.4千克。

肉牛场粪污的特点:一是肉牛的大量粪便直接排泄到运动场,开放式运动场受雨水影响大,设施不到位会造成下雨时粪水流入场区道路。二是无雨时,运动场肉牛尿液大多蒸发,养殖密度低的养殖场一般无污水排出。针对以上特点,采取以下措施:一是要做好雨污分流,屋顶的雨水不能流入运动场,从源头上减少污水产生;二是在运动场的外缘设围堰,防止下雨时运动场污水外溢;三是根据牛场自身情况设计污水储存池容积,养殖密度小的容积可小一点,主要用来储存彻底消毒冲洗等操作产生的污水。

二、肉牛场粪便处理技术

(一)堆肥技术

肉牛场粪污处理技术采用最多的是堆肥。

1. 堆肥工艺 畜禽粪便堆肥一般包括预处理、好氧发酵、后处理等过程，工艺流程见图 5-10。

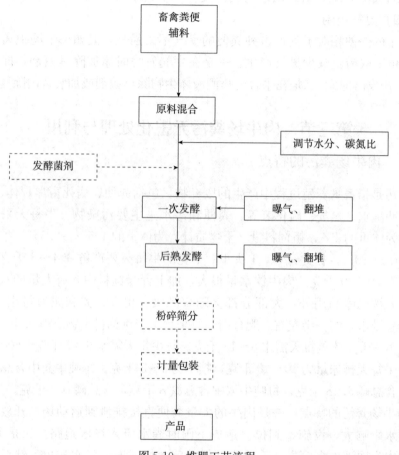

图 5-10 堆肥工艺流程
（实线为必需步骤，虚线为可选步骤）

（1）堆肥场地要求。堆肥场地应考虑防渗漏措施，不得对地下水造成污染；应配备防雨和排水系统。

（2）堆肥过程及条件控制。好氧堆肥一般分 2 个发酵阶段，即一次发酵和二次发酵。一次发酵主要是杀灭寄生虫卵和病原体，达到无害化的目的，一般堆肥周期为 7~20 天。该阶段堆肥温度可上升到 55℃ 以上，经过一次发酵后，物料的含水量一般可下降到 45% 左右，有机物得到分解和矿化，物料变得疏松。二次发酵是将物料中未降解的大分子有机物进一步分解、稳定，周期一般为15～30天，堆体的温度逐渐下降并趋于稳定时，堆肥即达到腐熟。主要参数如下。

①C/N比值和C/P比值。堆料C/N比值的适宜值为25～35；C/P比值的适宜值为75～150。通常可用C/N比值较高的调理剂来调节堆料的C/N比值，可用过磷酸钙调节堆料的C/P比值。

②水分含量。堆料起始含水量为45%～60%，含水量低于40%或高于65%会抑制微生物的代谢。

③pH。堆料适宜的pH为6.5～8.5。

④堆肥温度。堆肥温度应控制在45～65℃，以55～60℃较佳。当堆肥温度超过65℃时，应采用翻堆或强制通风的方法降温。当堆肥温度稳定在30～40℃时，说明发酵已基本完成。

⑤通风。可采用自然通风、翻堆、强制通风，或翻堆与强制通风结合的方法给堆体供氧。

⑥发酵剂。有条件的地方可添加商品发酵剂，也可以采用向堆料中加入占堆料重量10%～20%的腐熟堆肥（堆肥返料），以加快发酵的速度。

⑦除臭。添加除臭菌剂可有效减少堆肥过程中的氨臭味。

⑧堆肥时间。可根据气温、堆料C/N比值、堆肥工艺类型及调理剂种类确定堆肥时间，原则上堆肥发酵的时间不少于1个月。

(3) 堆肥产品检测。

①无害化指标。大肠杆菌、虫卵及重金属含量应符合《粪便无害化卫生要求》（GB 7959—2012）、《畜禽粪便还田技术规范》（GB/T 25246—2010）等相关规定。

②感官指标。堆肥温度不再提高，堆料均匀疏松状，呈茶褐色或黑色，有淡淡的氨味和腐殖泥土味道。

③含水量。含水量≤30%。

④腐熟度。腐熟度应大于等于Ⅳ级。腐熟度监测方法参照《畜禽养殖业污染治理工程技术规范》（HJ 497—2009）。具体测定步骤如下：取1～2千克堆肥成品，首先用10毫米筛进行筛分，将堆肥粒径控制在10毫米以下，调节堆肥含水量为发酵时最适宜含水量，通常为50%～55%，然后置于设有温度计的保温瓶中，将保温瓶在常温下（20℃）放置7～10天，每天在固定时间通过温度计读取堆肥温度一次，并记录，连续测7～10天，取测得的最高温度进行腐熟度判定。判定方法如下：20～30℃为Ⅴ级，30～40℃为Ⅳ级，40～50℃为

Ⅲ级，50～60℃为Ⅱ级，60～70℃为Ⅰ级。堆肥产品质量由优至劣的顺序为Ⅴ级＞Ⅳ级＞Ⅲ级＞Ⅱ级＞Ⅰ级。

> ▼ 小提示
>
> **有机肥作用**
>
> 以畜禽粪便为原料的有机肥具有以下作用：一是改良土壤，培肥地力。有机肥料中的主要物质是有机质，施用有机肥料增加了土壤中有机质的含量。有机质可改善土壤物理、化学和生物特性，熟化土壤，培肥地力。二是增加作物产量和提高农产品品质。堆肥产品除含氨基酸、氮、磷、钾等养分外，还含有多种糖类，不仅可为作物提供营养，而且可以促进土壤微生物的活动。有机肥料还含有多种微量元素，如每千克中含硼2.2～2.4克、含锌2.9～29.0克、含锰14.3～26.1克、含钼0.3～0.4克等。有机肥和化肥配合施用增产效果显著，能改善农产品品质，使蔬菜中硝酸盐、亚硝酸盐含量降低，维生素C含量提高，增加瓜果中的含糖量。
>
> 另外，牛粪需要经过充分发酵腐熟后再使用才更安全。未经发酵腐熟的牛粪施入农田有危害：一是牛粪中含有大肠杆菌、线虫等病菌和寄生虫，未发酵腐熟可能会导致疾病的传播。二是未发酵腐熟的牛粪施入农田，会发生二次发酵现象，产生的热量可能引起烧根烧苗。三是未腐熟的牛粪在分解过程中会消耗氧气，施入农田会造成土壤缺氧，对植物生长不利。

2. 堆肥类型

（1）**自然堆肥**。自然堆肥是在堆粪场或储粪池自然堆腐熟化。该技术投资少、易操作、成本低；但处理规模小、占地面积大、时间长、易受天气影响，适用于小型牛场。

（2）**条垛式堆肥**。条垛式堆肥是将堆料在地面上以条垛状堆置，在好氧条件下进行发酵。条垛的断面可以是梯形、不规则四边形或三角形。根据气候条件、场地有效使用面积、翻堆方法及设备等建造堆体。一般条垛高1～1.5米，宽2～4米，长度不限。条垛太大，翻堆时有臭气排放；条垛太小则散热快，堆体保温效果不好。采用人工或机械方法进行翻堆通风。翻堆次数取决于条垛中微生物的耗氧量，翻堆频率在堆肥初期高于堆肥后期，受腐熟程度、翻堆方法及设备、占地空间等因素影响。一般4～5天翻堆1次，当温度超过65℃时要增加翻堆次数。该技术成本低，但占地面积较大，处理时间长，易受天气影响,适用于各类牛场,可采用斗式装载机或侧式翻堆机提高翻堆效率。

(3) 槽式堆肥。槽式堆肥是将堆料置于发酵长槽中,通过可控通风与定期翻堆相结合进行好氧发酵。轨道由墙体支撑,在轨道上有一台翻堆机。堆料被布料斗放置在槽的首端或末端,随着翻堆机在轨道上移动、搅拌,堆料向槽的另一端位移,当堆料基本腐熟时,刚好被移出槽外。翻堆机用旋转的桨叶或连枷使原料通风、粉碎并保持孔隙度。发酵槽的尺寸根据堆料量的多少及选用的翻堆设备类型决定。常用翻堆设备有搅拌式翻堆机、链板式翻堆机、双螺旋翻堆机等。一般每隔1~2天翻堆1次,堆料入槽后3天温度即可达到45℃,在槽内要求温度55℃以上持续7天左右,发酵周期为13~15天,挥发性有机物降解50%以上。将发酵槽内的堆料运到腐熟区进行二次发酵,剩余有机物进一步分解、后熟、稳定。槽式堆肥工艺自动化程度高,生产环境较好,适用于大中型牛场。

(4) 反应器堆肥。反应器堆肥是将有机废弃物置于集进出料、曝气、搅拌和除臭为一体的密闭式反应器内进行好氧发酵的一种堆肥工艺。常见的堆肥反应器有筒仓式和滚筒式2种,物料从进料口加入,从出料口出料,用风机强制通风供氧,以维持仓内物料的好氧发酵,物料发酵周期一般为7~12天。该工艺的主要优点是发酵周期短,占地面积小,自动化程度高,密闭系统臭气易控制。主要缺点是投资高,运行成本高。

(5) 不同堆肥类型比较。肉牛场可根据本场实际情况,选择适宜的堆肥工艺,不同堆肥工艺类型特点见表5-1。

表5-1 不同堆肥工艺类型特点

项目	条垛式堆肥	槽式堆肥	反应器堆肥
投资成本	低	高	高
运行和维护费用	较低	高	高
操作难度	低	难	难
受气候条件影响	大	小	小
臭味控制	差	优	优
占地面积	大	小	小
堆肥时间	长	短	短
堆肥产品质量	良	良	优

(二) 粪污厌氧消化技术

在厌氧条件下,通过微生物作用将粪污中的有机物转化为沼气。厌氧消化可降低粪污中有机物的含量，减少体积，并可产生沼气。发酵后沼气经脱硫脱水后可通过发电、直燃、提纯生物天然气等方式实现利用，沼液、沼渣等可以作为农用肥料回田。养殖密度大、产生污水的牛场可采用此技术，养殖密度小、基本不产生污水的牛场不建议用这种方式，因为厌氧消化需要水，不产生污水的牛场再人为添加水就违背了减量化的原则。

1. 粪污厌氧消化技术优缺点

（1）主要优点。一是变废为宝。厌氧消化后产生的沼气经过净化后是优质的清洁能源，厌氧消化后的沼渣、沼液营养成分丰富。二是改善养殖场环境。养殖场粪污进行厌氧消化处理可减少甚至避免粪污储存的臭气排放，能有效改善养殖场及周围空气质量。三是减少疾病传播。养殖场排泄物中的病原体经过中、高温厌氧消化后被基本杀灭，能有效减少疾病的传播和蔓延。

（2）主要缺点。一是厌氧发酵受温度影响，冬季温度低，产气慢且效率低，特别是在寒冷地方冬季粪污处理效果较差。二是沼气工程设施投资大，且运行成本高。三是厌氧消化池对建筑材料、建设工艺、施工要求等较高，任何环节稍有不慎，易造成漏气或不产气，影响正常运行。

2. 厌氧发酵产物利用

（1）沼气脱硫。牛粪厌氧发酵所产生的沼气中含硫量通常为 $0.3\% \sim 1.5\%$，沼气需经过脱硫后方可利用。沼气脱硫技术包括干法脱硫、湿法脱硫、生物脱硫 3 种，脱硫通常均可达到 99% 以上。

（2）沼气脱水。牛粪厌氧发酵产生的粗沼气中含水量很高，需脱除水分后方可利用。常用的脱水方法有冷分离法、溶剂吸收法和固体物理吸水法。其中，冷分离法是目前采用最多的脱水方法。

（3）沼气发电。沼气发电机组是利用纯沼气发动机以沼气为燃料，配用三相无刷交流发电机组成的发电机组，为固定式机组。牛场粪便污水经厌氧发酵后产生的沼气，经过脱水、脱硫后，引入沼气发动机发电。沼气发电工艺流程如图 5-11。

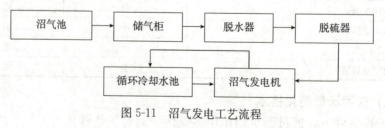

图 5-11 沼气发电工艺流程

(4) 沼气直燃。沼气直燃技术是采用沼气直接燃烧以产生热能,通过锅炉或专用灶具实现沼气能量的利用。沼气的热值是 35.9 兆焦/米³,与煤炭相当。

三、肉牛场粪污资源化利用模式

(一) 就近还田模式

1. 运行机制 养殖场采用干清粪饲养,实行雨污分流,从源头减少污水产生量,自行配套或与周边农户签订协议落实粪污消纳用地,建设储粪池和污水沉淀池,固体粪便堆积发酵(堆沤),污水通过管道排入污水沉淀池腐熟,在施肥季节就地就近施入农田。

2. 工艺流程(图 5-12)

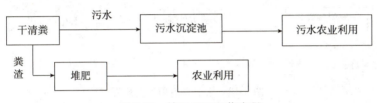

图 5-12 就近还田工艺流程

(1)储粪池。建在生产区的下风向。储粪池多为长方形,设有进粪口、出粪口。钢筋水泥底(厚 15 厘米左右)、四周砖墙(三七墙)和钢筋混凝土(厚 20 厘米左右)结构,并进行防水处理,底部留有渗沥液排出口通向污水池,上覆开放式或半开放式彩钢瓦顶棚,做到防雨、防渗、防溢流。在干清粪方式下,每头肉牛粪池容积不少于 0.1 米³。

(2)污水沉淀池。沉淀池多为全地下式,深 2~2.5 米,一般为上大下小的梯形,设有进污口和清污口,水泥底(厚 15 厘米左右)、四周砖墙(三七墙)和钢筋混凝土(厚 25 厘米左右)结构,并进行防水处理,设顶盖,做到防雨、防渗和防溢流。为避免沼气产生,应注意留有通风口。沉淀池容积根据实际情况测算。

(3)粪污消纳用地。养殖场要有与养殖规模相适宜的消纳用地,每头牛至少需 1.5 亩*。

3. 适用范围及模式优缺点

(1)适用范围。适用于附近有粪污消纳用地的养殖场。

---

* 亩为非法定计量单位。1 亩≈667 米²。——编者注

(2) 优点。该模式一般投资 20 万～30 万元，设施建设成本低、投资少、不耗能、不需专人管理、基本无运行费用。

(3) 缺点。对化学需氧量和氨氮去除率相对较低，要求周边有足够的消纳农田。

(二) 第三方治理模式

1. 运行机制　采用合同服务的方式引入第三方畜禽粪污处理公司对养殖场废弃物进行处理利用，形成专业化第三方治理模式。由第三方收集养殖场产生的粪污，并进行处理，生产有机肥等产品，有机肥可以卖给设施蔬菜或其他经济作物种植户使用。

2. 工艺流程（图 5-13）

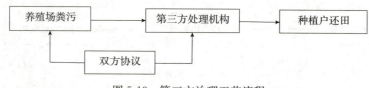

图 5-13　第三方治理工艺流程

3. 适用范围及模式优缺点

(1) 适用范围。养殖密集区的中小牛场或场区粪污处理建设用地紧张的规模牛场，需要有第三方畜禽粪污处理公司合作。

(2) 优点。一是专业化分工，养殖场只负责养殖，第三方畜禽粪污处理公司负责粪污处理；二是对于养殖密集区而言，引入第三方畜禽粪污处理公司处理可以解决许多中小养殖场的粪污处理问题。

(3) 缺点。一是需要养殖场和第三方畜禽粪污处理公司合作才能实现；二是第三方畜禽粪污处理公司应该具有适当盈利的持续运营能力，否则合作不会长久。

(三) 商业化肥料利用模式

1. 运行机制　除牛场产生粪污外，还对外商业化收集粪便、专业化生产有机肥、市场化运作经营。与其他养殖场签订畜禽粪便收购合同，一般每吨粪污价格 50 元（25 元支付给养殖场、25 元支付给车队），车队将签约养殖场的畜禽粪污运输至发酵厂，畜禽粪污加菌种及除臭剂，加工初级原料，然后运输到有机肥厂进行深加工，销售至市场。产、收、储、运、销各环节全部市场化运作，将普通有机肥转化为市场急需的高价值肥料，提升利润空间。

2. 工艺流程（图 5-14）

(1) 原料收集。委托第三方社会服务组织将签约养殖场（户）的牛粪运输至原料厂。

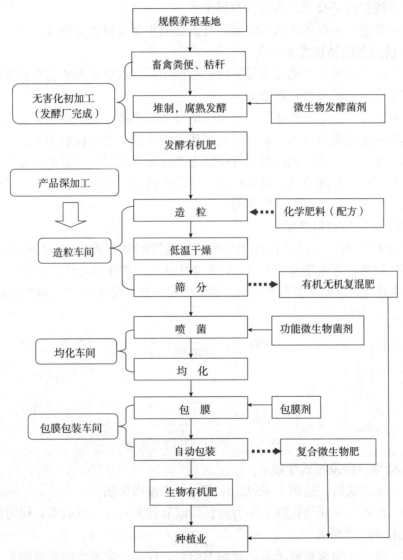

图 5-14 商业化肥料利用工艺流程

(2) 分厂发酵。可通过多个有机肥原料发酵场，采用条垛式或槽式发酵工艺，将畜禽粪污、作物秸秆、发酵菌剂等搅拌均匀，调节含水量至55%～60%，定时翻抛。发酵结束后，物料含水量一般在35%以下，松散、无臭，作为生产生物有机肥颗粒的原料。

(3) 生产商品有机肥。在总厂采用造粒、干燥、活菌包膜等技术，结合物料水分在线检测等技术，实现颗粒料生产。

(4) 销售。通过销售队伍将商品有机肥销售至有机肥使用者。

3. 适用范围及模式优缺点

(1) 适用范围。受运输半径所限，有机肥厂周围应是养殖相对较集中的区域，需要有一定的经营管理能力。

(2) 优点。一是由普通粪污变为高值商品有机肥；二是降低了签约养殖场固体粪污处理的设备投入，养殖场只需建设液体粪污处理设施即可。

(3) 缺点。一是大规模商品有机肥生产环保要求较严，需要建设厂房、臭气、生产用污水处理设施，投资较大。二是有机肥厂应该具有适当盈利的持续运营能力，尤其是有机肥销售方面。

(四) 垫料化利用模式

1. 运行机制 牛场粪污收集后采用好氧发酵的方式处理，处理后的粪污达到腐熟程度，含水量符合要求，用作牛床垫料。液体粪污经处理后施入农田。为减少牛环境性乳腺炎的发生，对牛粪卧床视季节不同每3~6天进行消毒。

2. 工艺流程（图5-15）

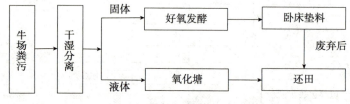

图5-15 垫料化利用工艺流程

3. 适用范围及模式优缺点

(1) 适用范围。适用于采取卧床饲养的规模肉牛场。

(2) 优点。牛粪替代沙子作为垫料可以节省购买沙子的成本，同时固体粪便实现了资源化利用。

(3) 缺点。如果垫料无害化处理不彻底，存在一定的生物安全隐患。

(五) 饲料化利用模式

1. 运行机制 固体粪污堆积发酵后作为原料生产蚯蚓、蝇蛆、黑水虻等动物蛋白体。生产的蚯蚓等产品市场销售，利用后的产物还可作为粪肥还田。液体粪污通过氧化塘等方式处理后还田。

2. 工艺流程（图 5-16）

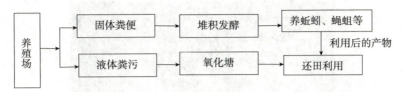

图 5-16　饲料化利用工艺流程

3. 适用范围及模式优缺点

（1）适用范围。适用于远离城镇、有闲置地的规模养殖场。

（2）优点。资源化利用增值效益高，不产生二次污染，实现了生态养殖。

（3）缺点。要求有饲料化利用的场地，有养殖蚯蚓等的技术人员。

（六）基质化利用模式

1. 运行机制　以固体粪污、农作物秸秆等为原料，堆肥发酵后作为基质生产蘑菇等农产品。基质化利用后的产物还可作为粪肥还田，液体粪污通过氧化塘等方式处理后还田。

2. 工艺流程（图 5-17）

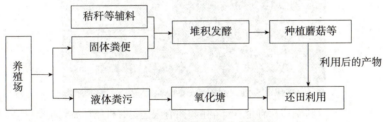

图 5-17　基质化利用工艺流程

3. 适用范围及模式优缺点

（1）适用范围。适用于规模养殖场或农牧结合的家庭农场。

（2）优点。资源化利用增值效益高，无污染、无排放，形成农牧循环的生态体系。

（3）缺点。产业链较长，要求具有较高的技术水平。

（七）肉牛场粪污资源化利用案例

1. 河北子涵养殖集团有限公司案例

（1）企业概况。河北子涵养殖集团有限公司成立于 2011 年，肉牛养殖基地占地面积 230 亩，存栏肉牛 3 000 头。公司建有生物肥料生产线，厂房车间 14 000 多米^2，年产生物有机菌肥 20 万吨，远销吉林、江西、新疆、甘肃等地

(图5-18、图5-19)。

图5-18 河北子涵养殖集团有限公司粪污处理车间

图5-19 河北子涵养殖集团有限公司有机肥产品

(2)工艺流程。公司与中国科学院工程研究所合作研发了"生物有机肥增效菌技术"。以含水量为40%～50%的牛、羊等动物粪便为原料经发酵、粉碎和筛分后,一部分制成粉状物料成品销售,另一部分经造粒、烘干、冷却、筛分和包膜后以颗粒肥销售(图5-20)。

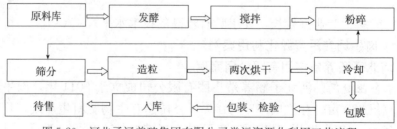

图5-20 河北子涵养殖集团有限公司粪污资源化利用工艺流程

(3) 治理成效。公司年生产生物有机肥 20 余万吨，利润 1 920 万元，带动当地农民 60 余人参与公司经营，增加农民收入 57.6 万元。

2. 唐县振兴畜禽饲养有限公司案例

(1) 企业概况。唐县振兴畜禽饲养有限公司，位于唐县黄石口乡，公司始建于 2014 年，投资 1 000 万元，牛舍设计存栏量 450 头，以循环经济、种养结合为发展理念，拥有山场 500 亩，种植核桃树 9 000 株、苹果树 3 000 株。粪肥发酵后用于果树施肥，公司实现了种养循环（图 5-21）。

图 5-21　唐县振兴畜禽饲养有限公司基地

(2) 技术工艺。粪水首先经过干湿分离，固体部分进入堆沤池，发酵后施入果林；液体粪水一部分回冲污水管道，另一部分进入厌氧发酵池，熟化后抽到山顶的粪水储存池，山顶还建有水肥一体化设施，这部分粪水用于浇灌果树（图 5-22 至图 5-24）。

图 5-22　唐县振兴畜禽饲养有限公司雨污分流设施

图 5-23　唐县振兴畜禽饲养有限公司肥水一体化系统的地上部分

工艺流程：

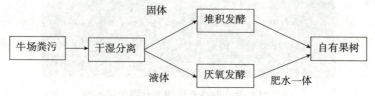

图 5-24　唐县振兴畜禽饲养有限公司粪污资源化利用工艺流程

（3）治理成效。公司的 500 多亩土地能完全消化产出的粪水，固体粪便一部分施入果树，另一部分给附近农户作种植底肥，实现了种养循环。核桃、苹果消纳了牛场的有机肥，有机肥提高了果树产量和质量，取得了较好的经济、社会和生态效果。公司建有雨污分离系统和自动饮水系统，实现了源头减量。

3. 滦县军英畜牧有限公司案例

（1）企业概况。滦县军英畜牧有限公司位于滦县茨榆坨镇，总占地面积 1 200 亩，是一座花园式养殖场，总投资 8 000 万元，存栏肉牛 200 头，奶牛 3 000 头，公司利用牛粪生产蚯蚓，年产蚯蚓 800 吨（图 5-25）。

（2）技术工艺。利用周边农民种植的玉米秸秆等饲喂牛，肉牛和奶牛粪污经收集后，一部分干湿分离生产肥料，另一部分在空闲林地堆放成条状养殖蚯蚓，蚯蚓消化后的牛粪和蚯蚓粪生产环保有机肥，用于农业种植（图 5-26、图 5-27）。

第五章 肉牛场建设与环境控制技术

图 5-25　滦县军英畜牧有限公司基地

图 5-26　滦县军英畜牧有限公司牛粪养殖蚯蚓

图 5-27　滦县军英畜牧有限公司牛粪条垛堆放养殖蚯蚓

(3) 工艺流程（图 5-28）。

农业 → 农副产品 → 肉牛奶牛 → 粪污 → 养殖蚯蚓 → 剩余物

图 5-28　滦县军英畜牧有限公司粪污资源化利用工艺流程

(4) 治理成效。该公司通过牛粪养蚯蚓和生产有机肥，消化了牛场产生的粪污，延长了产业链条，增加了经济效益。蚯蚓加工带动了当地农民就业，产生了较好的社会效益。该模式为畜禽粪污基质化利用和农牧多产业协调发展提供了可资借鉴的成功范例。

4. 三河市清山畜牧养殖场案例

(1) 企业概况。三河市清山畜牧养殖场，位于河北三河国家农业园区，始建于 2008 年，场区占地 32.6 亩，总投资 1 800 万元，建有标准化牛舍 9 500 余米^2，年出栏肉牛 4 000 头。公司产生的粪污通过生产蘑菇实现资源化利用（图 5-29）。

图 5-29　三河市清山畜牧养殖场牛舍

(2) 技术工艺。依托三河市清山种植有限公司，通过种植食用菌解决养殖场的部分粪污问题。年消纳牛粪 2 000 吨、麦秸秆 3 000 吨、玉米芯 2 000 吨。生产双孢菇、平菇的废弃料，可直接加工成有机肥，形成绿色产业链（图 5-30）。

(3) 治理成效。以牛粪作培基，以麦秸秆等作生产材料，种植双孢菇和平菇。该模式实现了畜禽粪污变废为宝，解决了粪便对环境的影响，年利润达 400 万元，带动周边 200 多名劳动力就业，促进了农民增收。

第五章 肉牛场建设与环境控制技术

图 5-30　三河市清山畜牧养殖场利用牛粪生产的双孢菇

思考与练习题

1. 肉牛场怎样选址？
2. 肉牛场一般怎样划分功能区？
3. 牛舍有哪些类型？
4. 牛舍怎样实现雨污分流？
5. 控制哪些条件可使堆肥效果更理想？

第六章 肉牛屠宰与产品加工技术

第一节 肉牛屠宰与牛肉分割

一、肉牛屠宰

肉牛屠宰作为一、二、三产业融合发展的关键环节，是实施"一产上水平、二产抓重点、三产大发展"战略的重要纽带。通过肉牛屠宰加工转化，可有效拉动牛肉需求的增长，成为"一产上水平"的动力，促使肉牛养殖的快速发展；通过肉牛屠宰加工水平的提高，推进农业产业化经营，延伸产业链条，促使增加农产品附加值，实现提质增效，丰富供应，成为"三产大发展"的重要支撑。因此，肉牛屠宰加工业的发展，对引导农业结构调整，提高农产品附加值，增加农民收入产生积极作用。同时，遵照科学严格的肉牛屠宰工艺，开展规范化、标准化的肉牛屠宰加工，从而有效保障牛肉的品质与安全，消除食品安全隐患。

（一）牛屠宰工艺流程

按照《畜禽屠宰操作规程　牛》（GB/T 19477—2018）的技术要求，牛的屠宰工艺流程大体分为致昏、挂牛、放血、结扎肛门、剥后腿皮、去后蹄、剥胸腹部皮、剥颈部及前腿皮、去前蹄、换轨、扯（撕）皮、割牛头、开胸、结扎食管、取白内脏、取红内脏、劈半、胴体修整、冲洗、检疫检验、胴体冷却、分割和包装等步骤。牛屠宰工艺流程见图6-1。

（二）屠宰操作要求

1. 待宰管理

（1）活牛收购的主要流程。

①查证验物。查验入场牛和羊的"动物检疫合格证明"和佩戴的畜禽标识。

第六章 肉牛屠宰与产品加工技术

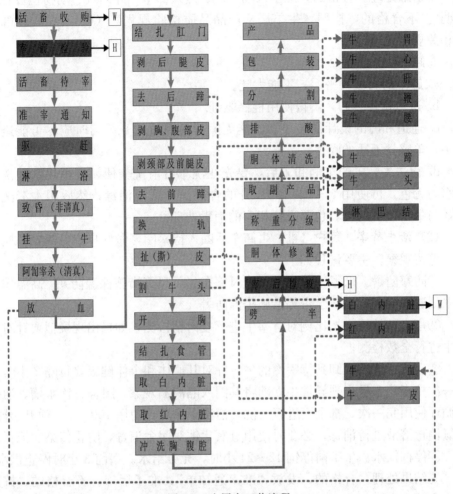

图 6-1 牛屠宰工艺流程

②询问。了解牛、羊运输途中有关情况。

③临车检查。官方兽医检查牛、羊群的精神状况、外貌、呼吸状态及排泄物状态等。

群体检查：从静态、动态和食态等方面进行检查。主要检查动物群体精神状况、外貌、呼吸状态、运动状态、饮水饮食、反刍状态、排泄物状态等。

个体检查：通过视诊、触诊、听诊等方法进行检查。主要检查动物个体精神状况、体温、呼吸、皮肤、被毛、可视黏膜、胸廓、腹部及体表淋巴结，排泄动作及排泄物性状等。

④结果处理。合格的,准予入场(厂、点)卸车,并回收"动物检疫合格证明"。不合格的,按照《牛羊屠宰产品品质检验规程》(GB 18393—2001)等相关规定处理。

⑤卸车注意事项。

a. 卸车的斜坡要平缓,不能太陡。

b. 避免粗鲁装卸,不得使用棍棒驱赶。

c. 通道和门的设计需使牛、羊能无障碍地通过,开关门时应尽可能避免使牛、羊感觉不适的噪声。

d. 交送牛、羊的车辆卸车后,要先在洗车台清洗粪便,再用热水冲洗至污水为无色,再使用5~100微升/升的含氯消毒溶液消毒,然后用水清洗干净,与牛羊接触的工具也要进行相应的消毒处理。

(2) 活牛待宰。每户(批)牛卸车后圈入待宰圈,做好户户分隔,对应标识,停留观察。主要流程如下:

①防寒防暑。低温季节要采用防风篷布、风暖等措施保温防寒。高温季节要采用遮阳棚、风机、水帘等措施降温防暑。

②瘦肉精抽检。按比例对待宰牛进行瘦肉精检测,如果出现疑似要针对整群牛进行全数检测。

③巡查、清洁。卸到待宰圈的牛,针对其群体和个体健康要每隔2小时进行一次核查,一旦出现异常牛立即将其圈入隔离圈观察。圈舍、饮水槽、通道每循环使用完一次,都全面进行清洗。清洗干净后,使用100~200微升/升的含氯消毒溶液进行消毒,必要时使用氢氧化钠对圈舍消毒,防止传染病流行。

④停饲饮水。牛宰前停饲12~24小时,充分给水。宰前3小时停止供水。

⑤结果处理。合格的,发放"准宰通知单",准予屠宰。不合格的,按照国家有关规定处理。需要急宰的牛依据官方兽医出具的意见进行处理。

牛待宰期间的相关处理核查操作均要做好相关记录。

2. 牛屠宰流程简介

(1) 宰杀。

①驱赶。要轻驱慢赶、高喊轻拍使牛自行移动。对于比较顽固的牛再用电驱赶或棒驱赶,驱赶时电压不超过50伏,且不能在牛头及其他敏感部位用电。

②淋浴。在屠宰车间前部设淋浴器,通过宰前淋浴冲洗,洗去牛体表污垢。

③致昏。致昏方法包括刺昏法、击昏法和麻电法。

a. 刺昏法。固定牛头，用尖刀刺牛的头部"天门穴"（牛两角连线中点后移 3 厘米）使牛昏迷。

b. 击昏法。用击昏枪对准牛的双角与双眼对角线交叉点，启动击昏枪使牛昏迷。

c. 麻电法。用麻电器击牛体，使牛昏迷。使用麻电法时电压不超过 200 伏，电流为 1~1.5 安，作用时间 7~30 秒。

④挂牛。用高压水冲洗牛腹部、后腿部及肛门周围。利用有钩子的提升机迅速用套脚锁链套住牛的右后腿胫骨中间部。操作提升机缓慢上升至铁钩刚好超过滑道时，即停止上升，等牛体稳定后，迅速下降使滑轮稳稳地落在滑道上。

⑤放血。牛滑到放血滑道停止器处，一人固定牛头，另一人用左手把住前腿并用右手握刀在颈下缘咽喉部切开牛皮放血。放血后使牛进入放血轨道，经过沥血池沥血 5~6 分钟，通过传送带转入下一道工序。

（2）剥皮。

①结扎肛门。冲洗肛门周围。先将橡皮筋套在左臂上，再将塑料袋反套在左臂上，左手抓住肛门并提起。右手持刀沿骨盆腔的外边缘圆周切开，用力拉出肛门，使肛门整体脱离屠体，以能拉出 20~25 厘米为准，将肛门结扎环套在肛门结扎钳上，按气动开关使之扩到最大位置。套入用塑料袋包好的肛门，结扎在离肛门头 15~20 厘米的位置。将塑料袋翻转套住肛门。用橡皮筋扎住塑料袋。将结扎好的肛门送回屠体腹腔。

②剥后腿皮。从跗关节下刀，沿左右后腿内侧中线向上挑开牛皮至尾根部。在右后腿跟结节之上，胫骨与跟腱之间戳孔以便于换钩。沿牛尾根部近臀部一面中线，将皮挑开与腿部预剥皮线相交，然后剥开腿的后侧皮，顺势向下剥至臀部尾根处。割除生殖器，割掉尾尖，放入指定器皿中。

③去后蹄。从跗关节下刀，割下后蹄，放入指定容器中。

④剥胸、腹部皮。从剑状软骨正中线入刀，挑开牛皮至裆部。沿腹中线向左右两侧剥开胸腹部牛皮至肷窝止。

⑤剥颈部及前腿皮。从腕关节下刀，沿前腿内侧中线挑开牛皮至胸中线。沿颈中线自下而上挑开牛皮。从胸颈中线向两侧进刀，剥开胸颈部皮及前腿皮至两肩止。

⑥去前蹄。从腕关节下刀，割断连接关节的结缔组织、韧带及皮肉，割下前蹄放入指定的容器内。

⑦换轨。用2个管轨滚轮吊钩分别钩住牛的2条后腿跗关节处，将牛屠体平稳送到管轨上。

⑧扯（撕）皮。用锁链锁紧牛后腿皮，使其毛朝外。启动扯皮机由上到下运动，将牛皮卷撕。扯到尾部时，减慢速度，用刀将牛尾的根部剥开，防止拉断牛尾。扯皮机匀速向下运动，边扯边用刀轻剁皮与脂肪、皮与肉连接处。扯到腰部时适当提高速度。到头部时，把不易扯开的地方用刀剥开。扯完皮后将扯皮机复位。

⑨割牛头。在牛脖一侧割一个手能把持的口，将左手伸进孔中抓住牛头。刀口与第1寰椎平齐。沿放血刀口处割下牛肉，挂同步检疫轨道。

（3）开胸出腔。

①开胸、结扎食管。从胸软骨处下刀，沿胸中线向下贴着气管和食管边缘，锯开胸腔及脖部。剥离气管和食管，将气管与食管分离至食道和胃结合部。将食管顶部结扎牢固，使内容物不流出。

②取白内脏。在牛的裆部下刀向两侧进刀，割开肉至骨连接处。刀尖向外，刀刃向下，由上向下推刀割开肚皮至胸软骨处。用左手扯出直肠，右手持刀伸入腹腔，从左到右用刀割开相连组织。待白内脏脱出胴体时，在白内脏与食管的连接处用力拉出食管，并使全部白内脏滑入接收槽内。进行宰后检疫。然后扒净腰油。取出牛脾挂到同步检疫轨道，进行检疫。

③取红内脏。左手抓住腹肌一边，右手持刀沿体腔壁从左到右割离横膈肌，膈肌取出放入专用容器内。割断连接的结缔组织，留下小里脊。左手用力向下拉出红内脏，将取下的红内脏挂到红内脏固定钩子上。取出心脏、肝、肺，挂到同步检疫轨道，进行宰后检疫。割开牛肾的外膜，取出肾，放入指定容器内并挂到同步检疫轨道，进行宰后检疫。

④冲洗胸腹腔。用清水从上向下反复冲洗腹腔和胸腔，清除胴体表面的淤血和污物。

（4）胴体修整。

①劈半。在荐椎和尾椎连接处割下牛尾，放入指定容器中。将劈半锯对正牛脊柱的中心，在耻骨连接处的中线位置下锯，从上到下沿牛的脊柱中线匀速地将胴体劈成二分体，要求不能劈斜、断骨，应露出骨髓。取出骨髓、腰油放入指定容器内。

②胴体修整。一手拿镊子，一手持刀，割下甲状腺，取净脖头脂肪、淤血肉、皮角和其他污物，分别放入各自的专用容器内。修去胴体表面的淤血、污

物和浮毛等不洁物,注意保持肌膜和胴体的完整。

③冲洗。用32℃左右温水,由上到下冲洗整个胴体内侧及锯口、刀口处。做到冲洗干净,无粪便、浮毛、泥污、血污及其他杂质。

生产用水符合《生活饮用水卫生标准》(GB 5749—2022)。

(5)检疫检验。屠宰过程中,牛屠宰检疫人员应按《牛屠宰检疫规程》要求实施同步检疫,产品品质检验人员应按《牛羊屠宰产品品质检验规程》(GB 18393—2001)要求开展品质检验。

(三)冷却

牛胴体冷却是降低胴体热量、保障肉品品质的过程。在冷却过程中需尽可能地缩短冷却时间和降低胴体的冷却失重。常用的冷却方式有常规冷却(一段式冷却)、快速冷却(两段式冷却)等方式。常规冷却是指胴体在0~4℃冷却间内直接进行冷却。常规冷却过程不算剧烈也不算缓和,有利于肉的成熟及肉品质的保持。快速冷却是指屠宰后的热鲜肉先进入一间在屠宰车间与冷却间之间增设的低温快速冷却间,进行约90分钟快速冷却,然后再进入常规冷却间进行冷却,使胴体的中心温度达到7℃。快速冷却对胴体的品质有较大的提升作用,有效控制了胴体的冷却损耗。

1. 操作要求

(1)常规冷却(一段式预冷)。

①将冷却间温度降到-2~0℃。

②由转运工将牛胴体运送至冷却间,吊挂距离要均匀,牛胴体之间的距离为10厘米,排列有序,进出时随手关门(注:冷却间应设干湿温度计,温度计要用数字温度计)。

③温度0~4℃,相对湿度85%~90%。

④风速0.6~1.2米/秒。

⑤牛胴体成熟时间不少于72小时。

⑥肉中心温度为0~4℃。

(2)快速冷却(两段式预冷)。将屠宰后热鲜肉先送入-15℃以下的低温快速冷却间进行冷却,时间为1.5~2小时。然后将牛胴体转入冷却间进行常规冷却。

2. 注意事项

①冷却间使用前应检查各种设备、仪表等是否运转正常,是否存在影响冷却间正常降温的隐患,发现问题应立即解决,重大问题应及时上报,并做好

记录。

②冷却间运行期间,温度必须按工艺要求保持恒定,不得有大的波动。应每隔一定的时间段(一般为2小时)检查1次制冷压缩机等各系统设备的运行是否正常、冷却间温湿度是否正常。发现问题要及时解决,并做好记录。

③进出冷却间应随手关门,整个冷却过程中尽量少开门和减少人员出入。

④生产开工前、后对冷却间天花板、输送机滑道进行全面的检查清理,避免灰渣、润滑油脱落污染产品;生产过程中地面应保持清洁卫生。

⑤冷却间每循环一次应用臭氧发生器消毒2~3小时。

二、牛肉分割

肉牛胴体质量主要与活牛品种、年龄、性别、膘情、体重等因素密切相关。胴体各部位肉质及成分不同,因而牛胴体部位的肉也存在着质量差异。根据其肉质的等级不同,可分为高档部位肉,包括牛的背腰部,主要指牛的通脊、里脊;优质部位肉,包括后躯肉及胸肉;中低档部位肉,包括牛前部、肋腹部肉;低档部位肉,指牛碎肉等。针对肉牛胴体部位肉存在的质量差异,必须进行科学先进的分割,才能提高牛肉的利用价值。

鉴于河北省及周边地区生产的肉牛以西门塔尔牛等趋瘦型牛为主体,现主要介绍瘦肉型肉牛胴体分割。

(一)牛肉胴体分割方法

1. 工艺流程 二分体──→四分体──→肉块分割──→分割肉的剔骨──→肉块修整──→分割肉块成品(13块)。

2. 温度要求 分割加工间的温度不能高于9~11℃;分割牛肉中心冷却终温须在24小时内降至7℃以下;分割牛肉中心冻结终温须在24小时内降至-19~-18℃。

3. 四分体分割方法 从腹股沟浅淋巴结开始,先沿臀部轮廓向上切开,再在腰部第12~13肋骨间与椎体平行向前切开,将半胴体分为枪形前四分体和后四分体两部分。

(二)普通肉牛部位肉分割方法

二分体分割后所得的13块分割肉为:里脊、外脊、眼肉、上脑、胸肉、嫩肩肉、小米龙、大米龙、臀肉、膝圆、臀腰肉、腹肉、腱子肉。具体分割方法如下:

1. 里脊 里脊也称牛柳,即腰大肌,位于后四分体上。

分割方法：在后四分体上将腰椎腹侧面和髂骨外侧面的肌肉沿耻骨前下方把里脊剔出，然后由里脊头向里脊尾，逐个剥离腰椎横突，取下完整的里脊，并除去被覆的脂肪及碎边。所在部位和操作方法见图6-2。

图6-2　里脊分割示范

2. 外脊　外脊也称西冷，主要是背最长肌，位于后四分体上。

分割方法：一端在后四分体腰荐结合处向下切开至腹肋肉腹侧部，另一端沿离眼肌5～8厘米的眼肌腹壁侧切下，在第12～13胸肋处切断胸椎，剥离胸、腰椎取下外脊部分，除去碎边并修理整齐。所在部位和操作方法见图6-3。

图6-3　西冷分割示范

3. 眼肉　眼肉主要包括背阔肌、肋最长肌、肋间肌等。其一端与外脊相连，另一端在第5～6胸椎处，位于前四分体上。

分割方法：取下外脊后，沿离眼肌8～10厘米的眼肌腹侧处切下，在第5～6胸椎处切断，剥离胸椎取下眼肉，抽出牛板筋，修理整齐。所在部位和操作方法见图6-4。

4. 上脑　上脑主要包括背最长肌、斜方肌等。其一端与眼肉相连，另一端在最后颈椎处，位于前四分体上。

分割方法：一端从离眼肌6～8厘米处切下至眼肉的一端，另一端在最后颈椎处切断，剥离胸椎取下上脑，去除筋腱、碎边并修理整齐。操作方法见图6-5。

图 6-4　眼肉分割示范

图 6-5　上脑分割示范

5. 胸肉　胸肉主要包括胸升肌和胸横肌等，位于前四分体上。

分割方法：在剑状软骨处，沿胸肉的自然走向剥离，除去胸肌内侧的脂肪和腹侧缘的白色纤维即成一块完整的胸肉。所在部位和操作方法见图 6-6。

图 6-6　胸肉分割示范

6. 嫩肩肉　嫩肩肉，又称辣椒条，主要是三角肌，位于前四分体。

分割方法：沿眼肉横切面的前端继续向前分割，可得一圆锥形的肉块，除去被覆的脂肪即为嫩肩肉。所在部位和操作方法见图 6-7。

图 6-7　嫩肩肉分割示范

7. 小米龙　又称小黄瓜条，主要是半腱肌，位于后四分体。

分割方法：小米龙位于臀部，当牛后腱子取下后，小米龙肉块处于最明显的位置，沿臀股二头肌与半腱肌之间的自然缝取下半腱肌，并除去周围的脂肪和结缔组织即为小米龙。所在部位和操作方法见图 6-8。

图 6-8　小米龙分割示范

8. 大米龙　又称大黄瓜条，主要是臀股二头肌，位于后四分体。

分割方法：大米龙与小米龙紧密相连，剥离小米龙后大米龙就完全暴露，顺着该肉块自然走向剥离，便可得到一块完整的四方形肉块，除去其周围的脂肪和结缔组织即为大米龙。所在部位和操作方法见图 6-9。

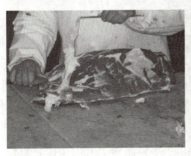

图 6-9　大米龙分割示范

9. 臀肉 臀肉主要包括半膜肌、内收肌、股薄肌等，位于后四分体。

分割方法：把大米龙、小米龙剥离后可见一肉块，沿其自然缝边缘分割可得到一肉块，除去周围的脂肪、结缔组织和淋巴组织即可得臀肉。此外，沿着被切开的盆骨外缘，再沿此肉块边缘分割也可得到。所在部位和操作方法见图6-10。

图6-10 臀肉分割示范

10. 膝圆 又称和尚头、霖肉，主要是臀股四头肌，位于后四分体。

分割方法：当大米龙、小米龙、臀肉取下后，能见到一块长圆形肉块，沿此肉块周边的自然缝剥离，便可得到一块完整的肉块，除去阔筋膜张肌、附着的脂肪和髂下淋巴结即得膝圆。所在部位和操作方法见图6-11。

图6-11 膝圆分割示范

11. 臀腰肉 臀腰肉主要包括臀中肌、臀深肌、股阔筋膜张肌，位于后四分体。

分割方法：在小米龙、大米龙、臀肉、膝圆取出后，剩下的最后一块肉，将其取下，并除去周围的脂肪和结缔组织等即为臀腰肉。所在部位和操作方法见图6-12。

12. 腹肉 腹肉主要包括腹内斜肌和腹外斜肌等，位于前四分体。

分割方法：在后1/4胴体上从腹股沟浅淋巴结开始，切开腹直肌，沿臀部

图 6-12 臀腰肉分割示范

轮廓向前延伸至最后肋骨处得到一大块肉,除去腹侧缘表面的结缔组织后所得的肉块即为腹肉。所在部位和操作方法见图 6-13。

图 6-13 腹肉分割示范

13. 腱子肉　又称牛展,包括前腱子肉和后腱子肉,主要是前后腿的伸肌群和屈肌群,位于前四分体和后四分体。

分割方法:前腱子肉从尺骨端下刀,剥离骨头取下;后腱子肉从胫骨上端下刀,剥离骨头取下,取下的肉块需要进一步修整以除去表面的结缔组织筋膜。所在部位和操作方法见图 6-14。

图 6-14 腱子肉分割示范

第二节 牛肉与副产品加工

一、牛肉加工概述

我国牛肉制品工业化加工起步较晚,但发展较快,借鉴其他肉制品加工技术经验,目前已经形成种类繁多的制品类型。以下为一些具有代表性的加工制品的配方、工艺流程及操作要点。

(一)酱牛肉

1. 配方 牛肉100千克,干黄酱8千克,盐3.8千克,白糖1千克,味精0.4千克,肉豆蔻0.1千克,油桂0.2千克,白芷0.1千克,八角0.3千克,红辣椒0.4千克,花椒0.3千克。

2. 工艺流程 原料肉选择与修整→码锅酱制→打沫→翻锅→小火焖煮→出锅冷却→成品。

3. 操作要点

(1)原料肉选择与修整。选择经胴检合格的鲜、冻牛肉为原料。修整时,去除淋巴、淤血、碎骨及表面附着的脂肪和筋膜。然后切割成500~800克的方肉块,浸入清水中浸泡20分钟,捞出冲洗干净,沥水待用。

(2)码锅酱制。先用少许清水把干黄酱、盐、白糖、味精溶解开。锅内加足水,把溶解好的酱料入锅,水量以能够浸没牛肉3~5厘米为好,旺火烧开,把切好的牛肉下锅,同时把其他香辛料包成料包入锅,保持旺火,水温在95~98℃,煮制1.5小时。

(3)打沫。在酱制过程中,仍然会有少许不溶物及蛋白凝集物产生浮沫,要用笊篱清理干净。

(4)翻锅。因肉的部位及老嫩程度不同,在酱制时要翻锅,使其软烂程度尽量一致。一般每锅1小时翻1次,用不锈钢钩子翻动肉块,同时要保证肉块一直浸没在汤中,避免风干。

(5)小火焖煮。这是酱牛肉软烂入味的关键步骤,大火烧开1.5小时后,改用小火焖煮,温度控制在83~85℃为宜,时间5~6小时。

(6)出锅冷却。牛肉酱制好后即可出锅冷却。出锅时用锅里的汤油把捞出的牛肉块反复淋洗几次,以冲去肉块表面附着的料渣,然后码放在盘或屉中,自然冷却。

（二）卤牛肉

1. 配方 牛肉 500 克，盐 20 克，肉桂 6 克，丁香 3 克，八角 6 克，草果 1 个，茴香 0.5 克，花椒 0.5 克，姜 5 克，葱 10 克，酱油 5 克，味精 1 克。

2. 工艺流程 原料肉选择与修整→余水→配制卤汤→卤制→出锅冷却→成品。

3. 操作要点

（1）原料肉选择与修整。将牛肉整理干净，去除筋膜，浸泡在清水中去除血水，清洗干净，沥水，分割成块状。

（2）余水。将牛肉放入 100℃沸水中余水 10 分钟，清洗干净，沥干。

（3）配制卤汤。先将香辛料用调料袋装好，2.5 千克的水烧开放入香辛料包，熬煮 0.5 小时加入调味料续煮 5 分钟，备用。

（4）卤制。用旺火烧开卤汤，下牛肉卤煮，烧开后改中小火，保持微沸状态，卤至成熟。

（5）出锅冷却。牛肉卤制好后即可出锅冷却。

（三）蜜汁牛肉

1. 配方 牛里脊肉 500 克，香菇（鲜）80 克，玉兰片 80 克，鸡蛋 200 克，盐 3.5 克，鸡精 3.5 克，蒜 16 克，花生油 80 克，白糖 50 克，黄酒 25 克，淀粉（玉米）16 克。

2. 工艺流程 原料肉选择与修整→原料肉处理→炒制→成品。

3. 操作要点

（1）原料肉选择与修整。将牛里脊肉整理干净，剔去筋膜，浸泡在清水中去除血水，清洗干净，沥水，切成片。将香菇、玉兰片、蒜头洗净，切成小片，备用。

（2）原料肉处理。将鸡蛋打入碗中，放入切好的牛肉片，加水淀粉勾上浆。

（3）炒制。锅内倒入花生油用旺火烧至八成热时，放入牛肉片滑炒，至七成熟时，捞起沥油；原炒锅倒去余油后再放入花生油烧热，放入蒜片、香菇片、玉兰片炒香，加入黄酒、盐、白糖、鸡精、水淀粉，熬到汤汁浓稠，再加入牛肉片，翻炒几下，起锅冷却即可。

（四）糟牛肉

1. 配方 牛肉 500 克，黄瓜 250 克，植物油 50 克，酱油 15 克，红糖 50 克，盐 5 克。

2. 工艺流程　原料肉选择与修整→腌制→炒制→成品。

3. 操作要点

（1）原料肉选择与修整。将牛肉整理干净，剔去筋膜，浸泡在清水中去除血水，清洗干净，沥水，切成薄片。

（2）腌制。将牛肉片放入酱油中，腌制15分钟。

（3）炒制。锅内倒入30克油，烧至七成热时，放入牛肉片，炒至变色时盛出。再向锅中倒入20克油，将红糟爆香，再放入黄瓜片、盐，继续炒约1分钟。最后，放入炒好的牛肉片和20毫升清水一同炒匀即可。

（五）煨牛肉

1. 配方　牛肉500克，花生油50克，姜10克，葱10克，白糖15克，料酒15克，盐20克，酱油15克，桂皮和八角适量。

2. 工艺流程　原料肉选择与修整→腌制→炒制→成品。

3. 操作要点

（1）原料肉选择与修整。将牛肉整理干净，剔去筋膜，浸泡在清水中去除血水，清洗干净，沥水，切成3厘米见方的小块。

（2）腌制。将牛肉块放入料酒、酱油、盐水中，腌制片刻。

（3）炒制。锅内倒入花生油，烧至七分热时，放入牛肉块煸炸呈金黄色，捞出控净油。再向锅中放入清水烧开，加入葱、姜、酱油、白糖、料酒、少量桂皮和八角，用微火煨至肉烂，中间需翻动数次，至汤汁浓稠即可。

（六）五香牛肉

1. 配方

（1）原料。牛肉100千克。

（2）腌制液配方。大排骨40千克，白酒0.2千克，盐2.4千克，味精0.2千克，白糖0.8千克，八角0.04千克，葡萄糖0.4千克，花椒0.04千克，焦磷酸钠0.18千克，丁香0.02千克，三聚磷酸钠0.18千克，小茴香0.06千克，六偏磷酸钠0.1千克，草果0.02千克，大豆蛋白粉0.12千克，桂皮0.02千克，亚硝酸钠0.01千克。

（3）煮制液配方。八角0.08千克，豆蔻0.06千克，花椒0.09千克，草果0.06千克，丁香0.02千克，葱1.2千克，桂皮0.06千克，姜0.4千克，小茴香0.12千克，味精0.4千克，白酒200毫升。

2. 工艺流程　原料肉选择与修整→腌制液配制→盐水注射→真空滚揉→酱色制备→煮制→成品。

3. 操作要点

（1）原料肉选择与修整。选择经卫生检验合格的牛肉，刮净皮上残毛，剔除筋腱，洗涤干净，沥干水分，切成1千克的小块备用。

（2）腌制液配制。先将大排骨放入水中煮开，文火熬制1小时后放入香辛料，再熬制1小时，此期间不断撇去浮油，用纱布过滤肉汤，待温度降至常温后，按配方把盐、糖、磷酸盐（先用少量水加热溶解）、亚硝酸钠、白酒、味精等加入，不断搅拌均匀，配成腌制混合液。

（3）盐水注射。用盐水注射机进行注射，注射腌制液量占肉重的20%。

（4）真空滚揉。滚揉在真空滚揉机中进行，滚揉机放在0~4℃的冷库中，间断滚揉8~10小时，正转20分钟，反转20分钟，再停止30分钟。

（5）酱色制备。先将麻油入锅，加入白糖，用火熬制，并不断炒动，待锅中冒烟时，移开火，加入开水即成。

（6）煮制。先熬制酱汤，即用大排骨加配料中的香辛料熬制，并加入酱色。酱汤烧开后，放入滚揉好的肉块，大火烧开，保持20分钟，此期间不断撇去浮沫，然后改为小火焖煮1小时，温度保持在85~90℃，用筷子通过肉皮插入肉块时，能顺利插动时即可出锅。

（七）麻辣牛肉

1. 配方 牛肉10千克，豆油2千克，姜0.25千克，橘饼0.5千克，冰糖0.5千克，白糖0.5千克，干红椒0.1千克，花椒粒0.1千克，盐1.2千克，混合香料0.12千克（山柰8%、八角16%、丁香9%、白芷8%、草果9%、桂皮17%、豆蔻16%、香茅草17%），白酒1千克，红椒粉8克，花椒粉8克，味精1克，植物油适量。

2. 工艺流程 原料肉选择与修整→煮制→切片→制作香料包→焙炒→油酥→调味→成品。

3. 操作要点

（1）原料肉选择与修整。将牛肉整理干净，去除皮下脂肪和外露脂肪，剔去筋膜。

（2）煮制。将修整好的牛肉，投入煮沸的水锅中，锅中加少许食醋以去膻味，以水淹没牛肉为宜，熟透后起锅，冷却备用。

（3）切片。顺着肌纤维方向，切成厚0.2~0.3厘米、长2~2.5厘米、宽1~1.5厘米的条形。

（4）制作香料包。将混合香料、豆油、姜、橘饼、干红椒、花椒粒、冰糖、白糖、盐用干净纱布扎起,制成香料包。

(5) 焙炒。将香料包放入锅中,大火熬煮至香味浓郁为止,将锅内的纱布袋和渣物捞净。再将牛肉片放入锅中,大火烧开,文火烧至水干时,加入白酒,快速翻炒至酒干时起锅。

(6) 油酥。将焙炒好的牛肉片,投入预热好的植物油锅中油酥,不断翻锅均匀,酥至硬度适中、脆而不糊时起锅。

(7) 调味。将油酥好的牛肉片,晾至60℃,加入红椒粉、花椒粉、白糖、冰糖、味精、油酥后的植物油,搅拌均匀即可。

(八)软包装牛肉罐头

1. 配方 牛肉100千克,盐6千克,味精0.5千克,卡拉胶适量,磷酸盐0.3千克,亚硝酸盐0.01千克,注射性大豆蛋白适量。

香辛料包配方:桂皮180克,良姜120克,花椒200克,肉豆蔻120克,大茴香280克,荜茇90克,丁香45克,草果220克,白芷90克,小茴香220克,陈皮300克,香叶180克,鲜姜400克。

2. 工艺流程 原料肉选择与修整→熬制煮制液→盐水注射→滚揉→煮制→装袋→灭菌→包装、成品。

3. 操作要点

(1) 原料肉选择与修整。选用经卫生检验合格的鲜、冻牛肉,然后整理修割去掉筋膜、污物等,将牛肉切成长15厘米、宽10厘米、厚8厘米的条状,备用。

(2) 熬制煮制液。按配方将香辛料用纱布包好,放入90~95℃的热水中熬制1.5小时,备用,另取一部分降温至40℃以下后放入0~4℃的冷库备用。

(3) 盐水注射。将定量的盐、味精、卡拉胶、磷酸盐、亚硝酸盐、注射性大豆蛋白等按顺序溶于0~4℃的煮制液中,要求注射液无沉淀、温度为4~6℃。然后将整块牛肉注射,注射比例为肉重的25%~30%。

(4) 滚揉。将注射后的牛肉放入滚揉机中,滚揉10~20分钟。

(5) 煮制。将蒸煮锅内的煮制液加热煮沸,加入滚揉好的牛肉,以锅内煮制液淹没牛肉为宜,先大火煮制30分钟,再文火焖煮,保持在微沸状态,40~50分钟,此期间不定时搅动,并撇去料汤表面的浮沫。煮至牛肉块中心无血丝即可。

(6) 装袋。将牛肉捞出后,可趁热在肉块外表撒一薄层卡拉胶,然后用铝箔袋将煮制产品称量包装,用真空封口机封好,要求真空度为0.1兆帕,热合时间为 20~30 秒。

（7）灭菌。采用高温灭菌锅，保温压力为 0.25~0.3 兆帕，温度为 121℃，冷却时反压降温，杀菌时间随产品规格而定。温度降至 40℃ 以下后方可出锅。

（8）包装、成品。产品出锅后，擦拭掉外包装上的水、灰垢等，置常温下检验 7 天，去掉漏气、涨袋的产品，然后装入外包装袋，封口、装箱入库。

二、牛副产品加工

随着科技的进步，人们生活水平的提高，牛副产品应用领域得到拓展，不仅市场需求量大，而且每年呈大幅度上升趋势。同时，随着牛副产品加工新技术的应用，既避免污染，实现无渣无害化生产，合理延长产业链，实现零排放，保护环境，又争取了最大经济效益。

（一）酱牛杂碎

1. 配方 牛杂碎（牛心、牛百叶、牛口条、牛肝）1 千克，姜块 15 克，葱段 15 克，花椒 3 克，八角 3 克，丁香 3 克，香叶 3 克，白胡椒 3 克，老酱汤 1 千克，蚝油 5 克，酱油 5 克，味精 3 克，料酒 3 克，盐 3 克，白糖 3 克，香油 5 克。

2. 工艺流程 原料处理→煮制→切片→成品。

3. 操作要点

（1）原料处理。选用新鲜或冷冻牛杂，洗去内脏的表面污渍，去除粗筋膜及脂肪等杂质，将牛杂碎切成中块，洗净，放入沸水锅中焯水，捞出晾凉待用。

（2）煮制。酱锅中加入老酱汤、葱段、姜块、花椒、八角、桂皮、丁香、香叶，调入蚝油、酱油、味精、料酒、盐、白胡椒、白糖，再放入牛杂碎，煮沸后改用小火煮熟，关火，于原汤中浸泡 30 分钟后捞出晾凉。

（3）切片。在块状的牛杂碎表面抹上香油，再切成薄片即可。

（二）卤牛杂碎

1. 配方 牛杂（牛肺、牛肚、牛肠、牛粉肠、牛脾）1.5 千克，生抽 15 克，老抽 15 克，盐 16 克，红糖 24 克，老姜 34 克，面豉酱（或柱侯酱）30 克，葱白 10 克，蒜蓉 9 克，白酒 9 克，八角 10 克，陈皮 4 克，桂皮 8 克，草果 10 克，丁香 3 克，色拉油 30 克。

2. 工艺流程 原料处理→调料→蒸煮→切块→成品。

3. 操作要点

(1) 原料处理。选用新鲜或冷冻牛杂，洗去内脏的表面污渍，去除粗筋膜及脂肪等杂质，切开再将淤血冲洗干净，然后再放入锅内，加入适量清水，中火煮沸，去除血秽，取出，再用清水洗净。

(2) 调料。将陈皮、丁香、八角、草果、桂皮用纱布包好扎紧，待用。

(3) 蒸煮。旺火烧热炒锅，倒入植物油，放入豉酱、蒜蓉、老姜、葱白、白酒及其他调味料，再倒入清水2千克，放入牛杂和调料包，先以旺火煮沸后改用中火熬煮至烂。

(4) 切块。用刀将牛杂切成块，加入卤汁即成。

(三) 卤牛肝

1. 配方　牛肝500克，大葱段10克，姜片6克，花椒0.5克，丁香0.2克，小茴香0.2克，草果皮0.2克，砂仁0.3克，桂皮0.2克，肉豆蔻0.3克，陈皮0.3克，盐15克，大蒜8克，料酒10克，酱油15克。

2. 工艺流程　原料预处理→初煮→复煮→冷却→成品。

3. 操作要点

(1) 原料预处理。先将牛肝洗干净，用刀在牛肝上划斜纹。

(2) 初煮。将牛肝放入开水锅内，加料酒、大蒜煮10分钟，再将牛肝捞出，用清水洗2次，晾干备用。

(3) 复煮。把盐、酱油、香辛料和牛肝放入清水锅中，煮沸后，改用慢火煮，待熟后，捞出晾干即可。

(四) 卤蹄筋

1. 配方

(1) 原料。牛蹄筋100克。

(2) 腌制配方。盐7克，白糖1克，生姜5克，葱6克，料酒0.5克，亚硝酸钠0.015克。

(3) 卤制配方。盐5克，味精0.2克，白糖6克，花椒0.3克，葱2克，八角0.2克，桂皮0.3克，香叶0.4克，草果0.2克，料酒0.5克，酱油2克，辣椒3克。

2. 工艺流程　原料预处理→烫漂→冷却→腌制→清洗→卤制（制备老汤→卤水配制）→真空热封→高温杀菌→成品。

3. 操作要点

(1) 原料预处理。选用合格的优质冷冻或新鲜牛筋作为主要原料，剔除牛筋上的筋膜以及连结在上面的脂肪、牛肉,然后用清水漂洗干净。

（2）烫漂。将预处理过的牛蹄筋倒入开水中煮 5～10 分钟。

（3）腌制。将盐、白糖、生姜、葱、料酒、亚硝酸钠混匀,均匀涂抹于牛蹄筋上,8℃下腌制 12 小时。

（4）清洗。将腌制好的牛蹄筋用清水清洗。

（5）卤制。牛蹄筋入锅前,先将香辛料用纱布包裹煮制 1 小时,然后将牛蹄筋入锅,注意掌握生熟程度,在适当时间及时捞出。

（6）真空热封。产品采用 PET/AL/CPP 的包装材料,热合时间 7 秒,真空度为 0.1 兆帕。

（7）高温杀菌。121℃下杀菌 10 分钟。

（8）成品储存。常温下储存。

(五) 酱牛头

1. 配方 牛头 1 个（以 100 克计）,盐 5 克,白糖 0.3 克,桂皮 0.19 克,丁香 0.01 克,茴香 0.1 克,面酱 2 克,葱 0.5 克,蒜 1.5 克,鲜姜 0.5 克,花椒 0.1 克,八角 0.2 克,白酒 0.5 克。

2. 工艺流程 原料预处理→配料→浸汤→预备煮制→煮制→拆牛头骨→酱制→出锅→成品。

3. 操作要点

（1）原料预处理。先将生牛头放在清水中浸泡 0.5～1 天,将牛头中的血水和异味浸出,用流动的自来水浸泡。然后修刮牛头上的残毛,用刀刮净皮上污泥、血水及其他杂质,用水冲洗干净。

（2）配料。将配比好的各种调味料用纱布包好扎紧,大葱和鲜姜另装一个料袋。炒糖色的方法是将小铁锅置于火炉上加热,放入少许豆油,再加入白糖,旺火,用小铁勺不断搅拌白糖,将其炒为液态状。这时糖汁开始变色,待糖汁变成浅紫色时,继续用小铁勺快速搅拌,当糖汁熬制出现烟时,马上调成小火,用小铁勺捞起糖汁,几乎没有黏性时,倒入白开水,锅内的糖液变成了发脆的焦体形状即为糖色。糖色的浓度可根据生产需要添加热水调制。酱牛头肉用的糖色略浅点为好。

（3）预备煮制。将备好的牛头投入 100℃的热水中煮制 15～20 分钟,目的是清除牛头的血污和异味,撇净血沫,然后用清水冲洗干净以备煮制。

（4）煮制。煮制时先把准备好的料包、盐、糖汁、酒同时放入酱锅内,放满水,水要超过牛头。烧开后转为文火煮制,每 25 分钟翻一次锅,在翻锅过程中要随时撇去沫子和汤油,煮制 90~100 分钟即可全部出锅。

(5) 拆牛头骨。沿着牛头肉块部位将牙骨、头骨等拔下,将一些小碎骨去掉,用凉水洗净牛头肉的油脂和沫子。

(6) 酱制。将原煮制牛头的肉汤去掉锅底和汤中的肉渣等,凉后备用。先在锅底部要放一个铁篦子,然后将牛头块摆放入锅内,将原汤注入锅中,放入适量清水和糖汁,用旺火煮 1 小时,再改用中火煮 30 分钟等待出锅。

(7) 出锅。牛头肉熟软后即可出锅。

(六) 酱牛蹄

1. 配方 牛蹄筋 5 千克,盐 250 克,冰糖 15 克,桂皮 10 克,茴香籽 5 克,丁香 1 克,葱 25 克,花椒 5 克,姜 25 克,蒜 25 克,八角 10 克,甜面酱 100 克。

2. 工艺流程 原料预处理→煮制→剔骨→二次煮制→冷却→成品。

3. 操作要点

(1) 原料预处理。选用新鲜牛蹄洗刷干净,用开水烫煮 15 分钟,脱去皮毛等,用清水洗净。

(2) 煮制。把牛蹄放入沸水锅中,水温保持在 90℃,2 小时后取出。

(3) 剔骨。把煮熟的牛蹄中的趾骨全部剔除,剩余部分即是牛蹄筋。

(4) 二次煮制。在煮制锅中加入水、盐、冰糖、甜面酱、桂皮、茴香籽、丁香、花椒、八角等调料,旺火煮沸,再把牛蹄筋放入锅内煮 1 小时,待牛蹄筋煮烂后,捞出晾冷即可。

(七) 软包装快餐牛杂

1. 配方 牛杂(牛肺、牛肚、牛肠、牛粉肠、牛脾)100 克,大葱 1 克,生姜 0.25 克,黄酒 1.4 克,八角 0.25 克,桂皮 0.3 克,盐 0.3 克,酱油 1.5 克,白糖 1.0 克,味精 0.25 克,植物油 1.25 克,香油 0.8 克。

2. 工艺流程 原料处理→预煮→切条→炒制→称量装袋→真空密封→灭菌→保温检验→成品。

3. 操作要点

(1) 原料处理。去除杂质,放入冷水中浸泡 1.5 小时,清洗干净,待用。

(2) 预煮。放入足量的水,以浸没牛杂为度。向锅中加入大葱、生姜、黄酒、桂皮、八角,微沸状态下保持 30 分钟,然后继续煮制 1 小时。捞出牛杂沥水待用,剩余的汤汁为老汤。

(3) 切条。将煮好的各原料均匀地切成长 4~6 厘米,宽 0.8~1 厘米,厚

0.4~0.6厘米的条状。

(4) 炒制。植物油倒入夹层锅中加热,然后加入内脏及剩余的调味料炒拌20分钟,再撇去汤汁。

(5) 称量装袋。称取牛杂(含麻油)164克,汤汁34克装入蒸煮袋中。

(6) 真空密封。在0.09兆帕真空度下封口。

(7) 灭菌。采用高温灭菌锅,保温压力为0.25~0.3兆帕,温度为121℃,冷却时反压降温,杀菌时间随产品规格而定。温度降至40℃以下后方可出锅。

(8) 保温检验。杀菌结束后,应抽样进行保温检验,方法是将产品置于(37±2)℃中保温7昼夜。

(八) 五香牛蹄

1. 配方 牛蹄500克,炒花生米50克,八角5克,桂皮3克,茴香0.5克,花椒0.5克,盐15克,葱10克,料酒10克,酱油5克,白糖3克,香油5克,鲜姜10克。

2. 工艺流程 原料预处理→腌制→煮制→冷却→成品。

3. 操作要点

(1) 原料预处理。选用新鲜或冷冻牛蹄,冷冻牛蹄要先解冻,将牛蹄从中间劈开,沸水烫后刮去浮皮,去除毛,清洗干净。

(2) 腌制。将清洗干净的牛蹄用适量的料酒、酱油腌渍0.5小时。

(3) 煮制。将油烧热后略爆姜片,放入牛蹄,煎炸至皮呈金黄色,然后加入桂皮、八角、茴香、花椒、花生米、酱油、白糖、料酒等,旺火煮沸,撇去浮沫,改用微火焖煮2.5小时。

第三节 牛肉质量安全与品牌创建

一、牛肉质量安全

牛肉质量安全问题关乎人民生命的安全以及牛肉产业健康发展、农民收入的增加。牛肉质量安全受养殖环境、饲养、加工、运输、销售等环节的安全管理水平,以及相关投入品(如兽药、饲料等)质量安全的综合影响。任何环节或投入品的生物性、化学性和物理性危害均会影响牛肉质量安全。因此,应从生产过程中各个环节的质量安全控制入手,确保牛肉质量安全。

（一）影响牛肉质量安全的危害因子

1. 生物性因素

（1）微生物。在屠宰和加工过程，牛胴体受动物皮表、粪便、屠宰环境、屠宰工具、工作台和操作人员等的影响，其表面会受微生物污染，其中一些微生物可能引发牛肉食源性疾病或腐败。

①致病菌。牛肉中可能污染的致病菌有大肠杆菌、沙门氏菌、金黄色葡萄球菌、单增李斯特菌、炭疽芽孢杆菌、牛型结核分枝杆菌等。致病菌通过以下2种途径引起人类疾病：一是入侵并定殖在人体组织中，引起感染（如空肠弯曲杆菌和沙门氏菌）。二是摄入毒素引起中毒。非入侵微生物产生的毒素分为胞外毒素和胞内毒素，胞外毒素是细菌释放到食物中的毒素（如产气荚膜梭菌），胞内毒素是细菌死亡后释放的毒素。牛肉相关致病菌的理化特性及热敏性见表6-1。

表6-1 牛肉相关致病菌的理化特性及热敏性

细菌名称	理化特性	热敏性
空肠弯曲杆菌	革兰氏阴性菌，微需氧，低于30℃时不繁殖	热敏性细菌，常规热处理可杀死该细菌
沙门氏菌	革兰氏阴性菌，兼性厌氧	热敏性细菌，70℃下数秒内可灭活大多数沙门氏菌血清型亚种
产气荚膜梭状芽孢杆菌	革兰氏阳性菌，厌氧，可形成孢子	孢子具有极高的耐热性
单增李斯特菌	革兰氏阳性菌，兼性厌氧，1℃下仍可繁殖	热敏性细菌，常规热处理可杀死该细菌
金黄色葡萄球菌	革兰氏阳性菌，兼性厌氧	热敏性细菌，但肠毒素需要过度热处理破坏（如121℃、30分钟）
肉毒梭状芽孢杆菌	革兰氏阳性菌，厌氧，可形成孢子	孢子具有极高的耐热性，毒素具有热敏性（85℃、15分钟，100℃、1分钟）
大肠杆菌	革兰氏阴性菌，兼性厌氧，多数大肠杆菌不致病，致病性大肠杆菌共4种：肠毒素型、肠出血型、肠入侵型、肠致病型	热敏性细菌，常规热处理可杀死该细菌
炭疽芽孢杆菌	革兰氏阳性菌，需氧或兼性厌氧菌，可形成孢子	孢子具有极高的耐热性

②腐败菌。牛肉中潜在的腐败菌包括假单胞菌属、不动杆菌属、莫拉菌

属、希瓦菌属、气单胞菌属、哈夫尼菌属、变形杆菌属、索丝菌属、微球菌属、肠球菌属、乳杆菌属、明串珠菌属、肉食杆菌属,以及酵母菌和霉菌等。腐败菌可产生黏液和恶臭味,引起肉色变化,导致牛肉腐败。不同包装生鲜牛肉在 0~4℃贮藏条件下的主要腐败菌见表 6-2。

表 6-2 不同包装生鲜牛肉在 0~4℃贮藏条件下的主要腐败菌

包装方式		主要腐败菌
普通空气包装		假单胞菌属
气调包装	>50%CO_2,含 O_2	热杀索丝菌
	50%CO_2	肠杆菌、乳酸菌
	<50%CO_2,含 O_2	热杀索丝菌、乳酸菌
	100%CO_2	乳酸菌
真空包装		假单胞菌属、明串珠菌属、热杀索丝菌、腐败希瓦氏菌等

③病毒。患口蹄疫或疯牛病的病牛产品中可能带有口蹄疫病毒或朊病毒。某些口蹄疫病毒的变种可传染给人。目前发现感染口蹄疫的人主要是(尤其是幼儿)饮食未消毒的鲜乳及其他畜产品,接触患病动物或皮肤有创口的人员。疯牛病又称牛海绵状脑病,其病原是一类无核酸的蛋白质因子——朊病毒。目前尚无预防疫苗和治疗方法,病死率为 100%。朊病毒在牛脑和脊髓中含量最高。人食用患疯牛病病牛的肉等可能会染上克雅氏病,临床表现为神经错乱、运动失调、痴呆等。从危险动物中提取的油脂、蛋白质等制成的化妆品等也有可能传播疯牛病。朊病毒对物理因素的抵抗力极强,脑组织悬液煮沸 3 小时,仍有感染性;高压蒸汽消毒(134~138 ℃,18 分钟)不能使其完全灭活;可耐受甲醛,37℃以 20%的甲醛处理 18 小时不能使其完全灭活;用波长 237 纳米的光能较有效灭活这种病原的感染性。

(2)寄生虫。牛在生活过程中会通过多种途径感染寄生虫。牛肉可能被牛住肉孢子虫、牛带绦虫等人兽共患寄生虫的污染。人食入含有寄生虫的生的或不熟的牛肉会导致感染。预防人兽共患寄生虫病,应采取综合防控措施,如在养殖过程中,注意饮水及饲料卫生,及时清除粪便,对牛群进行定期驱虫,采取轮流放牧以及幼牛和成年牛分群放牧;屠宰场和相关监管部门应注意对寄生虫的监测和监管;消费者应坚决不吃生的或不熟的牛肉。

2. 化学性因素

(1)兽药残留。不科学地使用兽药会造成原药或其代谢物在牛肉中残留,如使用大剂量兽药以增加产量，滥用抗生素，改变给药途径及用药部位，使用未经批准的药物或者有意使用违禁药物，不执行休药期等。牛肉中残留的兽药通过食物链直接对人体产生毒性作用，引起细菌耐药性的增加，因此必须采取有效措施以减少和控制兽药残留的发生。

（2）饲料及饲料添加剂。饲料及饲料添加剂造成的安全问题主要有霉菌毒素、传播病原、饲料添加剂残留、农药残留、非法添加物等。饲料存放不当（如受潮）可能会导致霉菌在饲料中生长繁殖产生有毒代谢物，如黄曲霉毒素。因此，对于发霉严重的饲料必须丢弃，对于轻度发霉的饲料，需采用合适的方式处理后再利用。饲料可作为病原的传播媒介，将寄生虫、炭疽芽孢杆菌等一些病原通过畜产品传播给人。饲料添加剂残留主要包括抗菌剂、生长剂、镇静剂以及抗寄生虫类药剂。养殖者不执行饲料添加剂使用规定，常造成添加剂在动物体内残留，通过食物链对人体造成危害。农药残留是指饲料中的过量杀虫剂、除草剂、杀菌剂、杀鼠剂、植物生长促进剂等在动物体内残留，通过食物链对人体造成危害。非法添加物指在饲料中违规添加的防腐剂、激素、抗氧化剂等物质，这些添加剂若长期使用或使用不当，常造成残留，使牛肉质量出现问题，引发人体食物中毒或导致人体机能损害。

（3）重金属污染。在工业生产过程中，铅、镉、汞、砷、锡、镍、铬等重金属常被随意排放于土壤和水中。土壤中富集的重金属可通过农作物进入饲料环节；进入水中的重金属可被鱼和贝类体表吸附而富集，而鱼粉又是常用的动物饲料原料。牛长期食用这些被污染的饲料，不仅会诱发各种疾病，而且严重影响牛肉质量安全，威胁人体健康。

（4）清洁剂。牛肉生产过程中，用于环境、操作台、设备、工具及手部消毒的清洁剂可能会在产品中残留。常用的清洁剂有漂白粉（含次氯酸钠、氢氧化钙、氧化钙、氯化钙等）、漂粉精（次氯酸钙）、次氯酸钠、优氯净（二氯异氰尿酸钠）、二氧化氯等。

（5）食品添加剂。《食品安全国家标准　食品添加剂使用标准》（GB 2760—2014）中详细规定了各种食品添加剂的使用范围、最大使用量及最大残留量等内容，牛肉制品生产企业应严格按照国家标准的相应规定使用食品添加剂，避免出现添加剂滥用、超标等问题。

3. 物理性因素　影响牛肉质量安全的物理性异物种类繁多。一类是掺杂掺假而故意引入的异物，如注水肉中的水。另一类是在生产、加工、储存、运输等过程中无意引入的物理性异物，如塑料、毛发、金属碎片等，在牛肉的包装工艺环节需加设金属探测设备以检测产品中的金属物质。

(二) 牛肉质量安全检验

牛肉的质量安全应符合《食品安全国家标准 鲜（冻）畜、禽产品》（GB 2707—2016）的规定：

1. 原料要求 屠宰前的活畜、禽应经动物卫生监督机构检疫、检验合格。

2. 感官指标 具有牛肉应有的色泽、气味和状态。

3. 理化指标 挥发性盐基氮值≤15毫克/100克。

4. 污染物限量 应符合《食品安全国家标准 食品中污染物限量》（GB 2762—2017）规定（表6-3）。

5. 农药残留量 农药残留量应符合《食品安全国家标准 食品中农药最大残留限量》（GB 2763—2019）的规定。

6. 兽药残留量 兽药残留量应符合国家有关规定和公告。

表6-3 肉及肉制品中污染物限量

项目	食品类别	限量
铅	肉	0.2毫克/千克
	肉制品	0.5毫克/千克
镉	肉、肉制品	0.1毫克/千克
汞	肉、肉制品	0.05毫克/千克
总砷	肉、肉制品	0.5毫克/千克
铬	肉、肉制品	1.0毫克/千克
苯并[α]芘	熏、烧、烤肉类	5.0微克/千克
N-二甲基亚硝胺	肉制品（肉类罐头除外）	3.0微克/千克

(三) 我国牛肉质量安全标准

我国牛肉加工企业应符合《食品安全国家标准 畜禽屠宰加工卫生规范》（GB 12694—2016）要求。该规范对肉类加工场的选址、设计、设施及布局等，以及畜禽屠宰加工过程中畜禽验收、屠宰、分割、包装、储存和运输等环节的卫生要求进行了明确规定。

(四) 牛肉质量安全保障技术

1. 栅栏技术 栅栏技术是指食品设计和加工过程中，施加不同的抑菌防腐技术，利用各技术间的协同作用，阻止微生物生长繁殖，提高食品安全性，延长货架期。每一个影响微生物生长的阻碍因子称为栅栏因子。如果一个抑制微生物生长的因子不够强烈，也就是栅栏不够高，可导致部分微生物越过栅栏而继续生长，但如果有另外一个栅栏因子，那么只有较少的微生物能越过，再进一步，如果有多个栅栏因子，则更能有效地阻止微生物的繁殖。食品内在的栅栏因子包括 pH、水分活度、氧化还原电位和食品内固有的抗菌成分；外在栅栏因子包括采用的工艺技术，如处理温度、包装技术、烟熏、辐射、防腐剂、抗氧化剂等。

生鲜肉加工和储存中常用的栅栏因子有：

①臭氧、有机酸等喷淋胴体技术，降低原料肉的初始菌量是肉品保鲜工作的先决条件，初始菌量越低，越有利于其他保鲜因子发挥作用。

②紫外杀菌。在牛肉的排酸间常安装紫外灯，以用于空气及胴体表面的杀菌。

③低温处理。冷藏和冻藏两种方法均通过降低肉品温度来抑制或杀灭微生物，使肉品保鲜期延长。

④气调包装。气调包装是鲜肉保鲜的重要栅栏因子。革兰氏阴性菌对 CO_2 敏感，特别是假单胞杆菌、乳酸菌和厌氧菌对 CO_2 的耐受性最强。用高浓度 CO_2 包装鲜肉引起微生物菌群结构发生转变，由革兰氏阴性菌构成的微生物区系转变为主要由乳杆菌和其他乳酸菌构成的微生物区系。CO_2 的抑菌效应随着储存温度的降低而加强。

2. GMP GMP（Good Manufacturing Practice）意为良好操作规范，是政府对食品生产、包装、储运等过程的强制性卫生要求，以保证食品具有高度安全性的良好生产管理体系。它要求食品企业应具备良好的生产设备、合理的生产过程、良好的卫生与质量和严格的检测系统，以确保最终产品的安全性和质量符合标准。GMP 是食品生产企业实现生产工艺合理化、科学化、现代化的首要条件。在牛肉生产过程中实施 GMP 管理的目的是：提高产品质量和保证无公害牛肉的安全性；保障消费者和生产者的权益，强化生产者的质量管理体系，促进无公害牛肉生产的健康发展。

3. SSOP SSOP（Sanitation Standard Operation Practice）即卫生标准操作程序，是食品生产加工企业为了达到 GMP 的要求而制定的卫生操作控制文件，以消除与卫生有关的危害。SSOP 的内容包括：与食品接触面接触的水（冰）的安全；食品接触面（包括设备、手套、工作服）的清洁；手的清洗与消毒；厕所设施的维护与卫生保持；防止食品被污染物污染以及发生交叉污染；有毒化学品的标记、储存和使用；雇员的健康与卫生控制；虫害防治等。

4. HACCP 管理系统 HACCP（Hazard Analysis and Critical Control Point）意为危害分析与关键控制点，是保证食品安全和产品质量的预防控制体系，是一种先进的卫生管理方法。该体系是将食品质量的管理贯穿于食品从原料到成品的整个生产过程中，侧重于预防监控，而不依赖于对最终产品进行检验。HACCP由以下7部分构成：进行危害分析；确定关键控制点；建立关键点控制限；建立关键控制点的监控体系；如果在监控中发现某个关键控制点失控，建立开展纠偏行动；建立能够确认HACCP是否有效工作的验证程序；建立涉及所有原理及应用过程的文件、记录档案。

HACCP质量管理体系的突出特点是以预防为主。通过风险评估及时发现生产过程中可能出现的风险，做到早发现、早预防、早整治、早解决，减少有害物质及微生物侵入肉类生产链的机会。该体系是世界公认的作为保证肉类安全卫生最有效的途径，是提高肉品安全水平、保证肉品卫生质量、控制微生物污染的最佳途径。

一个完整的HACCP体系包括HACCP计划、良好卫生操作规范（GMP）和卫生标准操作程序3个方面。GMP和SSOP是企业建立以及有效实施HACCP计划的基础条件。只有三者有机地结合在一起，才能构筑出完整的食品安全预防控制体系。如果抛开GMP和SSOP谈HACCP计划，只能是空谈。同样，只靠GMP和SSOP控制，也不能保证完全消除食品安全隐患，因为良好的卫生控制，并不能代替危害分析与关键控制点。

5. 可追溯体系 食品可追溯性是指按照食品供应全过程中所记录的信息，追溯食品的生产历史、用途和当前位置的能力。建立食品追溯体系的目的是对食品供应链中各个环节的产品信息进行跟踪，在发生食品质量安全事件时能够及时找到食品质量安全事件发生的根源，减弱食品质量安全事件对人们健康的影响。

欧盟、美国和法国从20世纪90年代末通过农畜产品安全立法、政府监管等手段，强制养殖场研究应用包括饲草料、环境、饲养管理、检验检疫和屠宰加工、储运和销售一体化的全程质量追溯体系。结合使用环境监测、气候模拟、卫星跟踪、成像分析等技术，使农畜产品全过程质量安全追溯发展到了很高的水平。澳大利亚建立对牲畜标识和追溯的系统，通过建立中央数据库，用于追溯牛从出生到屠宰及饲养的全过程。我国为贯彻2006年7月1日实施的《中华人民共和国畜牧法》以及农业部第67号令《畜禽标识和养殖档案管理办法》，根据中国广大农村畜禽养殖的实际情况，在农村畜禽养殖场建立畜禽养殖档案，当前采用纸质养殖档案与电子养殖档案2种形式。

某屠宰场"鲜、冻牛肉产品"的生产加工HACCP体系计划见表6-4。

表 6-4 某屠宰场"鲜、冻牛肉产品"的生产加工 HACCP 体系计划

关键控制点	危害分析	关键限值	监控对象	监控方法	监控频率	监控人员	纠偏措施	记录	验证
CCP1 活牛验收	生物危害：病原体 化学危害：药物残留	a. 验宰检验：三证齐全和健康状态观察 b. 待宰检验：观察、静养 12~24 小时，发现病畜急宰 c. 送宰检验：逐头查体温是否正常、病畜急宰 d. 兽药残留合格证明	供宰活牛健康状况	a. 测量体温 b. 观察牛的健康状况 c. 查出县境动物检疫合格证明、动物及动物产品运输工具消毒证明、非疫区证明、兽药残留报告	逐头（观察、每批测体温）（相关证明）	兽医检验人员	a. 拒收体温、感官不正常的牛 b. 如发现口蹄疫等一类传染病，立即通知当地和产地动物卫生监督所进行无害化处理 c. 检测报告或证明不全时拒收	检验报告及证明书合格记录	有针对性地抽取监控记录和纠偏记录，验证是否达到要求，每周复查 1 次
CCP2 宰后检验	生物危害：病原体	未出现异常状况	头部、内脏、胴体	观察	逐头	质检员	如检验有异常，按照相关规程反时处理	病牛症状记录、处理记录	a. 有针对性地抽验胴体，看是否达到各项要求，检查各项记录，每周复查 1 次 b. 每年对质检员资格进行确认
CCP3 热水喷淋	生物危害：病原体	水温 85 ℃冲洗 15 秒	热水温度时间	检查温度计、计时器	每小时 1 次	质检员	热水温度或时间偏离关键限值，调整参数，使之符合工艺要求，偏离期间的产品按相关规程进行处理	水温时间记录、纠偏记录	a. 有针对性地抽检胴体，看是否达到要求，并检查各项记录，每周复查 1 次 b. 每年对质检员资格进行确认

(续)

关键控制点	危害分析	关键限值	监控对象	监控方法	监控频率	监控人员	纠偏措施	记录	验证
CCP4 金属探测	物理性危害：刀具及加工设备损坏混入金属碎片	金属碎片等的直径≤2.5毫米，不锈钢珠直径≤3.0毫米	金属异物	用标准金属块检测金属探测仪是否正常工作	每小时1次	质检员	a. 金属探测仪无法检测出标准金属块，维修设备，对偏离期同产品重检。b. 金属探测仪发出警报信号，对产品复检，如仍发出警报信号，产品作不合格处理	金属探测信号运行记录	a. 每天对各项记录的真实有效性进行确认 b. 每年对质检员资格进行确认

201

二、品牌创建

品牌是指消费者对产品及产品系列的认知程度。品牌的本质是品牌拥有者的产品、服务或其他优于竞争对手的优势能为目标受众带去同等或高于竞争对手的价值。其中，价值包括功能性利益、情感性利益。"品牌"是一种无形资产；"品牌"就是知名度，有了知名度就具有凝聚力与扩散力，就成为发展的动力。

随着国内外牛肉市场的开放和市场经济的发展，肉牛产业竞争日益激烈，品牌竞争力逐渐成为企业乃至一个地区产业的核心竞争力。创造强势肉牛品牌对于河北省肉牛产业及生产企业来讲意义深远，是获得核心竞争优势的基础，也是在当前市场经济竞争中能否迅速崛起、强盛起来的关键。巨大的中国牛肉市场已经成为国内外企业共同争夺的主战场，要想在竞争中胜出，必须将注意力集中于创造具有核心竞争优势的强势肉牛品牌和牛肉产品品牌。

（一）品牌的分层建设

品牌虽然被注入新的含义，但其都是为了"标识作用"服务的。一般意义上可以粗略地进行分层次处理：

1. 品牌第 1 层——标识层　这是品牌最原始，也是最基本的层面。它一般通过商标、品牌名、品牌标志等元素表现。主要起到直观地区分产品的作用。如某产品上"王老吉"名称的出现，你就不会把它误认为是"加多宝"。

2. 品牌第 2 层——信息层　这是品牌中传达产品或企业信息的层面，它可以通过品牌标识直接反映，也可以通过产品包装、说明书或具体的企业行为等途径来传达。如金嗓子喉宝，让人一看就知道是治疗咽喉痛的；品牌如果经常冠名学校活动，那么品牌十有八九是针对学生市场的。

3. 品牌第 3 层——概念层　在品牌竞争激烈的情况下，企业很难找到自己的差异性。就人为地制造一种观念，为消费者识别品牌服务。因为它是把企业的观念强加给消费者，所以企业必须对观念进行反复强调。此时，企业需要很大的广告投入。例如，李宁——"一切皆有可能"，农夫山泉——"我们不生产水，我们只是大自然的搬运工"。

4. 品牌第 4 层——文化层　在文明的时代，更加看重文化的作用。品牌的文化层次是品牌发展的最高层次，它是概念的历史化或者历史的概念化。它代表一种被社会普遍承认的集体氛围。因而，它对企业的管理水平、员工素质要求很高，同时也要很大的资金投入。中国企业在这个方面做得很不够。典型的有："宜家"制造"家的感觉"；"金六福"倡导"福文化"。各企业的品牌建设策略又因定位与特点不同，而有不同的侧重点。

（二）品牌创建

就肉牛产业而言，随着经济的快速发展和产品的不断丰富，消费者对牛肉产品的需求也发生了很大变化，呈现出个性化、多样化、高端化、体验式的消费特点。要适应消费者需要的这种变化，就要以发挥品牌引领作用为切入点，通过供给侧结构性改革，实现价值链升级，增加有效供给，提高供给体系的质量和效率。

当前，要做强做大肉牛产业，就要以增品种、提品质、创品牌为主要内容，从一、二、三产业着手，采取有效举措，推动牛肉产品供给侧结构升级。就市场趋势而言，就是要全面提升牛肉质量安全等级，大力发展优质特色牛肉产品、无公害牛肉产品、绿色肉品、有机肉品和地理标志牛肉产品，打造牛肉产品品牌。支持肉牛生产加工企业瞄准国际标杆，创新产品设计，优化工艺流程，加强上下游企业合作，尽快推出一批质量好、附加值高的产品，培育打造优质品牌，在日趋激烈的市场竞争中占得一席之地，促进肉牛产业转型升级。

（三）国内牛肉产品品牌创建概况

1. 国内牛肉产品品牌创建现状 为促进国内肉类行业品牌建设，制订以消费者认可为导向的品牌塑造和企业发展战略，"肉类行业媒体联盟"组织开展了"2017十大消费者喜爱的肉类品牌"和"2017十大消费者尊敬的肉类企业"投票活动，以监测消费者对我国肉食品行业各个品牌的支持度和对相关企业的认可度。经过一年的投票，选出了长春皓月清真肉业股份有限公司、内蒙古科尔沁牛业股份有限公司、河北福成五丰食品股份有限公司、山东臻嘉食品进出口有限公司、北京御香苑集团有限公司、重庆恒都食品开发有限公司、山西平遥牛肉集团有限公司、河南伊赛牛肉股份有限公司、陕西秦宝牧业股份有限公司、雪龙黑牛股份有限公司，以及恒都、科尔沁、鸿安、亿利源、秦宝、康美等消费者喜爱的牛肉品牌。河南伊赛、内蒙古东方万旗、四川张飞牛肉等也在业界负有盛名。

2. 国内牛肉产品品牌创建的做法 经调研梳理发现，品牌打造不仅需要产品质量、宣传资金、市场网络，而且需要长期的坚持和不懈的努力。

（1）品牌创建的主体是企业。品牌的核心是质量，质量的关键在于标准化生产。四川省遂宁市美宁集团按照"科技化、生态化、规模化、品牌化"的要求，大力推行标准化生产，制订标准体系并认真组织实施，历经30多年的发展和品牌经营，美宁集团现已成为国家农业产业化重点龙头企业、全国农产品加工示范企业、军需罐头定点生产企业，"美宁"二字已深入消费者的脑海。内蒙古赤峰市东方万旗公司把牛肉精深加工作为公司核心业务，公司现有上百个冷（鲜）冻分割牛肉和速冻调理牛肉食品品种，包括烘烤线、蒸煮线、调理牛排线等，年可加工速冻调理类产品10 000吨，"东方万旗"商标被评为国家驰名商标。山东阳信亿利源公司牛肉分割品种达200多个，公司产品主要销往北京、上海等30多个城市，2017年实现销售收入8.7亿元。"亿利源"牌冷冻分割牛肉已通过国家绿色食品标志认证和有机产品认证，产品被指定为G20杭州峰会和上合组织青岛峰会专用牛肉。

（2）品牌创建要靠产业团队支撑。产业的发展离不开强大的产业团队，品牌创建同样离不开产业团队的作用。以河北省为例，近年来，为了肉牛产业的发展，河北省肉牛产业创新团队与肉牛企业协同作战，奋力攻坚。攻克了许多肉牛生产经营中的难题，有力地推进了肉牛产业发展。为了弘扬与传承河北传统牛文化、美食文化，引导健康科学的牛肉消费观念，助推河北省牛肉品牌良好形象建设，河北省肉牛产业创新团队于2019年举办了以"助力产业扶贫强化品牌建设"为主题的"河北省首届牛肉美食文化节"活动。同时，组织了产品展示和烹饪评比等活动，有效促进了企业宣传、形象展示、品牌提升，为牛肉向高端化、品牌化发展奠定了基础。

（3）品牌创建离不开地方政府强力推动。农产品区域公共品牌的建设是农产品品牌建设的重要内容，有利于提升一个地区农产品的整体形象，一般由政府和协会来帮助企业创建打造。以云岭牛为例，云南省举全省之力，瞄准世界前沿，培育出具有国际竞争力的云岭牛品牌和产业。云南省高原特色现代农业"十三五"云岭牛产业发展规划提出打造云岭牛品牌，凡是在云南境内从事云岭牛养殖，省级免费提供云岭牛优质冻精；云岭牛产业相关的项目优先申报，中央已明确支持云南的项目，重点向云岭牛养殖区域倾斜；省级草地畜牧业发展专项对下转移支付资金优先支持云岭牛产业发展。在落实好上述政策的基础上，省级还专门出台云岭牛金融扶持方案，充分利用高原特色现代农业发展基金撬动信贷资金，吸引社会资本投入云岭牛产业，目前已培育出具有国际竞争力的云岭牛品牌、产业，让云岭牛走遍云岭大地、走出国门。重庆市丰都县坚持将品牌建设作为推进农业供给侧结构性改革、提高牛肉产品市场竞争力的重要举措来抓，大力实施精品农产品品牌提升计划，推动农产品资源优势转化为产业优势和品牌优势，近年来培育和打造的"丰都肉牛"已获得中国驰名商标、马德里国际商标、国家地理证明标志和有机食品认证。丰都县恒都农业集团公司产品已通过 ISO 9001、ISO 22000、HACCP、QS、清真食品、绿色食品、有机产品、供港冰鲜牛肉指定企业等认证，2017 年"恒都"与高铁达成战略合作，成功冠名 50 列高铁动车，"恒都"产品品牌影响力和市场占有率居全国前列。

思考与练习题

1. 肉牛胴体冷却需要注意哪些事项？
2. 普通牛肉主要分割为哪些部位肉？
3. 影响牛肉质量安全的危害因子有哪些？
4. 生鲜肉加工和储存中常用的栅栏因子有哪些？
5. 完整的 HACCP 体系主要包括哪几个方面？

第七章 肉牛场经营管理技术

肉牛场的经营管理是通过对肉牛场的人、才、物等资源要素进行优化配置，目的是以最少的消耗获取最大的产出和经济效益。肉牛场经营管理水平的高低决定了其发展水平和盈利能力强弱。一个运行良好的肉牛场不仅要注重肉牛场生产技术方面的管理，而且还必须抓好肉牛场的经营管理。

第一节 肉牛场生产管理

肉牛场的生产管理是按照肉牛场生产目标要求，对肉牛生产活动进行计划、组织、指挥、协调和控制等一系列工作，以保证生产顺利进行，并取得预期效益。肉牛场的生产管理主要包括制度制订、记录管理、定额管理、销售管理等内容。

一、制度制订

建立健全肉牛场生产管理及经营的规章制度，并保证严格执行，做到有章可循，奖惩有据，便于调动员工积极性，也是肉牛场稳定发展的保障。从广义角度看，这些制度包括考勤制度（考勤记录作为绩效工资、评优的重要依据）、劳动制度（对影响生产安全和产品质量的行为制订奖惩办法）、组织管理制度（肉牛场各职能部门的运行及管理的规章制度）、饲养管理及卫生防疫制度等。从狭义角度看，只指饲养管理及卫生防疫制度，是肉牛场根据自身实际，结合肉牛生产各环节的特点和基本要求，制订生产技术操作规程，以制度形式制订下来。具体包括饲养管理制度、卫生防疫制度、繁殖配种制度等。

（一）饲养管理制度

肉牛场的饲养管理制度不仅包括技术操作流程，还包括每天的工作程序。技术操作流程是肉牛场制订的日常作业技术规范，具有较强的科学性和规范性。不同品种、不同阶段的肉牛有所不同。每天工作程序是饲养管理人员每天不同时间节点应该完成的规定操作，是科学饲养管理的时间规范。

肉牛的饲养管理要根据不同种类牛在不同阶段的生理特点和生长发育规律来区别对待。在配种、妊娠、哺乳、育幼、育肥等不同环节，制订具体的符合其生产的饲养管理制度。做到因地制宜，科学饲养和管理，创造更大的效益。具体的饲养管理制度包括成年母牛饲养管理制度、成年牛饲养管理制度、育肥生产的饲养管理制度、犊牛育肥制度、杂种牛18月龄育肥制度、肉牛百日育肥制度等。

（二）卫生防疫制度

卫生防疫对肉牛养殖场至关重要。疫病流行对肉牛生产将产生不可估量甚至是毁灭性的影响。因此，为保证牛群健康和安全生产，必须贯彻"防重于治，防治结合"的方针，建立严格的防疫措施和消毒制度。对场内外人员、车辆、场内环境定期进行消毒，对空出牛舍消毒。建立疫病预警制度，对牛群进行检疫、免疫接种，实行专业防治与群防群治相结合，防治各种传染病的入侵。

（三）繁殖配种制度

繁殖配种是肉牛繁育场工作中的重中之重，鉴于各种条件限制，目前进行胚胎移植繁育的还较少，绝大部分肉牛繁育场通过冷冻精液人工授精进行繁育。为提高人工授精成功率，必须按照严格的技术要领进行。人工授精过程中，做好各种技术指标的检查，并严格做好输精器械的消毒。

二、记录管理

记录管理是指将肉牛场在生产经营过程中的生产要素及其变动情况进行详细记录，并进行计算分析，以便为管理者提供肉牛场生产经营活动全面、准确、有效的信息，为加强管理、降低成本、提高效益，提供决策依据。因此，肉牛场记录不仅是肉牛场经济核算的基础，而且也是提高其管理水平和效益的保证。

记录管理良好作用的发挥取决于记录信息的质量。高质量的记录信息必须具备及时、准确、简洁、完整、便于分析等特点；否则，其作用就会大打折扣。

不同肉牛场记录管理的内容千差万别，但总体上看，大致包括以下内容：

(一) 生产记录

生产记录是记录生产过程中的牛群生产、饲料以及劳动状况。

1. 牛群状况记录 全面记录整个肉牛场养殖的肉牛品种、数量、饲养时间以及死亡淘汰状况（表7-1）。

表7-1 牛群状况记录

填表人：

日期	栋、栏、群号	品种	变动状况（头）					备注
			存栏量	出生	调入	调出	死亡、淘汰	

2. 饲料消耗记录 记录不同栋（栏、群）肉牛的饲料消耗状况，包括饲料的种类、单价和消耗量（表7-2）。

表7-2 饲料消耗记录

填表人：

购入日期	名称	规格	厂家	批文或登记证号	生产批号或日期	购入量	发出量	结存量

3. 人员劳动记录 记录工作人员的工作时间、工作内容、工作种类、完成的工作量以及应得劳动报酬等情况（表7-3）。

表7-3 人员劳动记录

填表人：

姓名	工作种类	工作内容	工作时间	完成的工作量	应得劳动报酬

(二) 资产与收支状况记录

需要通过记录肉牛养殖场的资产和收入支出，来反映肉牛养殖场的财务和经营状况。这些记录既反映肉牛养殖场资产的静态和变动情况，又反映养殖场的收入和支出的动态情况。

1. 资产状况记录 按照资产的不同种类分别反映其现状及变动情况，包括土地、牛舍等建筑物、机器设备等固定资产，饲料、兽药、低值易耗品等材料物资，肥育牛、繁育母牛、犊牛等生物资产，现金、银行存款、有价证券及应收账款等现金和应收债权（表7-4）。

表7-4 资产状况记录

填表人：

日期	资产名称	所属类别	变动状况	现有数量	现有价值

2. 收支状况记录 全面记录肉牛场出售犊牛、肥育牛、淘汰母牛、牛粪等产品的时间、销售额等基本情况；记录架子牛、饲料、疫苗、药品、机器设备等购入的各种支出（表7-5）。

表7-5 收支状况记录

填表人：

日期	收入		支出		备注
	项目	金额（元）	项目	金额（元）	
合计					

（三）饲养及防疫记录

主要记录肉牛饲养过程及卫生防疫状况。饲养过程记录主要记录肉牛群饲喂、光照、周转以及环境控制等情况。卫生防疫记录主要记录免疫接种、消毒、发病、诊疗等情况（表7-6、表7-7）。

表7-6 消毒记录

填表人：

消毒日期	药名	生产厂家	消毒场所	配制浓度	消毒方式	操作者

(续)

消毒日期	药名	生产厂家	消毒场所	配制浓度	消毒方式	操作者

表7-7 诊疗记录

填表人：

发病日期	栋、栏号	发病群体牛数(头)	发病数(头)	发病日龄	病名或病因	处理方法	药名	用药方法	诊疗结果	兽医签字

（四）档案记录

建立肉牛档案，便于对肉牛进行动态管理，掌握肉牛系谱、增重、饲料用量等情况。具体包括成年母牛、育成牛、肥育牛和犊牛的档案记录。（表7-8、表7-9）。

表7-8 成年母牛档案

填表人：

牛号	妊娠日期	与配公牛	干奶日	预产期	转产房日	分娩日	分娩情况

注：分娩情况包括顺产、助产、剖宫产、胎衣不下、死胎等。

表7-9 肥育牛档案

填表人：

牛舍牛号	基础体重（千克）	体重测量			育肥期体重		出栏日期
		测定日期	体重（千克）	日增重（千克）	总增重（千克）	平均日增重（千克）	

注：体重至少每月测定1次。

三、定额管理

定额管理是关于定额制订、定额执行、定额协调、定额控制等一系列活动的总称，目的在于控制肉牛养殖场生产成本、充分利用劳动力、不断提高劳动生产效率。其中，定额是在一定的技术组织条件下，牛产品企业进行生产经营活动时，对产品数量、质量及生产要素利用及消耗方面所规定的应该达到的标准或衡量尺度。企业制订的各种定额是编制企业计划的依据，在企业行使计划、组织、监督、控制等管理职能的过程中起着重要作用。

（一）定额管理内容

定额主要包括劳动力配备定额、工作和产品质量定额、饲料消耗定额、其他物资消耗定额、设备配备定额、财务定额等。

1. 劳动力配备定额　劳动力配备定额是计划产量、成本、劳动效率等各项经济指标和编制生产、成本、劳动等计划的基础依据。劳动力配备定额是指在一定生产技术和组织条件下，根据生产实际和管理工作的需要而合理安排劳动力的标准，与劳动力消耗定额相适应。劳动力消耗定额是合格产品或完成一定工作量所规定的必需劳动消耗。牛场应依据机械化程度、饲养条件、规模大小需要等制订相应工种定额，适当增加或减少劳动力配备。

2. 工作和产品质量定额　工作定额是衡量劳动效率的标准，是指在正常技术条件和正确劳动组织的条件下，在单位时间内完成合格产品的数量或生产单位产品需要消耗的劳动时间。计算公式为：

$$产量定额 = 牛产品产量 \div 生产牛产品消耗工时数$$
$$工时定额 = 生产牛产品消耗工时数 \div 牛产品产量$$

牛产品质量标准，是以各种技术指标表示的畜产品质量标准，如反映产肉水平的屠宰率，反映饲料质量的某类营养物质含量标准等。肉牛屠宰率的计算公式为：

$$屠宰率 = （胴体重 \div 屠宰前活重）\times 100\%$$

其中，胴体是指牛屠宰后，除去头、尾、四肢、内脏等剩下的部分。

3. 饲料消耗定额　是指饲养不同阶段肥育牛所需饲料的数量标准，即每头每天的饲料消耗量的标准，是确定饲料需要量、合理利用饲料、节约饲料和实行经济核算的重要依据。影响饲料消耗定额的主要因素包括牛的性别、年龄、生长发育阶段、体重或日增重、饲料种类和日粮组成、饲料的配合调制方式、饲喂方法和饲养管理水平等。全价合理地饲养是节约饲料和取得经济效益的基础。

在制订不同类别肥育牛的饲料消耗定额时，先根据饲料标准中对各种营养成分的需要量，确定日粮的配给量，计算不同饲料在日粮的占有量；再根据不同饲料占有量和牛的年饲养头数、日数即可计算出年饲料的消耗定额。

4. 其他物资消耗定额 是指生产一定量产品或完成某项工作所规定的原材料、燃料、工具、电力等的消耗标准，是生产单位商品或完成单位工作量所规定的消耗物资的标准数量。按照消耗物资的特征可分为主要材料、辅助材料、燃料、电力、工具等消耗定额等。按照物资消耗定额的综合程度可分为物资消耗单项定额和综合定额。物资消耗定额的制订受生产技术水平、经营管理水平、物资质量及劳动者技术熟练程度等因素的影响。物资消耗定额的制订可参照历年的平均费用、当年的生产条件和计划来确定。

5. 设备配备定额 是指生产单位产品或完成单位工作量所规定的机械设备和其他劳动手段应配备的数量标准，如牛舍、拖拉机、铡草机、粉碎机等的配备定额。又可细分为设备利用率定额、生产设备作业定额及每头牛占用的牛舍面积定额等。科学合理的设备定额可以降低投资成本，取得较多的技术经济效果，是搞好企业经济核算和节约劳动的手段，是提高企业科学管理水平的重要工具。

6. 财务定额

财务定额是指企业在一定的生产规模和生产技术条件下，生产一定量产品的最低限度资金占有和耗费的标准，是编制财务计划的基础。牛产品销售定额主要包括资金占用定额、费用定额、成本定额等。

（1）**资金占用定额**。是指牛产品生产企业为实现预定的生产任务而规定的资金占用标准，主要包括固定资产定额和流动资金定额。

（2）**费用定额**。是指根据费用项目制订的资金消耗的标准。根据费用内容不同，可以分为单项费用定额和综合费用定额。单项费用定额包括饲料、燃料费、动力费等的费用定额。综合费用定额包括机械作业费、共同生产费、企业管理费等费用定额。

（3）**成本定额**。通常指肥育牛每千克增重所消耗的物化劳动和活劳动等生产成本的定额标准。肉牛生产成本定额按照类别主要有饲养成本定额、增重成本定额、活重成本定额和牛肉成本定额；也可分群制订饲养日成本定额、增长成本定额和产品成本定额等。

（二）制订定额的方法

制订定额的方法主要有经验法、统计分析法和写实法。经验法是指依据生产企业的生产经验，考虑牛产品生产和技术条件等因素制订企业各方面定额的方法。统计分析法是企业根据以往各时期的定额完成情况或实际完成情况进行分析研究，并运用计数平均数或移动平均数的方法制订各种定额。写实法是将工作过程不加修饰和形容地进行记录，主要包括研究各种性质工作的时间消耗的写实记录法和整个工作日内的工时消耗的工作日写实法。

四、销售管理

销售管理是指通过对牛产品销售全过程进行有效的控制和跟踪，使企业的领导和相关部门及时掌握销售订单内容，准确地做出销售预测及决策，通过销售分析、销售预测、销售决策、销售执行、销售监督和控制来达到企业的销售目标。

（一）销售日常管理

销售日常管理主要包括对牛产品厂家销售报价、销售订单、销售发货、退货、销售发票处理、客户管理、价格管理等销售过程的管理和监督，实现对客户档案、销售报价、销售订单等一系列销售管理事务的规范化。

（二）销售预测

销售预测是指牛产品企业在往年实际销售量的基础上，对市场进行调查，运用一定的分析方法，对市场变化情况、同业竞争情况、产品需求量及需求结构进行预测，进而对未来销售量及产品销售结构提出可行的销售目标。主要包括确定目标、组织调查、选择预测方法、确定预测值等步骤。

牛产品销售预测主要内容为产品销售结构、销售成本及销售量、销售价格等的预测。主要分为长期预测、中期预测与短期预测。长期预测和中期预测一般指对5~10年和2~3年的预测；短期预测是指1年以下的预测，包括年度、季度和月度的预测。主要预测方法包括定性预测与定量预测2种方法。定性预测是指根据市场、政策走向及自身经验对产品未来销售的产品量及结构进行趋势性判断，包括意见调查法、专家意见预测法。定量预测是指通过统计指标及统计方法对未来的销售量及影响因素进行预测。

（三）销售决策

销售决策主要指对销售市场、销售方式、销售渠道、运输与储存方式、销售服务内容和方式、产品包装、商标及广告的种类等的选择，以及销售量、销售季节、销售价格的确定。主要步骤包括确定决策目标、拟订各种可能的行动方案、进行方案的评价与选择、执行并跟踪检查方案的实施情况。

决策方法主要包括定性决策法和定量决策法。定性决策法主要是以销售决策者的固有知识、销售经验和判断力为基础进行决策的方法。主要包括头脑风暴法、综合评分决策法等。定量决策法是建立在数学基础上的决策方法，是用数学模型的方法把决策目标和决策变量之间的关系表示出来，通过计量和比较，最后择优决断。

(四) 销售计划

销售计划是指导企业在计划期内进行产品销售活动的计划，由销售部门或由销售部门会同生产部门来编制的，是在进行市场调查和预测的基础上制订的在计划期内进行产品销售活动的计划。包括企业产品销售的品种、数量、销售价格、销售对象、销售渠道、销售期限、销售收入、销售费用、销售利润等。它是企业编制生产计划和财务计划的重要依据，是牛场经营计划的重要组成部分。

销售计划根据时间长短可以分为周销售计划、月度销售计划、季度销售计划、年度销售计划等。根据范围划为企业总体销售计划、分公司（部门）销售计划、个人销售计划等。根据市场区域可以分为整体销售计划、区域销售计划。

(五) 营销管理

牛场营销管理包括销售市场调查、营销策略及营销计划的制订、促销措施的落实、市场的开拓、产品售后服务等。产品营销是在研究市场供需变化趋势的基础上，对产品销售市场进行细分，根据企业自身资源条件、产品情况、市场需求及竞争对手的市场策略，制订牛产品的营销战略，包括产品策略、定价策略、分销渠道策略和促销策略。

产品策略是企业营销策略的核心，包括产品质量策略、产品组合策略、产品生命周期各阶段的营销策略及商标策略。定价策略对企业整个经营活动具有重要的影响，主要包括折扣定价策略、心理定价策略、差别定价策略等。分销渠道策略主要包括确定销售渠道的长短、宽窄等。促销策略是企业通过人员和非人员的推销方式，向广大客户介绍商品，促使客户产生兴趣进而进行购买的活动，包括人员推销、广告、公共关系和营业推广。企业在营销管理方面应重点加强宣传、树立品牌，加强营销队伍建设及做好产品的售后服务工作。

（六）销售方式选择

销售方式指牛产品从生产领域进入消费领域，最后传送到消费者手中所采取的购销方式。销售方式主要包括线下销售、线上销售及新零售方式。

线下销售方式主要包括国家预购、国家订购、外贸流通、牛场自行销售、联合销售、合同销售等6种形式。线下销售方式根据企业经营规模和产品特征进行选择。其中，通过合同的销售形式可以加速产品的传送过程，节约流通费用，减少流通过程的消耗，更好地提高产品的价值。线上销售方式及新零售方式是新兴的销售方式。线上销售方式是指以网络为媒介，依托产品生产基地与物流配送系统，进行网上销售的方式。新零售方式是牛产品企业以互联网为依托，通过大数据、人工智能等先进技术手段，将线上服务、线下体验以及现代物流进行深度融合的零售新方式，是未来销售方式的发展趋势。

（七）销售分析

销售分析是将销售目标和实际销售情况放在一起进行衡量、评价。在销售日常管理的规范化基础上，准确分析实际销售和计划销售目标的差距及原因，它可以采用销售差异分析和微观销售分析两种方法。销售差异分析主要指运用运营资金周转期、销售收入结构、成本费用分析、利润分析、净资产收益率分析等财务指标对销售策略、销售市场等不同因素对销售绩效的不同作用进行分析。微观销售分析主要对未能达到销售额的特定产品、地区等进行分析。

第二节　肉牛场经营管理

一、经营预测和决策

（一）经营预测

1. 经营预测的含义　经营预测是指在市场调查掌握大量经济信息资料的基础上，运用科学的方法，探索市场需求变化的规律和可能的发展趋势，对未来情况做出估计、判断与测算，为营销决策提供可靠的依据。

肉牛场的经营预测着重于肉牛市场预测。具体来说是对肉牛场的生产发展、肉牛市场供求及价格以及肉牛场经营成果等，事前做出估计和评价。

2. 经营预测的内容

（1）国民经济和肉牛产业发展趋势的预测。作为肉牛场，应当预测国家在农业方面的投资比例、国民经济增长速度、肉牛产业发展速度等。

(2) 肉牛市场需求及产品预测。对肉牛产品销售趋势的市场预测包括市场需求量及其结构变化趋势预测、肉牛产品供给总量及其结构变化趋势预测、价格变动趋势预测、调控市场价格的能力与效果预测、市场竞争能力预测等。同时，对消费者倾向、消费心理等情况的变化进行分析判断。此外，肉牛产品寿命周期预测可以为不同肉牛产品制订不同的销售策略。因为每种肉牛产品从试产成功、正式生产、投放市场到逐渐淘汰、退出市场要经历投入期、发展期、成熟期和衰退期4个阶段。每个阶段产品的销售量和销售特点都不相同，不同产品的寿命周期和每个阶段的时间长短也不相同。

(3) 对竞争态势的预测。肉牛场要想在竞争中立于不败之地，就要对国内外同行及同类产品竞争的态势进行预测，以便掌握竞争的形势，采取应变措施，在竞争中战胜对手，不断发展壮大自己的企业。其中，最重要的是市场占有率预测。市场占有率是指本企业产品销售额占该种产品市场销售总额的百分比。在市场总需求不变的情况下，一家企业市场占有率的提高就意味着另外几家企业市场占有率的降低，所以市场占有率预测实际上就是对产品竞争能力的预测。

(4) 对科技发展和新产品开发进行预测。对科技发展的趋势、方向、可能出现哪些成果及可能开发出哪些新技术、新工艺、新材料，及其推广范围、应用效果、对产品供给和需求的影响进行预测。预测时不仅要考虑本企业技术发展的影响，还要考虑同类企业技术发展的影响。例如，大多肉食产品是可以相互替代的，其中一种肉食产品生产工艺的改进或技术的提高，导致供应量大幅度增长，生产者便有能力降低该肉食产品的售价，从而影响其他相关肉食产品的价格。

(5) 资源预测。对原材料、水源、能源等资源供应的保证程度、发展趋势以及价格变动情况的估计，这是企业确定生产规模的重要条件。即对各类生产能力、生产技术、生产布局、生产发展前景，以及自然资源、能源、交通运输的保障程度、利用情况和发展变化趋势的预测。

(6) 经营效果预测。经营效果预测是对肉牛场总收入和构成、成本、劳动生产率、人均收入水平，以及总收入、利润增长趋势和影响因素的预测。

3. 肉牛场市场经营预测程序 肉牛场市场经营预测首先要确立预测目标，之后要进行市场调研收集信息，选择合适的预测方法对信息进行分析判断，建立预测模型进行预测，最后根据预测结论撰写预测报告（图7-1）。

图 7-1　肉牛场市场经营预测程序

4. 肉牛场经营预测方法　肉牛场经营预测方法主要包括定性分析法和定量分析法。常用的定性分析法是逻辑判断法。这种方法主要通过调查市场经理、销售人员和消费者意见或通过专家会议及函询专家意见进行预测。常用的定量分析法是数学模型法。主要包括回归预测法、移动平均法、指数平滑法和马尔柯夫预测法。

以西方国家常用的德尔菲预测法为例,具体说明定性分析法在肉牛场经营预测的实际应用。

德尔菲预测法是先由主持预测的肉牛场邀请若干名专家,向他们提供有关资料和背景材料,请他们就某项预测的问题用匿名的方式发表自己的看法或预测,然后把这些意见汇编整理归纳,再反馈给每一位专家,请他们重新考虑并参考他人的不同意见,再次发表意见或预测,如此反复多次,使专家的意见逐渐趋于一致,最后用统计方法得出预测的结果。

德尔菲预测法的优点在于分别征询专家意见,专家之间互不干涉,并不知同时函询哪些专家,即专家提出自己的判断意见;主持人将判断意见进行综合整理,并反馈给每个专家;如此进行 3 次反馈,以最后一次结果作为依据进行预测判断。

肉牛场使用德尔菲预测法进行市场预测的步骤如下:

第一,确定预测目标。

第二,成立专家小组。选择肉牛产业领域内有丰富的实际工作经验、较深的理论修养的专家。选定专家后,由肉牛场指定专人负责与之沟通,建立单独联系。

第三,制订调查表。调查表中所列的调查项目要紧紧围绕预测的目标,应该少而精,问题要具体明确,使回答人都能正确理解。

第四,进行逐轮征询。

第 1 轮:把调查表发给各个专家,要求他们对调查表中的问题做出回答。各专家做出判断时互不商量、互不影响。

第 2 轮:把第 1 轮收到的答案进行综合整理,反馈给每个专家,使他们修正自己的第 1 次判断。

第 3 轮：把第 2 轮收到的意见进行整理，再反馈给每个专家，使他们再次修正自己的第 2 次判断。以后再这样一轮一轮继续下去（一般为 3 轮）。经过每次反馈后，每个参加预测的专家可以修改自己原来的推测，也可以坚持原来的推测。

第五，做出预测结论。

案例分析：某地肉牛场生产一种新产品，聘请 7 位专家预测全年的销售量。主持人向专家详细介绍新产品的样品、特点和用途，并介绍同类产品的价格和销售情况，然后给他们发书面意见书，让其提出个人的判断。经 3 次反馈，得出结果（表 7-10）。

表 7-10 专家 3 次判断的预测值（万元）

专家姓名	第 1 次判断			第 2 次判断			第 3 次判断		
	最低销售量	最可能销售量	最高销售量	最低销售量	最可能销售量	最高销售量	最低销售量	最可能销售量	最高销售量
A	12	16	19	13	16	19	12	16	19
B	6	11	13	8	12	15	10	12	15
C	11	15	19	13	17	19	13	16	19
D	15	20	31	12	16	31	10	13	26
E	6	8	11	8	12	14	10	14	16
F	9	13	18	9	13	18	9	15	17
G	8	10	19	10	11	20	6	8	12
平均数							10	13.7	17.7

（二）经营决策

1. 经营决策的定义 经营决策是指企业为实现总体发展和各种经营活动的目标，在市场调查和市场预测的基础上，运用科学的理论和方法，设计出多个备选方案，从中选择一个合理而又满意的方案作为企业行动纲领的活动过程。

2. 肉牛场经营者应具备的能力和素质

（1）决策者必须充分、全面掌握有关决策环境的信息情报。

（2）决策者要充分了解有关信息情报、备选方案的情况。管理者的价值观、知识水平、经验、个性、认识和判断能力、民主作风等，都会对决策的质量和效率产生直接影响。

（3）决策者应建立一个合理的自上而下的执行命令的组织体系。

(4) 决策者进行决策的目的始终在于使本组织获取最大的经济利益。

(5) 作为决策者的管理者是完全理性的。

3. 肉牛场经营决策的内容

(1) *销售决策*。市场的选择、销售渠道的选择、销售方式的选择、运输和储存方式的选择、销售量与销售季节的选择、销售价格的确定、销售服务内容和方式的决定，以及产品包装、商标及广告的种类、方法的选择等决策。

(2) *生产决策*。生产方针、场地选择、饲养方式、牛群周转、饲料配合、免疫接种程序、设备更新等决策。

(3) *供应决策*。物资供应渠道的选择、采购时间的决定、采购批量的规定等决策。

(4) *投资决策*。投资方向的确定、投资项目的选择、基本建设方案的选择、确定企业改造方案等决策。

(5) *财务决策*。投放资金的构成、贷款的时间与数量、其他资金筹集的方式与规模、资金的调度、资金的运用策略、产品成本，或费用目标的确定、利润分配等决策。

(6) *组织决策*。管理机构的设置、职务的划分、作业组织的划分和组成成员的合理搭配、各种责任的确定、管理人员的任免，以及考核、奖惩等决策。

4. 肉牛场经营决策的一般程序　确定决策目标→拟订各种可能的行动方案→方案的评价与选择→执行并跟踪检查方案实施情况。

5. 肉牛场经营决策的方法　肉牛场经营决策的方法包括定性决策和定量决策。定性决策常用的方法有头脑风暴法、电子会议法、综合评分法和模糊决策法等。定量决策通常包括确定性决策、不确定性决策和风险决策3类。确定性决策方法主要有直观法、盈亏平衡点分析、微积分法和线性规划法；不确定性决策方法主要有小中取大法、大中取大法、大中取小法和机会均等法；风险决策方法主要包括收益矩阵法和决策树法。

以肉牛场经营决策经常用到的盈亏平衡点分析法为例，来说明保本点分析在肉牛场经营决策中的应用。

肉牛场产品成本是指为生产或销售商品肉牛（包括种牛和肉牛）而支付的一切费用的总和。具体成本费用如下：

①饲料费，包括玉米饲料费、其他饲料费等。

②直接工资。

③肉牛医药费。肉牛医药费与饲料费相比差异很大，以实际支出计算。

④其他直接费用。包括燃料动力费、折旧费、修理费、制造费、转群（盘存）差价、财务费用、管理费用等。

图 7-2 是根据企业产量、成本和利润三者之间的相互关系进行的综合分析，用以预测利润、控制成本的一种数学模型分析法。企业的生产总成本（C）包含变动成本和固定成本两部分，固定成本（F）是不因产量和工作量的变化而增加的费用，如折旧费、管理费等；变动成本（V）是随着产量和工作量的变化而增减的费用，如兽药费、饲料费等；以横坐标表示产量或销量，纵坐标表示成本或销售额，则有：

$$S=WX$$
$$Y=F+CX$$
$$P=S-Y=WX-(F+CX)=WX-F-CX$$

式中，S 表示收入；W 表示销售价格；X 表示销售数量；Y 表示支出；F 表示固定成本；C 表示单位变动成本；P 表示盈利。

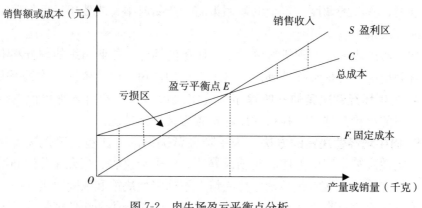

图 7-2　肉牛场盈亏平衡点分析

二、肉牛场的计划管理

计划管理是根据肉牛场自身情况和本行业市场预测，合理制订各项生产计划，并可以落地实施的管理方法。制订计划就是对肉牛场的投入、产出、运行和经济效益做出科学的预测和安排，是实现决策目标的具体路径。

（一）编制计划的方法

1. 编制计划的原则

（1）整体性原则。编制的肉牛场经营计划要与国家和本地区的肉牛业发展规划相适应，与当前和未来社会对肉牛产品的要求相匹配。所以，肉牛场编制计划需要在国家和本地区的计划指导下，根据市场需求统筹兼顾、合理安排，处理好国家、企业、劳动者三者的利益关系，实现肉牛场经营目标、绿色环境和地区经济的协调发展。

(2) 可行性原则。一切从肉牛场实际出发，深入调查分析有利条件和不利因素，对肉牛场生产经营计划进行科学的评估和预测，使计划指标落实在合理范围内，真正做到根据市场需求和自身经济实力来组织安排肉牛场经营活动，保证经营计划的可行性。

(3) 平衡性原则。肉牛场计划编制要系统有序、综合平衡，各生产环节、生产要素、销售计划等指标要协调一致，保持牛场长期可持续发展，充分发挥肉牛场的整体优势，实现各项指标、完成任务。

(4) 灵活性原则。肉牛生产是自然再生产和经济再生产的综合体现，融合了植物第一性生产和动物第二性生产，其生产经营范围广泛，不可控影响因素较多，本身就是一个复杂的生产过程。因此，在编制计划时，指标设定要具有一定灵活性，能够适应内部条件和外部环境条件的变化。

2. 编制计划的方法 肉牛场编制计划的主要方法是平衡法，是通过对指导计划任务和完成计划任务所必须具备的条件进行分析、比较，以求得两者的相互平衡。草原（土地）、劳动力、机具、饲草饲料、资金、产销等实现平衡是肉牛场编制计划过程中的重点工作。平衡表是平衡法编制计划的主要工具，其基本内容包括供给量、需求量和余缺 3 项。具体运算时一般采用下列平衡公式：

（期初结存数＋本期计划增加数）－本期需求数＝余缺数

式中，供给量（期初结存数＋本期计划增加数）、需求量（本期需求数）的差额等于余缺数，三者构成平衡关系。根据余缺数，采取措施，调整计划安排，实现平衡。

3. 编制计划的程序 编制计划的基本程序如下：

(1) 资料收集分析。加强调查研究，广泛收集经验资料数据，了解生产状况、掌握市场信息，分析生产形势，预测本计划期内的利弊情况，确定目标并核定计划量。结合生产状况和外部市场条件，分析研究，提出初步生产计划指标。将初步制订的生产计划指标与生产能力、劳动力、技术准备工作、物资供应和资金占用等企业内部条件进行综合平衡，确定生产计划指标。

(2) 编制计划草案。编制资金、饲料、产品等各个方面的平衡表，综合试算平衡，调整余缺，提出计划大纲，组织讨论修订，并形成计划草案。

(3) 确定计划方案。对形成的计划草案进行讨论评估，形成完整的计划方案。一整套计划方案通常由计划报告和计划表组成。计划报告是通过分析历史肉牛生产发展情况，概况总结历史经验和教训，进而对计划期的生产和市场进行预测，提出企业生产任务和目标，并提供保障计划完成目标实现的组织管理措施和技术措施。计划表是通过一系列计划指标反映计划报告规定的目标、任务和具体内容的形式，是计划方案的重要部分。

4. 计划的基本类型 按照不同的分类标准，计划可分为多种类型。

(1) 按其所指向的工作、活动的领域来分，可分为工作计划、生产计划、销售计划、采购计划、分配计划、财务计划等。

(2) 按照适用范围的大小不同，可以分为单位计划、班组计划等。

(3) 按照适用时间的长短不同，可分为长期计划、中期计划、短期计划3类，具体还可以称为十年计划、五年计划、年度计划、季度计划和月度计划。

(二) 肉牛场主要生产计划

1. 产品产量计划 在当前市场经济条件下需要以销定产，所以产品产量计划是制订牛群周转计划的基础。肉牛场需要根据销售市场行情、需求以及自身生产能力确定合理的产品产量计划。产品产量计划可以根据养牛场业务重点不同细分为种牛供种计划、犊牛生产计划和肉牛出栏计划等。

2. 牛群周转计划 编制牛群周转计划是编制好其他各项计划的基础。养牛场生产中，牛群因购、销、淘汰、死亡和犊牛出生等原因，在一定时期内，牛群结构有增减变化，称为牛群周转计划。编制牛群周转计划的任务是使牛群保持合理的组成结构，以便有计划地进行生产。只有制订好周转计划，才能配套制订好饲料计划、产品计划和资金使用计划，增加投入产出比，提高经济效益。制订牛群周转计划时应充分考虑牛舍、设备、人力、成活率和淘汰等因素，最大限度地降低各种周转成本（表7-11）。

表7-11 肉牛群周转计划（头）

月份	犊牛						肥育牛					
	月初	增加		减少		月末	月初	增加		减少		月末
		繁殖	购入	出售	死亡（淘汰）			繁殖	购入	出售	死亡（淘汰）	
1												
2												
3												

(续)

月份	犊牛						肥育牛					
	月初	增加		减少		月末	月初	增加		减少		月末
		繁殖	购入	出售	死亡（淘汰）			繁殖	购入	出售	死亡（淘汰）	
4												
5												
6												
7												
8												
9												
10												
11												
12												

3. 牛场饲料供应计划 为了保证肉牛生产有足够的饲料供应，每个牛场都要制订饲料供应计划。本计划的编制要以牛群周转计划为基础，按照不同时间各类牛群的饲养头数、各类牛群饲料定额配给等数据，可以适当增加5%～10%的损耗量，求得每个月的饲料需求量，进而各月累加获得年总需求量。具体公式计算如下：

每个月饲料需求量＝每个月饲养牛的头数×每头牛日消耗草料数

编制详细的饲料供应计划时，对于粗饲料要考虑一年的供应计划，对于精饲料、糟渣类饲料要留足1个月的量或保证相应的流动资金以确保饲料供应充足，应对不时之需。精饲料中各种饲料的供应是在确定精饲料的基础上按照能量饲料（玉米）、蛋白质补充料、辅料（麸皮）、矿物质饲料之比为60∶30∶20∶8考虑。其中，矿物质饲料，包括食盐、石粉、碳酸氢钠、磷酸氢钙、微量元素预混料等，可按照同比例考虑（表7-12）。

表7-12 肉牛场饲料供应计划

月份	类别	数量（头）	粗饲料（千克）	青贮饲料（千克）	能量饲料（千克）	蛋白质补充料（千克）	辅料（麸皮）（千克）	矿物质饲料（千克）	其他饲料（千克）
1									

(续)

月份	类别	数量 (头)	粗饲料 (千克)	青贮饲料 (千克)	能量饲料 (千克)	蛋白质 补充料 (千克)	辅料 (麸皮) (千克)	矿物质 饲料 (千克)	其他 饲料 (千克)
2									
3									
4									
5									
6									
7									
8									
9									
10									
11									
12									

4. 资金使用计划 资金使用计划是经营管理计划中非常关键的一项工作，做好计划并顺利实施，是保证企业健康发展的关键。资金使用计划应该依据产品产量计划、牛群周转计划、饲料供应计划和其他配套计划进行制订，需要本着节约开支、提高资金使用效率的原则，精打细算、合理安排并科学使用。既不能让资金长时间闲置造成浪费，又需要保证生产所需资金及时充足到位。对于牛场自有资金要统筹安排，不要造成资金沉淀；对于牛场贷款，要科学合理高效使用，充分发掘贷款资金的杠杆撬动能力，加快牛场

的规模化经营发展（表7-13）。

表 7-13　肉牛场资金使用计划（元）

月份	自有资金			贷款资金		支出						折旧支出
	销售收入	其他收入	流动资金	贷款收入	贷款余额	犊牛成本	架子牛成本	饲料成本	人工成本	利息支出	其他支出	
1												
2												
3												
4												
5												
6												
7												
8												
9												
10												
11												
12												

5. 疫病防控计划　肉牛场疫病防控计划是指一个年度内对牛群疫病防控所做的预先安排。肉牛场的疫病防控是保证其生产效益的重要条件，也是实现生产计划的基本保证。肉牛场应实行"预防为主，防治结合"的方针，建立健全牛场日常防疫卫生消毒制度，包括牛场消毒方法、频率，牛的疫病免疫接种、防疫种类、方法和程序。定期进行牛群检查、牛舍消毒、病牛隔离等，对各项防疫制度要严格执行、定期检查。对全场职工定期进行职业病检查，重点是布鲁氏菌病、结核病。

6. 配种分娩计划　对于进行母牛繁育的牛场，配种分娩计划是组织牛群再生产的重要计划，生产中根据品种的繁殖特性，如开始配种的年龄、产犊间隔等，按年编制或按月编制计划。在计划期内使母牛群和育成牛群适时配种分娩，这是肉牛场的重要生产环节。配种分娩计划也是编制牛群周转计划的重要依据，搞好选种选配，有计划地安排分娩产犊，有利于提高生产性能。

编制配种分娩计划的依据：对上年度配种母牛的受胎和繁殖情况，进行统计分析；对本年度牛群品质、饲养管理水平、人工授精员的技术熟练程度等，进行综合评估。

三、经济核算

经济核算是对企业进行管理的重要方法，它通过记账、算账对生产过程中的劳动消耗和劳动成果进行分析、对比和考核，达到提高经济效益的目的。经济核算有利于肉牛企业提高管理水平和降低养殖成本，有利于企业运用和学习科学管理技术，防止企业运行中的各种违法犯罪活动，维护财经纪律和财务制度。

（一）资产核算

1. 固定资产 固定资产是指使用年限在1年以上，单位价值在规定的标准以上，并且在使用中长期保持其原有实物形态的各项资产。牛场的固定资产主要包括建筑物、道路、基础牛（包括能繁母牛、种公牛、奶牛），以及其他与生产经营有关的农场设备、器具、工具等。

固定资产在长期使用中，在物质上要受到磨损，在价值上要发生损耗，这些价值上的损耗分摊到不同计算期的行为就是折旧。在计算肉牛养殖一定时期的生产成本和收益的时候，就要考虑对这些固定资产的实际使用分担的价值。

固定资产折旧的计算方法：牛场计提固定资产折旧，一般采用平均年限法和工作量法。

（1）*平均年限法*。根据固定资产的使用年限，平均计算各个时期的折旧额，因此也称直线法。其计算公式：

固定资产年折旧额＝［原值－（预计残值－清理费用）］÷固定资产预计使用年限

固定资产年折旧率＝固定资产年折旧额÷固定资产原值×100%
　　　　　　　　＝（1－净残值率）÷折旧年限×100%

（2）*工作量法*。按照使用某项固定资产所提供的工作量，计算出单位工作量平均的计提折旧额后，再按各期使用固定资产实际所完成的工作量计算应计提的折旧额。这种折旧计算方法，适用于一些机械等专用设备。其计算公式：

单位工作量（单位里程或每工作小时）折旧额＝（固定资产原值－预计净残值）÷总工作量（总行驶里程或总工作小时）

固定资产因使用而转移到产品成本中去的那部分价值，称为折旧费。折旧费数额占固定资产原值的比例为折旧率。其计算公式：

折旧率＝（固定资产原值－净残值）÷（固定资产原值×预计使用年限）×100%

按照固定资产折旧方法,计算出一定时期(1个养殖周期或者1年)肉牛养殖的固定资产折旧数额。肉牛养殖场固定资产折旧年限为:

牛舍、库房、饲料加工间、办公室、宿舍等,砖木结构折旧年限一般为20年,土木结构一般为10年。各牛场可根据当地折旧有关规定处理;饲料生产与加工机械,通常折旧年限为10年;拖拉机、汽车折旧年限为15年。

固定资产年折旧额=[原值-(预计残值-清理费用)]÷固定资产预计使用年限

固定资产年折旧率=固定资产年折旧额÷固定资产原值×100%
=(1-净残值率)÷折旧年限×100%

2. 流动资产 流动资产是指可以在一年内或者超过一年的一个营业周期内变现或者运用的资产。养牛场的流动资产主要包括牛场的现金、存款、应收款及预付款、存货(饲草料、犊牛和架子牛、购进的肥育牛)等。

养牛场的流动资金可用简便方法估算:牛源生产从达产年起,一年所需的经营费用即可视作正常年份所需的流动资金量。以专作肉牛肥育的养殖企业为例,若都是半年出栏销售,则一年的经营费用可周转2次使用,也就是说一批牛的经营费用可视作正常年所需流动资金量。铺底流动金一般指业主自有的流动资金,资金数量应占总流动资金的30%,其余的70%可以用贷款解决。

流动资产核算的几个指标:

① 流动资金周转率。流动资金的周转次数是指在一定时期内流动资金周转的次数。计算公式:

全额或定额流动资金(年)周转次数=全年销售收入总和÷全年全部或定额资金平均余额

流动资金的周转天数表示流动资金周转一次所需要的天数。计算公式如下:

流动资金周转天数=360天÷年周转次数

② 流动资金产值率。资金产值率表达的是,每生产100元产值所占用的流动资金数,或者每100元流动资金提供的产值数。计算公式:

每100元产值占用全年全部或定额流动资金数=全年全部或定额流动资金平均余额÷全年总产值×100%

每100元全部或定额流动资金提供产值=全年总产值÷全年全部或定额流动资金平均余额×100%

③ 流动资金利润率。流动资金利润率是指养牛场在一定时期内所实现的

产品销售利润与流动资金占用额的比率。计算公式：

全部或定额流动资金利润率＝全年利润总额÷全年全部或定额流动资金平均余额×100％

（二）成本核算

1. 肉牛养殖场成本的构成项目

（1）饲料费。饲料费是指饲养过程中耗费的资产、外购的混合饲料和各种饲料原料费用，凡是购入的按买价加运费计算，自产饲料一般按生产成本（含种植成本和加工成本）计算。

（2）劳务费。劳务费包括饲养、清粪、繁殖、防疫、转群、消毒、购物、运输等所支付的工资，资金补助和福利等。

（3）医疗费。医疗费为牛群的生物制剂、消毒剂，以及检疫费、化验费、专家咨询费等，也包括配合饲料中使用的药物及添加剂的费用，不必重复计算。

（4）公母牛折旧费。关于公母牛折旧费，种公牛从开始配种算起，基础母牛从开始产犊算起。

（5）固定资产折旧及维修费。固定资产折旧及维修费，指禽舍、设备等固定资产的基本折旧费及修理费。根据牛舍结构和设备使用年限来计算，如租用土地应加上租金。土地、牛舍等都是租用的话就只计租金，不计折旧。

（6）燃料动力费。燃料动力费指饲料加工、牛舍保暖、排风、供水、供气等耗用的燃料和电力费用，这些费用按实际支出的数额计算。

（7）利息。利息是指在一年中固定投资及流动资金因借贷银行资金而支付给银行的利息总额。

（8）杂费。杂费包括低值易耗品费用、保险费、通信费、交通费、搬运费等。

（9）税金。税金是指用于肉牛生产的土地、建筑设备及生产销售等一年内应交的税金。

（10）共同的生产费用。共同的生产费用是指分摊到牛群的间接生产费用。

（11）购牛成本。是肉牛异地育肥时的最大资金支出，约占养牛总投资额的80％，其余20％为饲养费用。牛的价格与品种、年龄、体重、性别等很多因素有关。购牛成本不仅只是牛的价格，还应包括手续费、检疫费、运输费用。

2. 肉牛养殖成本核算 肉牛养殖成本是一定时期（一个养殖周期，如犊牛和肥育牛以实际饲养月份计算，基础母牛和种公牛按一年来算）为养殖肉牛发生的各种费用。

肉牛养殖成本＝总饲料费＋总劳务费＋疫病防治医疗费＋公母牛折旧费＋固定资产折旧及维修费用＋燃料动力费＋贷款利息＋各种杂费＋税金＋共同的生产费用＋购牛成本。

3. 成本核算指标 牛的活重就是牛场的生产成果，牛群的主、副产品或活重是反映产品率和饲养费用的综合经济指标，如在肉牛生产中可计算饲养日成本、增重单位成本、活重单位成本、生长量成本、牛肉单位成本等。

计算公式：

(1) 饲养日成本。指一头肉牛饲养 1 天的费用，反映饲养水平的高低。

饲养日成本＝本期饲养费用÷本期饲养日数

(2) 增重单位成本。犊牛或肥育牛增重的平均单位成本。

增重单位成本＝（本期饲养费用－副产品价值）÷本期增重量

(3) 活重单位成本。牛群全部活重单位成本。

活重单位成本＝（本期饲养费用－副产品价值）÷（期终全群活重＋本期增重＋本期售出转群活重）

(4) 生长量成本。生长量成本＝生产量饲养日成本×本期饲养日

(5) 牛肉单位成本。牛肉单位成本＝（出栏牛饲养费用－副产品价值）÷出栏牛肉总重量

（三）盈利核算

盈利核算是对肉牛场的营利进行观察、记录、计量、计算、分析和比较等工作的总称。

1. 肉牛养殖场的盈亏分析 肉牛养殖场的盈或亏＝总收入－总支出。只有总收入超过总支出，养牛场才能获得盈利。

(1) 总支出。总支出＝固定资产折旧＋购牛费用＋饲料费用＋人工费用＋维修费＋燃料费＋水电费＋培训费＋医药费

(2) 总收入。肉牛养殖场的经营收入来源主要有 2 个部分：一是育肥增重销售收入；二是牛粪等粪污的处理销售收入。繁殖牛场还包括新增犊牛带来的收入。全年的总收入减去全年的总支出即为全年的总收入。

(3) 总收益。全年的总收益＝全年的总收入－全年的总支出

2. 盈利的核算公式

盈利＝全年总收入－生产及管理成本－销售成本＝利润＋税金

3. 衡量盈利效果的经济指标

（1）销售收入利润率。表明肉牛销售利润在所有产品销售收入中所占的比重。该值越高，经营效果越好。

销售收入利润率＝肉牛产品销售利润÷全部产品销售收入×100％

销售收入利润率可以按全部产品综合计算，也可按每种主要产品分别计算。

（2）销售成本利润率。它是反映肉牛养殖消耗的经济指标，是产品销售利润对产品销售成本的百分比。计算公式如下：

销售成本利润率＝肉牛产品销售利润总额÷肉牛产品销售成本总额×100％

销售成本利润率的提高反映经济效益的提高，影响销售收入利润率的主要因素是产品的销售成本。在畜产品价格、税金不变的情况下，产品成本越低，销售利润越高，该值越高。

（3）产值利润率。这是产品销售利润对产品产值的百分比，说明实现百元产值可获得多少利润，用以分析生产增长和利润增长的比例关系。计算公式：

产值利润率＝产品销售利润总额÷产品总产值×100％

产值利润率表明每万元产值提供的利润，产值利润率的提高，表明经济效益提高了，增产又增收。

（4）资金利润率。是一定时期内经营所得利润总额对同期占用资金总额的百分比。计算公式：

资金利润率＝利润总额÷（固定资产平均原值＋定额流动资金平均余额）×100％

资金利润率是综合性经济效益指标，它反映牛场生产经营活动的综合效果。

4. 投资效益核算

（1）总投资核算。

总投资＝建设投资＋流动资金

（2）销售收入或产值。

肉牛育肥场销售收入＝出栏牛平均单价＋出栏牛数量＋其他收入（如销售牛粪等）

牛源生产场产值＝出栏牛销售收入＋存栏牛增值＋其他收入

（3）年总成本核算。

年总成本＝年经营成本＋年折旧费＋年摊销费＋年长期贷款利息＋年短借

款利息

牛场折旧费土建工程费15年折完，机器设备费10年折完，摊销费建设其他各项费用10年摊销完。

(4) 年利润核算。

肉牛育肥场正常年利润＝正常年销售收入－正常年总成本

牛源生产场正常年利润＝正常年产值－正常年总成本

(5) 投资利润率。

静态投资利润率＝年利润÷总投资

动态投资利润率＝计算期总利润÷计算期÷总投资

计算期＝建设期＋10年达产期

(6) 投资回收期。

静态投资回收期＝总投资/（年利润＋折旧费＋摊销费）

动态投资回收期＜（静态回收期＋建设期）

思考与练习题

1. 肉牛场应该制订哪些制度？
2. 肉牛场生产记录应该登记哪些内容？
3. 简述饲料消耗定额制订的依据和步骤，根据自家养殖场或养殖企业制订饲料定额。
4. 简述销售管理的内容，根据自家养殖场或养殖企业情况制订企业的销售计划。
5. 如何制订肉牛场的生产计划？
6. 肉牛场经营预测的内容有哪些？
7. 肉牛场成本构成项目有哪些？
8. 衡量肉牛场盈利效果的经济指标有哪些？

附 录

GB 18596—2001

GB/T 25246—2010

GB/T 26624—2011

GB/T 27622—2011

参 考 文 献

曹玉凤，2015. 肉牛的日粮营养［J］. 农民科技培训（4）：42-44.
陈志国，2021. 青贮饲料的优点及制作方法［J］. 现代畜牧科技（8）：69-70.
付泉，2013. 管理信息系统［M］. 武汉：华中科技大学出版社.
付凌，瞿明仁，许兰娇，2015. 牛腐蹄病的综合防治［J］. 黑龙江畜牧兽医（22）：109-110.
霍妍明，薛晓霜，陈国亮，等，2015. 规模化牛场春季消毒模式效果研究［J］. 黑龙江畜牧兽医（10）：82-84.
高丽娟，郑海英，贾伟星，2019. 青贮与肉牛养殖技术［M］. 北京：中国农业科学技术出版社.
何志萍，于建梅，冯俊昌，2015. 肉牛规模生产经营［M］. 北京：中国农业科学技术出版社.
何盛明，1990. 财经大辞典［M］. 北京：中国财政经济出版社.
黄洪民，2002. 现代市场营销学［M］. 青岛：青岛出版社.
韩俊文，丁森林，2003. 畜牧业经济管理［M］. 北京：中国农业出版社.
贺丛，韩瑾瑾，毛存志，等，2011. 2 种抗应激处理对"肉牛运输应激综合征"的疗效对比研究［J］. 中国畜牧兽医，38（2）：250-254.
侯小林，吴桐忠，李伟，等，2020. 肉牛长途运输诱发应激综合征的诊治［J］. 中国动物检疫，37（8）：93-99.
孔雪旺，王艳丰，周敏，2010. 怎样提高母牛繁殖效益［M］. 石家庄：河北科学技术出版社.
罗晓瑜，刘长春，2013. 肉牛养殖主推技术［M］. 北京：中国农业科学技术出版社.
刘延鑫，孙宇，李业亮，2017. 黄芪多糖缓解肉牛短途运输应激的效果研究［J］. 中国畜牧兽医，44（1）：87-93.
李维召，吴明华，孙定富，2009. 2 例牛巴氏杆菌病的诊治［J］. 中国畜牧兽医，36（2）：133-134.
李树静，2019. 现代肉牛高效健康养殖问答（一）［M］. 呼和浩特：内蒙古农业大学出版社.
李树静，曹玉凤，2020. 现代肉牛高效健康养殖问答（二）［M］. 石家庄：河北科学技术出版社.
雷云华，2020. 秸秆青贮生物发酵饲料养牛技术分析［J］. 湖北畜牧兽医，41（5）：38，40.
吕长荣，乔海莲，杨必顺，2008. 128 例奶牛皱胃变位分析［J］. 中国兽医杂志（1）：48-50.
马杰，2018. 肉牛常用的精饲料及其加工方法［J］. 现代畜牧科技（4）：40.
孙雨，马世春，董浩，等，2015. 牛结核病的流行病学特征与实验室诊断技术的研究进展［J］. 畜牧与兽医，47（10）：145-148.
王之盛，万发春，2013. 肉牛标准化规模养殖图册［M］. 北京：中国农业出版社.
王世荣，1980. 犊牛大肠杆菌病研究综述［J］. 中国兽医杂志（1）：24-28.

王志丹，杨少华，高运东，等，2010. 我国牛轮状病毒的分离鉴定和疫苗研究进展［J］. 家畜生态学报，31（3）：105-108.

王仕平，寇亚辉，严亚贤，2011. 新生犊牛关节炎的发病情况和综合防控措施［J］. 畜牧与兽医，43（12）：82-83.

王林，王峰，高惠，等，2005. 奶牛皱胃阻塞的诊断与手术治疗［J］. 中国兽医杂志（10）：26-27.

王碧，杨洪春，王晓龙，2017. 一例肉牛因长途运输引起的应激综合征病例分析［J］. 黑龙江畜牧兽医（4）：100-102，275.

魏刚才，王岩保，2020. 高效养肉牛［M］. 北京：机械工业出版社.

许兰娇，瞿明仁，万根，2011. 如何做好肉牛养殖场的消毒工作［J］. 黑龙江畜牧兽医（2）：58-59.

徐彦召，王青，2020. 零起点学办肉牛养殖场［M］. 北京：化学工业出版社.

徐泽君，王学君，2016. 肉牛规模场科学建设与生产管理［M］. 郑州：河南科学技术出版社.

夏风竹，孙莉，2010. 高效养牛技术［M］. 石家庄河北科学技术出版社.

雍康，陈脊宇，吕永智，2018. 运输应激与牛呼吸道疾病综合征相关性研究进展［J］. 黑龙江畜牧兽医（21）：66-68.

杨文章，岳文斌，2001. 肉牛养殖综合配套技术［M］. 北京：中国农业出版社.

原积友，2004. 肉牛高效养殖技术［M］. 北京：中国农业大学出版社.

朱占华，2007. 肉牛日粮配方设计的技术要点［J］. 现代畜牧兽医（4）：23-24.

朱瑞良，牛钟相，2003. 规模化肉牛业综合防疫体系［J］. 中国兽医杂志（11）：17-19.

赵珺，余金灵，白生贵，2018. 肉牛规模生产与牛场经营［M］. 北京：中国农业科学技术出版社.

张树栋，李豪，万强，等，2017. 由沙门氏菌引起的犊牛腹泻病的实验室诊断及防治［J］. 中国畜牧兽医，44（8）：2424-2430.

张勇，李鹏飞，张文燕，2016. 黄芪多糖粉和银黄可溶性粉对羊运输应激的防治效果试验［J］. 中国兽医杂志，52（2）：93-95.

赵正华，刘风仙，封扬，2006. 布氏杆菌病24例报告［J］. 中国人兽共患病学报（7）：695.

左幅元，2018. 高效健康养肉牛全程实操图解［M］. 北京：中国农业出版社.

图书在版编目（CIP）数据

肉牛标准化生产技术 / 马金翠，张会敏主编 . —北京：中国农业出版社，2024.3
农业农村部农民教育培训规划教材
ISBN 978-7-109-31111-4

Ⅰ.①肉… Ⅱ.①马… ②张… Ⅲ.①肉牛－饲养管理－标准化－技术培训－教材 Ⅳ.①S823.9-65

中国国家版本馆 CIP 数据核字（2023）第 173695 号

中国农业出版社出版
地址：北京市朝阳区麦子店街 18 号楼
邮编：100125
责任编辑：高 原 文字编辑：耿韶磊
版式设计：杜 然 责任校对：吴丽婷
印刷：中农印务有限公司
版次：2024 年 3 月第 1 版
印次：2024 年 3 月北京第 1 次印刷
发行：新华书店北京发行所
开本：720mm×960mm 1/16
印张：15.5
字数：270 千字
定价：45.00 元

版权所有·侵权必究
凡购买本社图书，如有印装质量问题，我社负责调换。
服务电话：010-59195115　010-59194918